普通高等教育"十二五"规划教材
全国高职高专规划教材·公共课系列

大学生幸福课

——高职学生心理健康自助读本

李 红 编著

陶 黄 刘 梅 主审

北京大学出版社
PEKING UNIVERSITY PRESS

内容简介

本书是帮助大学生正确认识自我、正确认识幸福的心理指南，书中充满着积极、阳光的色彩，有极强的亲和力和感染力，是一本极具思想启迪与人生励志意义的教科书。

本书依据教育部《普通高等学校大学生心理健康教育工作的实施纲要（试行）》的要求，针对高职高专类院校学生的身心特点和普遍遇到的心理健康问题，以“幸福知识讲堂、幸福能力培养、幸福体验之旅”为主线贯穿全书12章，将知识学习、技能培养与实际体验有机结合，对症下药地帮助大学生解决在日常生活和学习中遇到的各种心理健康问题。

本书可作为高职高专院校大学生心理健康教育的教材和自助读本，也可作为高校心理健康教育教师和学生辅导员的参考用书。

图书在版编目(CIP)数据

大学生幸福课：高职学生心理健康自助读本/李红编著. —北京：北京大学出版社，2013.4
(全国高职高专规划教材·公共课系列)
ISBN 978-7-301-22397-0

Ⅰ.①大… Ⅱ.①李… Ⅲ.①大学生—心理健康—健康教育—高等职业教育—教材 Ⅳ.①B844.2

中国版本图书馆CIP数据核字（2013）第074245号

书　　　名：大学生幸福课——高职学生心理健康自助读本
著作责任者：李　红　编著
策 划 编 辑：温丹丹
责 任 编 辑：温丹丹
标 准 书 号：ISBN 978-7-301-22397-0/B·1121
出 版 发 行：北京大学出版社
地　　　址：北京市海淀区成府路205号　100871
电　　　话：邮购部62752015　发行部62750672　编辑部62765126　出版部62754962
网　　　址：http://www.pup.cn　　新浪官方微博:@北京大学出版社
电 子 信 箱：zyjy@pup.cn
印　刷　者：北京鑫海金澳胶印有限公司
经　销　者：新华书店
787毫米×1092毫米　16开本　13.5印张　325千字
2013年4月第1版　2015年10月第4次印刷
定　　　价：29.00元

序

追求幸福、获得快乐是人的天性。那么，什么是幸福？不同的人对幸福有不同的理解和感受。对于生活每个人都有一套自己的衡量标准，人们用它来评价自己的生存状况。当这个标准与真实生活状态相吻合或接近时，人们就会对生活感到满意；当这个标准与真实生活相差较远时，人们对生活就不满意。这种对生活的满意度就是幸福感。满意度越高，就越能感受到幸福。因此，幸福实际上是个体对生活的主观感知，提升主观幸福感对于获取幸福尤为重要。

然而，在现实生活中，大学生在学习、人际关系、自我意识等方面都可能会遇到心理失衡的问题，有时可能会因为一个微乎其微的心理波动而偏离了健康的心理轨道，从而对幸福的认知产生偏差。因此，如何让当代大学生拥有健康的心态，树立积极的幸福观，便成了每一位高校教师义不容辞的责任。本书便是一本帮助大学生正确认识自我、正确认识幸福的心理指南。这是一本写给大学生看的书，同时也是值得推荐给关心大学生健康成长的家长和老师阅读的书，开卷有益。

本书用积极心理学的知识，结合大量的学生案例，细致地阐述了幸福的原理以及大学生心理健康基础知识。书中深入浅出地讲解理论知识，通过科学分析，帮助大学生解决成长过程中遇到的普遍问题；通过心理测试，使大学生更全面清楚地认识自己；通过心理训练，使大学生在团体活动中不知不觉地取得进步。此外，书中精心设计和选择的励志歌曲、心理电影、心灵图书等版块，既是针对性很强的课外辅助资料，又是大学生喜闻乐见、易于接受的形式，大学生可以通过业余时间欣赏这些歌曲、电影和阅读这些图书，走向阳光，走向幸福的彼岸。

大学生是民族的新生代，是祖国未来的希望，衷心希望全社会都来重视大学生身心的健康成长，也祝愿所有的大学生都能拥有幸福快乐的人生！

2013 年 3 月

前　言

幸福是什么？这是当今社会人们广泛讨论的热门话题。近年来，围绕着这一话题，国内外高校正兴起一门全新的课程——幸福课。这门课程的核心内容是大学生应该如何积极面对学习和生活，才能获得幸福。在这门课程的引导下，众多年轻人开始对幸福有了新的感悟。尤其是当数以万计不同国度的年轻人通过网络视频聆听了哈佛大学的幸福课后，这门课程无疑为年轻人追求幸福打开了一扇全新的窗口。随着幸福心理学理论的不断发展，我国高校也逐渐将大学生幸福课纳入教学体系，并开始了大胆而富有创新的尝试。

本书便是这一尝试的初步成果。编者根据多年对大学生心理健康问题的研究和教学实践，针对当代大学生直接面对和普遍关注的学习和生活中的若干问题，以如何实现人生幸福和价值为主线，重点探讨了幸福的含义、幸福的感受、幸福的寻找等诸多与幸福相关的话题，系统地介绍了大学生心理健康知识，旨在引导大学生积极乐观地面对生活，追求属于自己的幸福。书中设立了心理测试、励志歌曲、心理电影、心灵图书、心理训练等版块，力图以一种充满积极、阳光的色彩，为大学生开辟一片生动活泼的学习天地，从而起到启迪思想与激励人生的重要作用。

本书由辽宁装备制造职业技术学院李红编写，陶黄、刘梅主审，书中插图由刘磊、王雅静绘制。

书中难免存在错误和不妥之处，恳请使用本书的广大师生和社会读者提出宝贵意见和建议，以便再版时修订。

编　者

2013 年 3 月

目　　录

第一课

和谐心灵幸福人生——谈和谐幸福

【心灵引导】

知识目标

明确幸福、主观幸福感的含义，了解主观幸福感的产生以及影响主观幸福感的因素。

技能目标

能够掌握提升主观幸福感的方法。

幸福心语

真正的幸福只有当你真实地认识到人生的价值时，才能体会到。

——穆尼尔·纳素夫

只要你有一件合理的事去做，你的生活就会显得特别美好。

——爱因斯坦

我的艺术应当只为贫苦的人造福。啊，多么幸福的时刻啊！当我能接近这地步时，我该多么幸福啊！

——贝多芬

幸福知识讲堂

知 识 篇

【小案例】

你幸福吗?

段扬是一名大二的高职学生。从小到大，在父母的精心呵护下，段扬生活、学习都没有遇到过什么挫折，健健康康地长大。然而，上大学后，一场变故使段扬的心态发生了巨大的变化。以前没上大学的时候，因为家境优越，段扬从来不为自己的生活担忧，父母总是尽量满足他的各种要求，不论是名牌的运动服还是时尚的笔记本电脑，只要是段扬喜欢，父母必然会很快给他买来。可是，就在段扬上大学不久，段扬父亲的公司因为经营不善而倒闭了，原本的小康之家一下子陷入了经济困境之中。从小生活条件优越的段扬从来没有受过苦日子，他的心态也随之变化。以往一直认为自己是个被爱包围的大男孩，现在却变成了一个不幸福的落魄者。在学校里，段扬变得不愿意和老师、同学交往，时常独自一个人面对着墙壁发呆，过去那个乐观、活泼的大男孩不见了。

段扬心态的变化实际上反映出了他对幸福的理解。过去家境富裕，想要什么，便可以买什么。在这样的环境下，段扬是一个快乐、幸福的男生。然而，随着经济环境的骤然转变，段扬变得孤僻、自闭，不再幸福。这表明段扬将自己的幸福感完全建立在物质基础之上。不容否定，充裕的物质条件，是人们获取幸福的重要条件。但是这并不能说明，幸福是由物质条件决定的。虽然在经济上段扬不再富足，但是他拥有美好的青春、父母的关爱、同学的友谊，这些同样可以让他重新寻找到生活中的乐趣与勇气。

段扬幸福观的偏差导致他大学的生活变得压抑而无趣。那么同学们，你幸福吗？你是怎样理解幸福的呢？带着这些问题，让我们一起走进幸福知识讲堂，寻找幸福的源泉。

一、幸福概述

（一）幸福的含义

幸福是什么？早在古希腊时期，很多哲学家就对该问题提出了不同的理解，亚里士多德认为认识到自己的潜力就是幸福；苏格拉底认为幸福是由知识和智慧决定的；柏拉图则认为幸福是善的理念等。

实际上幸福是主观与客观的统一体，是个体认识到自己的需要得到满足以及与需要相联系的理想目标得到实现时而产生的一种积极的情绪体验状态。就幸福的内在本性而言，它是客观的，具有不以人的意志为转移的客观本性。幸福是需要、目的和理想得到实现的心理体验，它由两大因素构成：一是需要、目的的实现，这是幸福与否的客观标准；二是心理体验，是主观的心理过程。

心理学研究表明，幸福需要客观基础，但是客观基础不是幸福本身。幸福感不仅是一种心理现象，更是社会构造。美国著名的政治学教授罗伯特·莱恩认为：当人们连衣食住行这样的基本需求都得不到满足时，他们不会感到幸福。因此，在基本需求得到满足之前，收入每提高一点，就会使人感到更幸福一些。但是，在基本需求得到满足之后，收入带动幸福的效应就开始呈递减态势，并且收入水平越高，这种效应越小，以至达到可以忽略不计的地步，这就是所谓的“快乐鸿沟”现象。

【心理词典】

幸福指数

所谓幸福指数是指衡量人们感受幸福具体程度的主观指标数值。幸福指数是对人们通常所说的幸福感的量化，是人们根据一定价值标准对自身生活状态所作的满意度方面的评价。幸福指数作为评价社会发展的一个重要指标，不仅体现了人民群众对社会发展的满意度，而且越来越成为各级政府决策的重要依据。

（二）幸福的类型

1. 物质幸福

物质幸福主要是指日常围绕维持人生存和舒适性展开的各种活动而获得幸福感的总和，这些活动以消耗性活动为主，一般都伴随着有形物的消耗或损耗。物质幸福可以满足肉体、生理、本能的需要，但它不能直接带给人意义感。因此物质必须转化成为人的精神生活的一部分，与精神生活融为一体了，才能体现出其作用，否则它的作用就仅仅局限于肉体层面。物质幸福在人的意义感的来源方面充其量只起到工具性的作用，它提供了一些基础条件，为精神幸福的目的得以实现提供了可能，如电视、DVD这样的设备或电影院、公园这样的场所。物质幸福伴随着有形物的消耗或损耗。这些消耗或损耗不一定是为了实现一个人的精神追求，有可能是一种伴着时间的浪费、对健康的损害等无意义的消耗。

2. 精神幸福

精神幸福是相对物质幸福而言的，是指能展现人的精神生命，体现人的精神价值从而获得幸福感的各种活动的总和。它是一种积极、正面的生活方式，它有着物质幸福所达不到的高度。精神幸福对于人来说它的作用是不可替代的，人生的意义感和价值感主要来源于精神幸福而不是物质幸福。精神幸福满足的应该是一种积极的、向上的、正面的精神需要，以违法、不道德、不诚信为目的的生活方式不会精神幸福的，不积极、负面的、阴暗的活动也无法满足人们精神幸福的需要。

精神幸福是幸福的重要内容，高质量的精神幸福是人的幸福的源泉。人们的幸福感不只来自物质生活的享受，更多来自于精神生活方面。古希腊哲学家赫拉克利特就说过：“如果幸福在于肉体的快感，那么就应当说，牛找到草料吃的时候就是幸福的。”这就是说一个人如果忽视精神层面上的满足，只把物质享受当做幸福，那么，这种幸福仅仅是动物水平的幸福。对于人类来说，物质幸福是精神幸福的基础和前提，精神幸福才是物质幸福的升华。虽然人类为了生存不得不首先满足肉体存在的需要，但在一定的物质条件得以实现后，人对幸福的体验依赖物质生活的程度就会减少，物质幸福起间接的作用，精神幸福起直接作用。根据马斯洛的“需要层次理论”，归属与爱的需要、尊重的需要和自我实现的需要属于精神性需要，是人的高级需要，对人的行为有着巨大的、持久的推动作用。在现代社会温饱问题已经解决，人的精神需要满足的程度是衡量人们幸福与否的前提。

（三）与幸福相关的若干概念

1. 心理和谐

心理和谐是人的一种积极、向上、健康的人生态度和生存状态。在这种状态下，人的生命充满活力，内心体验积极，社会适应好，潜能得以发挥，实现社会功能有效发挥。

心理和谐包括四重和谐：首先，它表现为个体内部心理和谐，即个体内部心理成分（认识、情感、意志、个性等）的协调统一；其次，它表现为人事心理和谐，即人在处理事情时的冷静，适度和乐观、善于“息事”；再次，它表现为人际心理和谐，即人与人关系上的默契和融洽，善于“宁人”；最后，它表现为人与自然的和谐，即人与自然的和谐相处。

心理和谐的人善于调节自己的心理，坦诚地看待外部世界和自我内心世界，能够愉快地接纳自我，面对现实，欣赏美好的事物，而且能够大度平静地生活和接受生活中的各种挑战。总之，对内协调和对外适应是心理和谐的集中表现。

心理不和谐、不健康不仅影响着心理不和谐者本人的幸福感，而且还会给社会和他人造成伤害，从而影响社会和谐，这种影响力有时会带来十分严重的后果。

首先，心理不和谐者会导致心理疾病，甚至自毁生命。据调查，精神疾病在中国疾病负担中已排名首位，约占疾病总负担的20%。人类的心灵世界深不可测，一旦扭曲，便会给本人、家庭甚至社会造成巨大的伤害和损失。

其次，心理不和谐者在受挫后容易产生攻击行为。心理学家发现，攻击是受挫的继发行为。一个遭受挫折的人，容易做出某种攻击行为。攻击主要指向三个方面：一是直接制造挫折的人；二是与挫折形成没有直接关系的人，迁怒他人；三是受挫者本人，自杀是其极端表现形式。这种在行为受挫后诱发的心理挫折尽管在一定条件下不一定会产生攻击性行为，但它却是诱发攻击行为的重要原因之一，是造成社会不和谐的心理因素之一。事实上，社会上的许多故意伤害他人和危害社会的攻击性事件就常常是由心理挫折这种心理不和谐状态所引起的。

最后，心理不和谐严重影响社会控制。社会控制包括两个方面的含义：一是外在的社会控制，主要依靠政府、军队、警察以及法律政策和各种规章制度；二是靠来自人的内心控制，例如，道德、习俗、宗教和发自内心的自省，以及自我心理平衡。其中，后一种是更为有利的社会控制。自我心理平衡就是心理和谐，自我心理平衡能力差的人，往往不能正确对待自己，不能正确对待他人与社会，容易产生“道德逆反心理”，对社会道德要求具有盲目性、发泄性和排斥性，道德心理处于失衡状态，严重者还会出现“道德情感缺乏症”，即缺乏责任感、义务感、正义感、荣誉感、耻辱感，甚至出现以非为是、以恶为善、以耻为荣的道德心理。

2. 心理需求

著名心理学家马斯洛把人的需求分成五类：生理需求、安全需求、社交需求、尊重需求和自我实现需求，依次由较低层次到较高层次排列。

五种需求像阶梯一样从低到高，按层次逐级递升，但这样次序不是完全固定的，可以变化，也有例外情况。

需求层次理论有两个基本出发点，一是人人都有需求，某层需求获得满足后，另一层需求才出现；二是在多种需求未获满足前，首先满足最迫切的需求，该需求满足后，后面的需求才显示出其激励作用。

一般来说，某一层次的需求相对满足了，就会向更高一层次发展，追求更高一层次的需求就成为驱使行为的动力。相应地，获得基本满足的需求就不再是一股激励力量。

五种需求可以分为两级，其中生理上的需求、安全上的需求和感情上的需求都属于低一级的需求，这些需求通过外部条件就可以满足；而尊重的需求和自我实现的需求是高级需求，他们是通过内部因素才能满足的，而且一个人对尊重和自我实现的需求是无止境的。同一时期，一个人可能有几种需求，但每一时期总有一种需求占支配地位，对行为起决定作用。任何一种需求都不会因为更高层次需求的发展而消失。各层次的需求相互依赖和重叠，当高层次的需求发展后，低层次的需求仍然存在，只是对行为影响的程度大大减小。

二、主观幸福感理论

（一）主观幸福感的定义及特点

主观幸福感是指评价者根据自定的标准对其生活质量的整体性评估，是衡量个体生活质量的重要综合性指标。对自身生活良好的评价是幸福人生不可忽视的重要内容，当今大学生是社会的重要组成部分，也是推动社会进步的生力军。但是，现在大学生由于受到社会各个方面的压力和矛盾，使得他们的心理出现了越来越多的问题。大学生智力水平较高、思维能力较强、情感丰富、内心体验细腻微妙，人生观、世界观逐渐成熟。但是由于学习压力、人际关系、人生目标、就业形势等因素的影响，他们经常出现较大的情绪波动。提升大学生的主观幸福感，对其人生未来发展具有重要意义。

主观幸福感，具有以下三个特点：一是主观性，是指它的评价完全依赖于个体的标准，即评价者主观的标准而非来自他人的标准；二是稳定性，是指主观幸福感测量的是长期而非短期的生活满意度和情感反应，不随时间和环境的改变而发生重大变化；三是整体性，是指它是一个综合评价，包括对情感反应的评估和认知判断，是对生活的总体满意感。

（二）影响大学生主观幸福感的因素

大学生是社会的特殊群体，具有较高的科学知识和文化素养。研究表明，大学生的幸福感是普遍高于社会其他群体的。但近些年，随着大学生“天之骄子”时代的退去，在各方面因素的冲击下，“郁闷”、“无聊”已成为很多大学生的口头语，大学生幸福感缺失现象正在产生，究其原因，主要有以下几个方面：

家庭是社会的细胞，是大学生成长的摇篮、思想启蒙之所、情感依托之地。家庭以亲情为纽带，是大学生避难的港湾，无时无刻不影响着其身心的发展。研究表明，和谐、温馨的家庭氛围能够赋予大学生以良好的自我调适能力，合理调节情绪，从容面对挫败，自信乐观、幸福感强。相反，家庭环境恶劣，特别是情感上的缺失、父母感情不和、家庭关系紧张、亲子关系不融洽，都将给孩子造成巨大伤害。另外，作为父母，由于自身成长经历的差异，一部分家长还受到文化水平的局限，不懂得教育的方式、方法，不善于与孩子进行必要的沟通和交流，把自己的思想强制性地转嫁到孩子身上，无形地削弱了部分大学生的幸福感。

从大学生自身角度看，他们正处在人生转折的关键时期，作为具有较高文化素质的群体，他们具有从满足基本生存到自我实现的各个层次的需要。他们的生理发育已基本完成，情绪整体上处于激活状态，但对于一些问题仍疑惑不解，无所适从，心理和思想尚不成熟。首先，表现在自我认识不够，对自我概念问题的思考越来越混淆，个人为了达到理想目标或维持现有状态的努力和预期也远远不够，最终导致期望脱离实际，变得遥不可及，总处在无止境的追逐之中，幸福感也就自然降低。其次，部分学生交往沟通能力不足，情商指数不高，不能合理地表达自己的情绪，不能融洽地与他人相处，容易陷入自怨自艾的境地而不能自拔。最后，部分大学生在与幸福感有关的不同人格因素方面存在或多或少的欠缺，诸如信任、情绪稳定性、控制点、自尊与外向等，同时存在抗挫折能力低下，不能勇敢地面对挫败和逆境，在挫折面前退缩无措的现象。这直接或间接地影响了他们正常的生活节奏，甚至扭曲了他们的生活态度，导致幸福感减弱。

三、大学生如何提升主观幸福感

亚里士多德说："幸福是人类的终极目标。"但是幸福的真正内在体验是什么，如何去追求自己的幸福，人们往往不得而知。评判一个人是否幸福的标准，应该是看他的现实生活是否达到符合自己确定的幸福感受，而不是根据他人的标准或是物质准则来确定。大学生应该从内、外两个方面来提升自己的主观幸福感。

（一）树立积极的世界观和人生观

马斯洛理论提出人的需求是在不断增长着的，一个需要满足后，又会有新的更高层次的追求。现实中就有这样的一些人，他们的物质生活已经得到了满足，但在精神层面上却是极度贫乏，对生活几乎不报有什么好的预期。大学生应该拥有崇高的理想和正确的幸福观，有勇于为实现自己理想而不懈奋斗的心理准备，才会享受到努力的过程，感受到自己的幸福感。

理性的、科学的幸福观即马克思主义幸福观。马克思主义幸福观集中体现为三大统一，即物质追求和精神追求相统一，享受和创造相统一，个人利益与整体利益相统一。

在树立正确的人生观的同时，大学生应重视自身内部价值的实现。因为对内部价值的追求，比对外部价值的追求更能让人感到幸福，所以大学生要通过实现内部价值获得自尊与自信。大学阶段正是学习和创造的黄金时期，对于内部价值的追求，可以使大学生的学习生活变得更加丰富多彩从而感到身心愉快，这样有利于大学生实现最终的自我价值，间接为其带来更多的外部价值。

（二）完善自我意识

积极统一的自我意识是健康心理的重要特征，客观自我与主观自我、理想自我与现实自我达成一致时对心理健康有重要的意义。自我意识包括自我认知、自我体验、自我调控三个方面。大学生应该不断完善自我意识，这是提升主观幸福感的重要途径。要达到积极的自我统一，大学生需要在自我认识上形成正确的自我分析能力，客观公正地利用唯物辩证法进行自我评价，根据实际情况，制定符合自身特点的目标，使理想自我与现实自我趋向一致。大学生要善于把握积极肯定的情感，努力提高自我认识水平和自我表达能力。

（三）培养良好人格特性，完善自我人格

大学生处于特定的年龄阶段，人格还未完全形成，大学生应该好好利用大学阶段努力塑造良好的人格。培养良好的人格不仅可以提升其对积极情感的感受性，降低对消极情感的敏感度，还有利于大学生通过努力形成良好的人际关系，可以更容易得到社会支持、安全感及关爱，良好的人格特征在促进大学生实现人生目标方面也起到了重要的作用。

在完善自我方面，大学生要善于发现自己的优势，并利用自己的优势发觉自身的潜力，从而获得成功。

不同人格类型的大学生可以采取不同的方法提高主观幸福感。例如，外向型人格具有喜欢交朋友、爱好广泛、感情丰富等特点；随和型人格具有温和、忠诚、充满爱心等特点；尽责型人格具有能力突出、工作负责等特点。根据以上人格特征，大学生可采取以下措施：与人和善，真诚待人，关心身边的人和事；有针对性的强化能力及效能的锻炼，树立适合自己的目标并为之奋斗。在树立目标时要注意：目标要选的合适，过高不容易实现，还易使人产生挫折感；目标设置的太低，一旦达到，也没有成就感。目标适当，高于自身所处的阶段，经过自身努力后达到了设立的目标，这样的成就能够使个体更容易产生成就动机，可以促使个体进入目标实现的良性循环，提升个体主观幸福感；性格内向的同学要有针对性的扩大自己的交际圈，更多地与朋友沟通交流或参加感兴趣的社团活动、学校活动等。

【哲理故事】

快乐源于自己的感觉

海里的一只大甲鱼，偶然爬过一口井边。

井里的一只蛙看见了，连忙说：“稀客，请来参观吧！”大甲鱼说：“你在井里过得舒服吗？”

井蛙说：“我独霸一口井的水，像是一个国王一样，怎么不舒服呢？你看，我一跳到井里，水就来扶着我的两腋，托着我的腮帮。我高兴就钻入水底，泥巴就赶快来按摩我的脚，到了晚上，不想待在水里，就跳出来，散散心。”

听了井蛙的话，大甲鱼便想到井底看一看，可是它的左脚刚刚踩进去，右脚就绊在外边动弹不得了。大甲鱼只好退了出来。

甲鱼与青蛙

大甲鱼便对井蛙说：“你的井太小了，我进不去。我刚才是从东海上来的，让我告诉你东海的快乐吧。东海又大又深，用千里长，不足形容它的广大，用八千尺高，不足以形容它的深。水灾时不会增加，旱灾时不会减少，不会因时间的长短而改变，不会受雨水的多少而增减，这就是大海的快乐。”

井蛙听了，只好翻翻眼珠，一副不知所云的样子。

每个人都有自己的快乐。你可以羡慕大海的壮丽和宽阔，也可以为自己的安乐窝而振奋不已。快乐源于自己的感觉。一个人的快乐并不是人人都能体会到的，保持一份美好心境，才会得到更多的快乐。

（四）建立良好的人际关系

人是社会的动物，我们生活在社会中就必须要和他人建立各种各样的社会关系。对每个人而言，这些存在了的关系为我们提供有力的社会支持系统，使我们感受到了归属感、喜悦感、自尊和自信等，为我们进一步提升主观幸福感创造了可能。

社会关系的建立是一个互动的过程。对大学生而言，应该在日常生活中尊敬师长、友爱同学，主动关心爱护他人，在他人需要帮助时能够及时提供帮助，树立社会责任意识、具有符合时代要求的道德规范等。这些都有助于大学生建立良好的社会关系，从而使大学生提升主观幸福感，并成为一名合格的具有时代精神的优秀大学生。

大学生最先认识和了解的是所在班级的同学和所在宿舍的室友，班集体是大学生大学生活的一个重要的舞台，如果个体所在的班集体是一个积极向上的集体，能够起到团结同学、促进每位同学彼此和睦、健康成长等积极作用时，那么这个集体中的每个成员的个人主观幸福感就会大幅度提升。性格内向的同学也会主动与其他同学交流，建立良好的人际关系，并以更高的热情去关注和投身于班集体的建设之中，这些都有利于提升大学生的主观幸福感。

幸福能力培养

技　能　篇

【百度知道】

Q：我经常会有失落感，感觉自己不如别人，感觉事情总是做不好，怎么办？

A：这是自卑心理导致的，是个体对自己能力和品质评价偏低的一种消极情感。自卑感的产生，往往并非认识上的不同，而是感觉上的差异。其根源就是不喜欢用现实的标准或尺度来衡量自己，而相信或假定自己应该达到某种标准或尺度。如“我应该如此这般”、“我应该像某人一样”等。这种追求大多脱离实际，只会滋生更多的烦恼与自卑，使自己更加抑郁和自责。你不妨试一下以下方法，它们有助于你摆脱自卑，走向自信。

首先，用补偿心理超越自卑。

补偿心理是一种心理适应机制，比如你的英语并不出色，你就会用更多努力去弥补这种心理差距，加倍付出去提高英语成绩。在补偿心理作用下，自卑感具有使人前进的反弹力。由于自卑，人们会清楚甚至过分地意识到自己的不足，这就促使其努力学习别人的长处，弥补自己的不足。

其次，用乐观态度面对失败。

面对失败和挫折，唯有乐观积极的心态才是正确的选择。其一，做到坚韧不拔，不因挫折而放弃追求；其二，注意调整、降低原先脱离实际的“目标”，及时改变策略；其三，用“局部成功”来激励自己；其四，采用自我心理调适法，提高心理承受能力。

最后，用实际行动建立自信。

征服畏惧，战胜自卑，不能夸夸其谈，止于幻想，而必须付诸实践，见于行动。建立自信最快、最有效的方法，就是去做自己害怕的事，直到获取成功。具体方法如下：突出自己，上课时挑前面的位子坐；敢于正视别人；昂首挺胸，快步行走；练习当众发言；学会微笑。

【幸福处方】

快乐心理配方

你也许正在莫名烦躁，也许对正面临的问题不知所措，请放下一切，看看“快乐心理配方”，看看会不会有什么新发现，使郁闷的心情舒畅一些。

第一步：找一张纸，一条一条列出我们认为可以影响到我们的情绪、心理“恶化”的各种事情，越细越好。然后把这些事情分类，看看哪些事情是通过我们的努力可以解决和改善的，并在后面写出解决的方法和手段；再看看哪些事情是我们即使努力也无法改善的，毫不客气地把它们删掉，彻底地从我们的脑袋里清除出去。

第二步：把草稿纸翻过来，列出可以让我们骄傲的各种事情，包括美好的家庭、贴心的知己、自己的远大理想或自己的爱好和兴趣……其实，我们最常犯的而且不易察觉的错误，就是对身边的事物视而不见。请注意！做一个生活的有心人能让我们更加了解自己，这对我们调节心理状态非常有益。

第三步：当你感到疲乏时，美美地睡上一觉，保持充沛的精力。要知道，舒缓情绪和压力，充足的睡眠是必不可少的，一觉醒来，整个人就会焕然一新。这时候，你能清楚地知道应该做什么和不应该做什么。

其实，拥有快乐的心理并不难，就看你如何去对待。

如果保持心情舒畅、满怀信心及积极的情绪，那么你就会有一种快乐的“心理”，拥有一颗健康的心！

【感动人物】

李开复——做最好的自己

李开复是当今优秀的信息产业的首席执行官和计算机科学的研究者。1998 年，李开复加盟微软公司，并随后创立了微软中国研究院。2005 年加入谷歌公司，并担任谷歌全球副总裁兼中国区总裁一职。2009 年，宣布离职并创办创新工场任董事长兼首席执行官。长期以来，李开复倾注了大量的心血来关注中国青年，他创作的《写给中国大学生的信》等，深深地影响了中国新一代大学生的成长，照亮了大学生成才的道路。

1961 年李开复出生于我国宝岛台湾。作为家中最小的孩子，当 5 岁的李开复洋洋得意地对邻居阿姨表示“上小学以后就没有见过 99 分”后，母亲第一次打了他。母亲告诉他：“不只需要好好学习，还要改掉骄傲的缺点。自诩是要不得的，谦逊是中国人的美德。”

1979 年，李开复进入了美国哥伦比亚大学攻读“科学”专业，但是他对这个专业并不感兴趣。很快，他发现自己在选修的计算机课上，有着惊人的天赋。在大学二年级时，他做出了一个决定——转系，这意味着他将从一个全美排名第三的专业转到一个毫无名气可言的专业。但是，李开复还是遵从了自己的内心，选择了计算机专业。正是这个决定，改写了他今后的人生轨迹。

读博士期间，李开复的学习成绩仍然优秀。不过一次暑期课程让他遭受了不小的挫折。1983 年暑假，李开复得到了一份暑期工的工作，任务就是教宾夕法尼亚州 60 个最聪明的高中生计算机课程。李开复十分重视这份工作，他每天繁忙地备课，想出各种教学办法为孩子们上课。但是，他领取薪水时却看到学生留给他的评语是“李教师的教学就像催眠曲”，这样的评价无疑让李开复备受打击。

但是李开复并没有泄气。在以后的日子里，特别是回到中国以后，李开复十分注重自己公共演讲的能力，后来他的全国巡回演讲甚至超过了上千场。这无疑得益于他学生时期的那次挫折经历。

2000 年，李开复成为微软全球副总裁。在这个职位上工作了几年后，他深深地体会到完美工作的标准，那就是自己有浓厚的兴趣，能有成长的空间。当他得知谷歌将要来到中国时，他主动找到了谷歌公司，并表示愿意加入谷歌，谷歌公司很快也向他抛来了橄榄枝。

2005 年是李开复的转折年。一次普通换工作的经历让李开复陷入了人生的最低谷。由于从微软跳槽到谷歌，引起了微软对他的诉讼，紧接而至的是新闻媒体对他铺天盖地的负面报道。此时的李开复并没有一蹶不振，他想到了自己的座右铭：用勇气改变可以改变的事情，用胸怀接受不能改变的事情，用智慧分辨两者的不同。

于是，李开复全力以赴地投入了这场战斗，不再理会那些不能改变的谣言。他从微软提取的 30 万份邮件资料中找寻有利的证据以证明自己的清白。经过两个月的努力，法庭终于同意李开复到谷歌工作。

什么是成功？是否拥有了名利就算成功。对此李开复的回答是：“你的价值不是你拥有多少，而是你留下多少。”李开复说，他曾经想过自己的墓志铭应该有科学家或者企业家的注脚。但是，现在他已经没有这种想法，如果他的墓志铭上有热心教育者的字样，他会感觉到内心的温暖。

【自助加油站】

获取幸福的方法

什么是幸福？不同的人有不同的体验。其实幸福是一种感觉，一种内心平和与满足的感觉，是一种没有忧虑、恐惧的经历。保持幸福的最好办法就是通过日常的修炼使内心平和；心态平和了，就很容易养成一种情不自禁的选择幸福的习惯。

（1）努力改变看问题的角度，总是看好的一面。别让心思纠缠在消极或者困难的事情上。

（2）要想解决问题的办法，别总是想着问题本身。

（3）听一些放松而又激励人心的音乐。

（4）常看令人捧腹大笑的喜剧、笑话。

（5）每天腾出一点儿时间读几页令人鼓舞的图书或者文章。

（6）警惕思想动态。一旦想起了不好的事情，赶快停下，转到高兴的事情上去。

（7）经常想想自己做过的事情，不要想没做过的事情。

（8）每天都为自己做点好事，可以是小事，诸如给自己买一本书、看一个自己喜欢的电视节目或者电影、在街上散步等。

(9) 每天至少做一件让别人高兴的事情。可以是一句话，温暖了同学的心，也可以是在公交车上给别人让座。

(10) 总是期待着幸福的到来。

(11) 不要嫉妒那些幸福的人。相反，应该为别人的幸福而感到幸福。

(12) 与幸福的人交往，向他们学习，使自己幸福。

(13) 当事情没能按照预期计划进行时，态度要超脱一些。超脱会使你冷静，会使你控制情绪。

幸福体验之旅

体 验 篇

【心理测试】

主观幸福感心理测试

*1. 当我年龄增长时，我发现事情似乎要比原先想象的好。
a. 是　b. 否　c. 不确定

*2. 与我认识的多数人相比，我更好地把握了生活中的机遇。
a. 是　b. 否　c. 不确定

3. 现在是我一生中最沉闷的时期。
a. 是　b. 否　c. 不确定

4. 回顾以往，我有许多想得到的东西均未得到。
a. 是　b. 否　c. 不确定

5. 我的生活原本应该有更好的时光。
a. 是　b. 否　c. 不确定

*6. 即使能改变我的过去，我也不愿有所改变。
a. 是　b. 否　c. 不确定

7. 我所做的事多半是令人厌烦和单调乏味的。
a. 是　b. 否　c. 不确定

*8. 我估计最近能遇到一些有趣而令人愉快的事。
a. 是　b. 否　c. 不确定

*9. 我现在做的事和以前一样有意思。
a. 是　b. 否　c. 不确定

10. 我感到自己老了，有些累了。
a. 是　b. 否　c. 不确定

*11. 回首往事，我相当满足。
a. 是　b. 否　c. 不确定

12. 与同龄人相比，我曾作出过更多的愚蠢决定。

a. 是 b. 否 c. 不确定

*13. 现在是我一生中最美好的时光。

a. 是 b. 否 c. 不确定

*14. 我感到自己确实不再年轻了，但我并不为此感到烦恼。

a. 是 b. 否 c. 不确定

*15. 与同龄人相比，我的外表更年轻。

a. 是 b. 否 c. 不确定

*16. 我已经为一个月甚至一年后该做的事制订了计划。

a. 是 b. 否 c. 不确定

17. 与其他人相比，我惨遭的失败次数太多了。

a. 是 b. 否 c. 不确定

*18. 我在生活中得到了相当多的我所期望的东西。

a. 是 b. 否 c. 不确定

19. 不管人们怎么说，许多普通人是越过越糟，而不是越过越好。

a. 是 b. 否 c. 不确定

*20. 我现在和童年时一样幸福。

a. 是 b. 否 c. 不确定

评分方法

带 * 号的题，选 a 得 2 分，选 c 得 1 分，选 b 得 0 分；反之，不带 * 号的题，选 a 得 0 分，选 b 得 1 分，选 c 得 2 分。将各题得分累加，算出自己的总得分。

结论分析

0 到 7 分：你的生活满意度极差，在生活中你无法获得幸福感，你很有必要找个思想成熟的人或心理专家为自己把把脉，重新勾画和设计一下自己的生活蓝图，调整一下自己的生活方式，以期让日子过得好起来。

8 分到 15 分：你的生活幸福感较差，日子过得不怎么样，这让你容易沮丧，情绪低落。你不妨检讨一下自己的观念，看看是不是目标太高，过分追求完美，或是自卑感什么的让你日子难过。变变想法，也许感觉会有改变。

16 分到 34 分：你的生活状态一般，有喜有忧的日子使得你和多数人一样。

35 分到 40 分：你有相当高的生活满意度指数。你不一定就是富人或有地位的人，但你的心态很好，一个人能感到幸福是件不容易的事，向你表示祝贺，并希望你永远幸福。

【励志歌曲】

蜗 牛

作词/作曲：周杰伦

该不该搁下重重的壳，寻找到底哪里有蓝天，随着轻轻的风轻轻地飘，历经的伤都不感觉疼，我要一步一步往上爬，等待阳光静静看着它的脸，小小的天有大大的梦想，重重的壳裹着轻轻的仰望，我要一步一步往上爬，在最高点乘着叶片往前飞，小小的天流过的泪和汗，总有一天我有属于我的天，我要一步一步往上爬，在最高点乘着叶片往前飞，任风吹干流过的泪和汗。

【心理电影】

当幸福来敲门

故事梗概：20世纪80年代，黑人克里斯·加德纳生活在美国社会的底层，工作十分辛苦，妻子不堪忍受穷苦而离去。加德纳独自抚养可爱的儿子，父子俩相依为命、贫困潦倒。只有高中学历的加德纳疲于奔命，游走于各大医院推销他的医疗器械。通过偶然的机会，他得知股票经纪人的工作只要懂得数字和人际关系便可以胜任。于是凭着自己的聪明才智，加德纳终于获得一个股票经纪人的实习机会。但是此时的他必须面临更严峻的考验：6个月无薪实习期且20人的实习生中只会留下一人。最终，加德纳靠着惊人的毅力，一边继续推销医疗器械，一边工作，顺利地完成6个月的实习并被公司留下。历经磨难，加德纳成为了美国著名的投资专家，蓦然回首，他已在“幸福”行列……

影片讨论：欣赏完这部电影，你还受到了什么启发呢？请大家讨论一下。

【心灵图书】

真实的幸福

内容简介：本书介绍了心理疾病如何在现实中逐渐得以有效医治，并从心理学角度引导人们了解积极情绪以及建构优势和美德。

书评讨论：读完这本书，你还受到了什么启发？大家讨论一下。

【心理训练】

活动一　你的幸福快乐计划

活动目的

提升学生的主观幸福感，懂得珍惜眼前的幸福，并为将来的人生幸福进行策划。

活动步骤

1. 列出7项过去让你失望的事件或情形。

____

____

____

____

____

____

____

2. 针对上面列出的7个项目，在每个项目中找到积极的东西。

____

____

____

____

____

____

____

3. 发现积极因素。每天都列出一个使你失望的情形，并在里面寻找积极的东西。你练习得越多，这种积极的思想方法就越有可能成为你生活的一部分。

活动总结

在漫漫人生道路上，我们难免会遇到一些令人失望或无奈的情况，只要我们调整自己的心态，积极地寻求办法解决，消极因素也可以发生转变。

活动二　“盲人”旅行

活动目的

1. 通过“盲人”与“拐棍”角色的体验，让学生理解自助与他助同等重要。

2. 让学生感受信任与被信任、爱与被爱的幸福与快乐。

活动步骤

大千世界充满着精彩，诱惑着每个人去索取、去享受、去追求……

大千世界也充满着艰难，迫使着每个人去面对、去承受、去改变……

在茫茫人海之中，有谁能与你同行、与你分担忧愁、与你快乐？不妨去找一找，不妨去试一试，体验一下自助与他助、信任与被信任、爱与被爱的幸福与快乐。

1. 在背景音乐声中，每个人戴上眼罩扮演一个盲人，先在室内独自一人穿越障碍旅程，体验盲人的无助、艰辛、甚至恐惧。

2. 所有学生中一半人继续扮演盲人，另一半人扮演帮助盲人的“拐棍”，由“拐棍”帮助盲人完成室外有障碍的旅行。完成后交换角色重新体验。

3. 所有学生均扮演盲人，并两个盲人相互帮助到室外走过一段障碍旅程。

4. 学生们交流：在不同情况下，扮演不同角色的感受。

注意事项

1. 障碍旅程的设计，应该有跨越、钻圈、下蹲、上攀、独木桥、上下楼等多种障碍。

2. “盲人”旅行过程中不允许用语言交流，最好配置适当的背景音乐。

3. 在角色互换的旅行中“盲人”与“拐棍”最好不要选择同一人，以陌生的对象为好。

活动总结

这是一次前所未有的角色体验，许多人掀开眼罩的第一句话是：“谢谢拐棍！”他们体会到了作为一个盲人在障碍面前的无助、无奈、甚至恐惧，内心特别希望得到帮助与支持。“拐棍”的出现是“盲人”期待的。但做好“拐棍”也不是简单的事，因为许多“拐棍”自己能看到前面的障碍，就以为“没什么，我肯定可以顺利通过”，带着一份自信和勇气，领着“盲人”快速前进，无法体会“盲人”为什么如此犹豫不前。仔细想想，还不是没有从他人的角度出发考虑问题吗？“盲人”对眼前的一切一无所知，心存戒备，对“拐棍”的引导还不是十分信任，所以步履不可能轻松，心底无法坦然。

通过“盲人”与“拐棍”角色互换的体验，反思自己在帮助他人与信任他人中的不足，在活动中，会进一步体会信任与被信任的欣慰与快乐。

【心灵感悟】

1. **给下面的故事拟题目。**

____

有一个人，他生前善良且热心助人，所以在他死后，升上天堂，做了天使，他当了天使后仍时常到凡间帮助人，希望感受到幸福的味道。

一日，天使遇见一个农夫，农夫的样子非常烦恼，他向天使诉说：“我家的水牛刚死了，没它帮忙耕田，那我怎能下田作业呢？”于是天使赐他一只健壮的水牛，农夫很高兴，天使在他身上感受到幸福的味道。

又一日，天使遇见一个男人，他非常沮丧向天使诉说：“我的钱被骗光了，没盘缠回乡。”于是天使给他银两作路费，男人很高兴，天使在他身上感受到幸福的味道。

再一日，他遇见一个诗人，诗人年轻、英俊、有才华且富有，妻子貌美而温柔，但他却过得不快活。天使问他：“你不快乐吗？我能帮你吗？”诗人对天使说：“我什么都有，只差一样东西，你能够给我吗？”天使回答说：“可以，你要什么我都可以给你。”

诗人直直地望着天使：“我要的是幸福。”这下子把天使难倒了，天使想了想，说：“我明白了。”天使拿走诗人的才华，毁去他的容貌，夺去他的财产。

天使做完这些事后，便离去了。

一个月后，天使再次回到诗人的身边，他那时饿得半死，衣衫褴褛地搂着妻子不住地向天使道谢，因为他知道什么是幸福了。

幸福有时就在人们身边，只是人们没有觉察，也不懂得珍惜，只有失去了才觉得可贵。

2. **写出你学完本课的感悟。**

第二课

关注你的心灵——谈心理健康

【心灵引导】

知识目标

了解心理健康的意义，掌握大学生心理健康的标准，树立正确的心理健康观念。

技能目标

会维护自身的心理健康，能自主地调整心理状态。

幸福心语

一切的和谐与平衡，健康与健美，成功与幸福，都是由乐观与希望的向上心理产生与造成的。

——华盛顿

所谓内心的快乐，是一个人过着健全的、正常的、和谐的生活所感到的快乐。

——罗曼·罗兰

良好的健康状况和由之带来的愉快的情绪，是幸福的最好资金。

——埃·斯宾塞

幸福知识讲堂

知　识　篇

【小案例】

一位女大学生的困惑

吃妹

步入大学的校门，我很不习惯，觉得自己非常孤单。经常一个人上课、自习、吃饭，不愿意和别人打交道。当我情绪不好的时候，我也不想跟任何人说，只是自己一个人拼命吃东西。我常常是一个人在这个食堂吃过，又跑到另一个去吃，然后再到超市买一大堆零食回宿舍吃。我觉得这近乎疯狂，不可理喻。我就想让胃撑满，有时近于疼痛，好像只有这样我才能满足。但是我发现这种发泄方式带来了更多的问题。首先是钱的问题，我买的东西越来越贵，买东西的次数越来越多，好像越贵才越刺激，才越满足。另一个问题是我长胖了。我常常在晚上吃东西，不睡觉，有时候还偷偷摸摸，一直到吃完为止。第二天，当我清醒之后，我会照镜子，看看自己圆滚滚的肚皮，我会想我到底干了些什么，我怎么变成了现在这个样子。可是下一次我又克制不住自己。我把精力放在与学习无关的事上，生活不规律、学习不规律、饮食不规律，一切都变得一团糟。我很难控制自己的情绪，觉得好像有两种人格在厮杀。我很害怕，但是不知该如何做……

这位女大学生表现出来的种种问题主要是以抑郁为主要特征的情绪问题，在广大的大学生人群中，为缓解抑郁而拼命吃、喝、玩、购物、上网等现象并不鲜见，这种消极的生活方式，对大学生的成长十分不利，是大学生心理不健康的一种常见表现形式之一。当今社会，面对学习、生活、人际交往、自我意识和升学就业等领域的诸多问题，大学生究竟该如何调节心理压力，提高主观幸福感水平呢？同学们，让我们走进幸福知识讲堂，了解自身的心理健康情况。

一、心理健康概述

（一）科学的健康观

健康是人快乐、幸福和成功的前提和基础，这是人人皆知的道理。前世界卫生组织总干事马勒博士曾指出：必须让每个人认识到，健康并不代表一切，但失去了健康，便失去了一切。理论研究与实践都证明，人不仅是一个生物体，而且是有复杂的心理活动、生活在一定的社会环境中的完整的人，是生理、心理和社会层面的统一体。因此关于健康内涵的认识，随着社会的发展以及人类自身认识的深化，正在发生着极大的变化，那种认为只要身体没有疾病、生理机能正常就是等于健康的观念正在被一种“立体健康观”所替代，即健康应由心理尺度、医学尺度和社会尺度来评价，健康的概念已从传统的生物医学模式走向生物—心理—社会模式。

1948年，联合国世界卫生组织成立时，在其宪章中开宗明义地指出：健康不仅仅是没有疾病，而且是身体上、心理上和社会适应方面的完好状态或完全安宁。并提出了健康的十条标准：① 有充沛的精力，能从容不迫地应付日常生活和工作压力而不感到过分紧张；② 态度积极，乐于承担责任，不论事情大小都不挑剔；③ 善于休息，睡眠良好；④ 能适应外界环境的各种变化，应变能力强；⑤ 能够抵抗一般性的感冒和传染病；⑥ 体重得当，身体均匀，站立时头、肩、臂的位置协调；⑦ 反应敏锐，眼睛明亮，眼睑不发炎；⑧ 牙齿清洁无空洞，无痛感，无出血现象，牙龈颜色正常；⑨ 头发有光泽、无头屑；⑩肌肉和皮肤富有弹性，走路轻松匀称。

由这十条标准可以看出，健康包括身体和心理两方面的健康，二者相互影响，相辅相成，缺一不可。当生理产生疾病时，其心理也必然受到影响，会产生情绪低落、烦躁不安、容易发怒等情况，从而导致心理不适；同样那些长期心情抑郁，心理存在巨大压力，无法感知幸福感的人，其身体机能也必然受到不良影响。

1989年世界卫生组织又将健康的概念补充为：健康应包括生理、心理、社会适应和道德品质的良好状态。对于正在成长发展中的大学生而言，身体健康固然重要，但心理健康更有着其突出的地位。“心理健康是健康的一半”的理念正在被越来越多的人所接受。从对健康这一概念的讨论中可以看出，为了实现完整的健康状态不仅要讲究生理卫生，还要讲究心理卫生，只有这样才能成为一个身心健康的人。

（二）心理健康的含义

心理健康是指生活在一定社会环境中的个体，在高级神经功能和智力正常的情况下，情绪稳定、行为适度，具有协调关系和适应环境的能力，以及在本身及环境条件许可的范围内所能达到的心理最佳功能状态。

心理健康按其健康程度可分为三种状态。一是正常状态，简称常态。个体在一般没有较大困扰的情况下，心理处在正常状态之中。个体的常态行为基本与其价值观、道德水平和人格特征相一致。这种状态一般称为心理健康。二是不平衡状态，简称偏态。是指个体心理处于焦虑、恐惧、压抑、担忧、矛盾、应激等状态。一旦个体处于不平衡状态，他会首先通过“心理防御机制”来进行自我调节。如果无效，就得借助他人疏导，使之消除不平衡，恢复正常状态。这种状态一般称为心理问题。三是不健康状态，简称变态。它包括神经症、人格障碍、性心理障碍、精神分裂症等。这时必须到医疗部门求助于心理治疗和药物治疗。这种状态一般称为心理疾病或精神疾病。

【心理词典】

心　理　学

心理学是研究人和动物心理现象发生、发展和活动规律的一门科学。心理学既研究动物的心理（研究动物心理主要是为了深层次地了解、预测人的心理的发生、发展的规律），也研究人的心理，而以人的心理现象为主要研究对象。因此，总而言之，心理学是研究心理现象和心理规律的一门科学。

（三）心理健康的意义

心理健康对于预防精神疾病、心身疾病和恶性事故的发生有重要的意义。精神疾病是一种严重的心理障碍，它的发生与人的心理健康水平密切相关。由于社会生活的纷繁复杂以及各种压力，人们随时都面临着来自各个方面的心理应激，重视心理健康问题，可以使人们很好地处理各种矛盾，提高心理承受水平，在挫折面前有足够的心理准备，并采取有效的措施，积极预防精神疾病的发生。心身疾病是指心理因素在病症的起因中占据重要地位的病症，如冠心病、高血压、溃疡、某些肿瘤疾病等等。诸如情绪不稳定，易大喜大怒，过于争强好胜，长时间的焦虑不安，不易满足等心理特点很容易导致疾病的产生。重视心理健康问题，可以使人有效地抵御各种不良的诱因的作用，矫正不良的心理反应，有效地预防心身病症的发生。心理健康水平较低的人，很容易产生无法控制的愤怒情绪，以至于控制不住自己，出现严重越轨行为。提高人们的心理健康水平，可以预防因心理问题而导致的恶性事件的发生。

心理健康对于大学生成才有着重要的意义。健康的心理是大学生接受思想政治教育以及学习科学文化知识的前提，是在校期间正常学习、交往、生活、发展的基本保证。如果一个人经常、过度地处于焦虑、郁闷、孤僻、自卑、犹豫、暴躁、怨恨、猜忌等不良心理状态，是不可能在学习、工作和生活中充分发挥个人潜能，取得成就，得到发展的。大学生心理健康之所以重要，是因为他们所承担的和将要承担的学习任务和社会责任较为繁重和复杂，较为困难和艰苦。一个人在心理健康上多一分弱点，他的成长和发展就多一分限制和损失，他的生活和事业就少一分成就和贡献。大学生的心理健康对其品德素质、思想素质、智能素质乃至身体素质的发展都有很大的影响。

心理健康对于建设社会主义精神文明有着重要的意义。心理健康不仅对个体有意义，而且对群体也有着不可忽视的影响。心理健康有助于克服人的消极心理状态，振奋民族精神；有助于缓解人际的冲突，改善交往环境，增进社会稳定；有助于塑造良好的个性，发展健全的品格，提高人们的道德水平；有助于人的积极性和创造力的提高，推动社会主义现代化建设的进程。由此可见，心理卫生工作是精神文明建设的重要组成部分。

【心理词典】

全国大学生心理健康日

教育部、团中央确定每年的5月25日为“全国大学生心理健康日”。“5.25”谐音“我爱我”，是提倡大学生爱自己，珍爱自己的生命，并由爱自己发展到关爱他人，关爱社会。

二、大学生心理健康的标准

（一）我国大学生心理健康的标准

我国的心理学专家根据大学生的心理特征，根据现实社会生活和大学生心理行为表现，提出了我国大学生心理健康的具体标准。其标准主要有以下八个方面。

（1）良好的学习能力。心理健康的大学生应该智力正常，有浓厚的学习兴趣，有强烈的求知欲望，掌握适合自己的学习方法，积极克服学习中的困难，保持较好的学习效率，并能够从学习中体验到快乐和满足。

（2）正确的自我意识。能正确认识自我、评价自我、悦纳自我，体验到自己存在的价值，对自己的能力、性格和优缺点能作出恰当的评价；自尊自重，自信乐观，生活目标与理想切合实际，不苛求自己。

（3）善于调控情绪。经常保持愉快、乐观、开朗的良好心态。对生活和未来充满希望；遇有悲、忧、哀、愁等消极体验，能适度表达和善于调控自己的情绪，整个身心处于积极向上的状态，对一切充满信心和希望。

（4）和谐的人际关系。乐于与他人交往，能用尊重、信任、友爱、宽容的态度与人相处；能与他人合作共事，乐于助人；能与集体保持协调的关系。

（5）完整统一的人格。人格构成要素无明显的缺陷和偏差；具有清醒而正确的自我意识；以积极进取的人生观和理想信念作为人格的核心；气质、能力、性格等方面平衡发展，具有完整统一的心理特征；所思、所言、所做协调一致，个人的需要、愿望、目标和行动相统一。

（6）良好的环境适应能力。正确认识和处理个人与环境的关系，对环境作出客观评价，在环境改变时能面对现实，个人行为符合新环境的要求；能与社会保持良好接触，对社会现状有清晰的认识；能及时修正自己的需要和愿望，使自己的思想行为与社会协调一致。

（7）优良的意志品质。具有行动的自觉性，能主动支配自己行动，以达到预期目标；具有行动的果断性，善于明辨是非，适当、果断地采取决定并执行决定；具有行动的顽强性，在执行决定过程中，能克服困难、排除干扰，做到锲而不舍、坚持不懈。

（8）心理行为符合年龄特征。人在每个年龄阶段的心理发展都表现出相应的质的特征，称为心理年龄特征。心理健康的人的认识、情感、言行、举止都应符合他所处的年龄段的心理发展水平。

【心理词典】

心理年龄

心理年龄是指人的整体心理特征所表露的年龄特征，与实际年龄并不完全一致。人的一生共经历8个心理时期，即胎儿期、乳儿期、幼儿期、学龄期、青少年期、青年期、中年期、老年期。每个心理年龄期都有不同的心理特点，如幼儿期天真活泼；青少年期自我意识增强，身心飞跃突变，心理活动进入剧烈动荡期；进入老年期，心理活动趋向成熟稳定、老成持重、身心功能弹性降低、情感容易倾向忧郁、猜疑。

（二）我国大学生心理健康的特点

我国大学生心理健康的状况有下述一些特征。

（1）大学生心理健康水平符合正态分布的规律，多数人是健康的。根据我国某高校通过问卷方式所进行的测试，发现接受测查的大学生的心理健康水平，是按“中间大，两头小”的规律分布的，即大多数学生的心理状况是健康的，心理不健康（包括有心理问题和轻度神经症者）的学生只是少数。

调查还发现，大学生心理健康水平随年级上升而提高，特别是生活态度与学习动机两项，年级越高，得分越多。只有人际关系一项在各个年级之间波动较大。这说明我国大多数学生心理的发展是健康的。

（2）大学生心理健康的主要问题是成长和发展中的矛盾。大学时期是个人成长过程中又一次面临新的心理矛盾发生、转化而趋向成熟的时期。这个时期产生的心理矛盾，有环境适应问题，有学习问题，有人际关系问题，有自我观念问题，有恋爱的问题，还有进一步升学和就业的问题，这些问题是每一届大学生都会面临的。

大学生从入学开始，就面临着对环境的适应。他们离开了家庭，离开了中学时熟悉的老师和同学，来到了大学这个陌生的环境。新的学校生活、新的学习秩序、新的老师和同学关系都使一年级新生感到生疏而一时难以适应，尤其是新的人际关系使他们感到难以适应。

入学后的另一个难题，是原有的自我观念面临新的挑战。进大学以后，身处强手如林的班集体中，许多学生在高中时候所具有的优势不再存在。有的学生感到自卑，开始同别人和集体疏远；有的学生为了获得新的成功和荣誉而重新努力自我完善，加入了新的竞争行列。大学生又开始了自我观念重新调整的过程，这时正是需要心理辅导的时候。

上大学以后，在学习问题上又产生了新的心理矛盾：有的学生对所报考的学校或专业不满意；有的学生则不适应大学的教与学的方法；有的对自己的专业成绩感到不满意等。

到了高年级，恋爱问题、择业问题等又成为引起困惑和焦虑的问题。这些问题都影响着大学生的思想和情绪，但又都是大学生成长中正常的心理问题，不属于不正常的心理障碍或心理疾病。

（3）大学生是心理障碍的高发群体。心理障碍是指，一个人由于生理、心理或社会原因而导致的各种异常，在临床上，常采用“心理病理学”的概念，将范围广泛的心理异常和行为异常统称为“心理障碍”，或称为异常行为。通常所说的精神疾病、心理异常、变态行为和心理障碍可分为神经症、精神病和变态人格等几种类型，这几种类型又可以细分为各种不同的心理疾病。

近几年来，国内许多大学对大学生的心理障碍进行测查。测查结果表明，大学生是心理障碍的高发群体。有的调查甚至认为有心理障碍的大学生竟占全体学生数的30%～40%。这些调查认为，大学生心理健康的总体水平低于同年龄青年和正常成年人。

【哲理故事】

神　迹

法国一个偏僻的小镇，据传有一个特别灵验的水泉，常会出现神迹，可以医治各种疾病。有一天，一个拄着拐杖，少了一条腿的退伍军人，一瘸一拐地走在小镇的马路上，旁边的镇民带着同情的口吻说：“可怜的人，难道他要向上帝祈求再有一条腿吗?”这一句话被退伍的军人听到了，他转过身对他们说：“我不是要向上帝祈求有一条新的腿，而是要祈求他帮助我，叫我没有一条腿后，也知道如何过日子。”

不管人生的得与失，总是要让自己的生命充满了亮丽与光彩，不再为过去掉泪，努力地活出自己的精彩。

（三）影响大学生心理健康的因素

就当前大学生的具体现状而言，影响其心理健康的因素主要体现在以下几个方面：

1. 环境变迁

生活环境的变迁对大学新生是一个不小的挑战。这种变化的主要方面就是要自己独立生活，应付一切生活琐事。例如，几个同学共住一个寝室，彼此生活习惯、性格特点、沟通方式和地方口音，都需要去面对和适应。尤其是远离家乡和亲人的新生，要适应起来还需一段时间。

相对来讲，大学生对新的人际关系的适应远比对新的学习和生活环境的适应要困难。进入大学意味着进入全新的人际关系之中。面对来自各地特点各异的新同学，如何建立协调、友好的人际关系是非常重要的。大多数学生在入学前一直生活在自己所熟悉的同学或亲人之间，人际关系相对稳定，而一旦进入大学，将面临一个重新结识别人，确立人际关系的过程。这一过程的进展将对整个大学生活产生非常大的影响。在大学生中存在的适应障碍，与新生阶段的人际关系状况有一定的关系。

对新环境的适应也包括对自己地位变化的适应。这种变化既包括全新的学习内容与学习方法，也包括新的人际关系，语言表达能力与未来发展定位等。全新的角色要求大学生重新评价自己与他人，重新设计自我的过程。在适应过程中，一个基本的特点是大学生在新的环境中希望自己优秀。对于刚刚经历巨大环境变迁的新生来讲，不仅存在一个适应外部环境的问题，更重要的是他们也面临一个如何自我调适的过程。而以前的新生入学教育更多注重的是前者，而对后者则不太重视。实际上，正是后者对他们的心理健康状况影响较大。总体来看，无论是适应学习和生活环境，还是应对新的人际关系，都会极大地影响到大学生们当时的心理健康状况。

2. 学业期望

大学生学习的重要特点是具有学习自主性，学生成为学习活动的主体，而教师是学习活动的指导者。因而大学生面临学习方法、学习内容与学习习惯的巨大转变时，需要对自己的学习能力进行重新评估。

许多学生在中学时代确立了自己的学习优势，有着较高的学业期望。进入大学后，面对相对集中且更加优秀的同学之间的竞争，如果缺乏足够的思想准备，不能恰当接受和对待学业成绩，就会出现自信心下降、自卑感上升，甚至还会出现强烈的嫉妒心理和攻击行为。

大学的学习目的、学习方式、学习内容都有别于中学。随着社会对大学生要求的提高，用人标准的转变，促使很多在校大学生既要学习专业知识，同时还要选修一些相关课程，考取各类证书，以适应激烈的就业竞争。如果大学生学习方法不当，学习动机不强，学习目的不明确，自我约束能力弱，容易出现焦虑、紧张等情绪反应，同时还会严重影响自信心，出现自卑等心理问题，影响大学生的心理健康。

3. 人际关系

新型人际关系的适应是大学生面临的重要问题。与中学生相比，大学生的人际关系更为广泛深刻，交往的角色呈多元化。既有师生关系的理解，也有同班、同寝同学的相处，还有异性交往的适应等。一方面，他们对良好的人际关系抱有极大的期望，希望能建立和谐、友好、真诚的人际关系。但同时，这种期望又往往过于理想化，即对别人要求或期望太高，而造成对人际关系状况的不满。这种不满又会反过来对他们的人际关系带来消极的影响。因此，渴望交往的心理需求与自我封闭的行为往往矛盾地集于一身。

异性交往是大学生中重要的人际关系，这既包括两性之间友谊的发展，也包含爱情的成长。有的大学生面对异性的追求茫然不知所措，不知如何拒绝，不知如何去爱，不知如何把握爱的温度；有的大学生将爱情置于学业之上，甚至认为有爱就有一切，当失恋的打击袭来时，没有充分的心理准备，不知如何策略地面对分手，面对自己。

4. 自我认知

大学生活始终是丰富多彩，令人向往的，然而大学生进入大学以后，由于学习生活的转变，自身所具备的特长等诸因素的影响，大多数人对自我的评价也在逐渐的发生转变。这些不仅表现在学习成绩、生活起居上，还表现在知识面、社会经验、人际交往以及个体综合能力等方面。自我认知也会出现两极振荡，当取得一点成绩时容易自负，而遇到挫折时容易自卑，不断地调整自我认知对每位大学生都非常重要。

大学生作为同龄人中学业优秀的群体，现实自我与理想自我总有相当差距。如果对这一客观事实认识不足，就会引起认知上的矛盾，从而严重影响大学生的心理状态。在客观现实面前，有的大学生能及时调整对自身的认识，重新确立目标，符合客观现实的要求；而有些大学生则企图逃避与现实的矛盾冲突，出现消沉、颓废、苦闷、抑郁等心态，或沉溺于玩乐、放纵，发泄对现实的不满，以此来麻痹自己的心灵，甚至滋生自杀倾向等严重心理问题。

5. 心理冲突

心理冲突是指个体在有目的的行为活动中，存在着两个或两个以上相反或相互排斥的动机时所产生的一种矛盾心理状态。心理冲突常常会造成动机部分或全部地不能满足，同时也使动机所指向的目标的实现受到阻碍，动机与挫折相关，也是造成挫折和心理应激的一个重要原因。大学生的心理冲突既有群体的，如独生子女与贫困学生特有的心理冲突，也有个体发展中面临的升学与就业、学业与情感等。

大学时代是心理断乳的关键期。心理断乳意味着个人离开父母家庭的监护，彻底切断个人与父母家庭在心理上联系的“脐带”，摆脱家庭的依赖，成为独立的个体，完成自我心理世界的建构。当多重发展任务同时落到大学生身上时，必然会产生各种各样的心理冲突。事实上，大学生的心理冲突并非是判断引起的冲突，而是由于选择带来的取舍矛盾。如升学还是就业，都只是人生诸多选择的一种，并不从本质上改变人生的方向；再如毕业后是否从事专业，都是在实践中再选择的过程。

【心理词典】

心理断乳期

心理断乳期是指青春期到青年初期这一年龄阶段，是孩子从幼稚走向成熟的转折时期。从总体上讲，“心理断乳”期的各种心理现象，反映了少年儿童心理上的进步。从心理上依附于父母，到出现独立意向，这是重大的变化。这个时期的青少年，最主要表现是独立活动的愿望变得越来越强烈，但由于缺乏生活经验不能正确理解自尊，只是强烈要求别人把他们看作成人。

实质上心理断乳期是青少年们随着身心的成长发育，逐渐从依赖于父母的心理状态中独立出来，自己判断、自己解决所面临的新的矛盾的时期，这是一个人的社会化过程，也是一个人从幼稚到成熟的关键时期。

6. 生活事件

生活事件指人们在日常生活中遇到的各种各样的社会生活的变动，生活事件不仅是测量应激的一种方法，也是一项预测身体和心理健康的重要指标。大量的研究表明：即使是中等水平的应激事件，如果他们连续发生，并对个体抵抗力产生累加效应，也会造成非常严重的心理负担。如大学生经历人际关系的疏离、评优失败及失恋，会出现明显的心理不适。

在生活事件中，重要人际关系的丧失、荣誉的丧失等会对大学生心理健康起着消极作用。重要的人际关系主要是指与家人、朋友，特别是异性（恋人）的关系。这种关系一旦丧失或出现问题，不仅仅会影响到他们的情绪以及学习和生活，更重要的是，可能会极大地影响到大学生对自身及今后人生的看法。失恋带来的挫折感尤为重要。荣誉的丧失，一般表现在：很多认为可以获奖学金或评优、入党却没有实现目标的人，或者如考试作弊、违纪受处分等。重要丧失在一定程度上影响到大学生心理健康，严重时会导致心理障碍。

对生活事件与心理健康之间的关系进行解释时，一般认为生活事件的产生增加个体适应环境的能力。个体每经历一次生活事件，必须付出精力去调整由于这一事件的发生带来的生活变化，这也带来了个体抗挫折能力的提高。

7. 家庭环境

家庭的影响主要包括家庭的情绪氛围、父母的教养态度及家庭结构、家庭经济状况四个方面。家庭是人生的奠基石，父母是孩子的第一任老师，对学生的成长与成才的影响是长久而深远的。家庭的情绪氛围是良好心理素质形成的前提，家庭成员间的语言及人际氛围，直接影响着家庭中每个成员的心理，对个性逐渐成熟的大学生影响更具有特别的意义。父母的教养态度和教育方法直接影响孩子的行为和心理，民主、平等而非命令、居高临下的，开明而非专制的，潜移默化而非一味娇宠的教养态度与教育方法有利于学生心理的健康发展；家庭结构的变化如单亲家庭、重新组合家庭等因素必然会对正在读书的大学生心理有一定影响；家庭经济状况特别是困难甚至贫困家庭的学生易产生心理不适感。由于家庭环境带来的学生心理问题其影响是深远而长久的。

三、大学生心理自我调试方法

人的思想，心理状态虽然受社会环境的制约，但仍可以调节，以维持心理平衡，达到完善人格之目的。大学生心理问题的调节，可从以下几个方面来进行：

（一）树立正确的人生观、价值观

价值观就是一种意识，有什么样的意识，就有什么样的生存方式和生活追求。当代大学生必须牢固树立马克思主义的世界观、人生观、价值观，而树立和坚持正确的世界观、人生观、价值观是一个长期的艰苦的过程，必须要有顽强的毅力，甚至要牺牲一些个人的利益，才能成为一个有利于社会的人。

（二）勇于接受现实

尽快熟悉生活环境，努力发现新的生活环境所带来的愉快。人的一生会经历许多不同的生活环境，适应大学生活环境是人生中适应新环境的重要节点。新的生活环境中有许多新的特点，会给大学生带来新的体验，新的愉快。只要用心去发现就会有所收获。在努力发现新的生活环境带来愉快的同时，大学生要尽快地处理新的生活环境中所带来的不便。

这样，才会更好地享受大学生活，安心地学习。

（三）加强个人修养

做一个文明的大学生是学校和社会对大学生的基本要求。一个人如果要获得别人的赞赏、别人的尊重，甚至吸引别人的注意，提高自身的修养是非常重要的。大学生要提高自己的修养，加强自身个性中的积极因素，克服消极因素。如增强理智感，克服主观臆断；增强自制力，克服激情冲动；增强自信心，克服自暴自弃；增强利人观念，克服利己思想；增强宽容精神，克服狭隘偏见；增强法制观念，克服懦弱性格等。

（四）树立明确目标

确立一个新的学习、奋斗目标。有了一个明确而现实的目标，可以克服所面临的迷茫感。同时从心理学角度来说，有一个明确的目标，会使心理指向集中于一处，这样无形中会转移注意力，削弱心理问题对自身的实际影响力，摆脱因不适应而带来的心理问题。有了明确目标，就有了内在驱动力，可促使人变得积极向上，从而更有利于克服各种心理障碍。

常言道“人贵有自知之明”，表明人们要正确认识自己并非易事，也即人们对自己的认识往往容易出现偏差。大学生必须了解自己，分析自己的长处和短处，摆正自己的位置，在此基础上确定自己的奋斗目标。

（五）注意建立良好的人际关系

学会与人沟通，是建立良好的人际关系的必要条件。人际间良好关系的建立离不开良好的人际沟通，良好的人际沟通是开启人与人之间心灵沟通的钥匙，是化解人们之间误解和冲突的良药，是增进人与人之间感情的润滑剂。人与人的相处过程中，你尊重别人，同样也会得到别人的尊重，这样就会彼此相互尊重。尊重、理解和信任他人是建立良好的人际关系的基石，只有建立在理解和信任他人的基础上的人际关系才能纯洁、长久而且有活力。

大学生在交往中应坚持真诚待人、宽容待人、平等待人等原则。相对中学而言，大学新生人际关系显得特别复杂。主要原因在于大学生来自全国各地，生活习惯、家庭背景、性格、甚至语言等有一定差异，造成大学新生的交往不适应和困难。另外，在大学专业学习不再是唯一目标，大学生行为目标多元化，也是导致人际关系复杂难处的一个原因。在这里，面对复杂的人际交往，大学生与人相处应本着真诚的原则，以自己的诚心换取他人的诚心。其次要了解自己和他人的优缺点和性格特性，找到相同点，交往起来就较容易。在与同学交往时，要不卑不亢，宽容大度，求同存异，同时应讲信用，学会谦让，积极关心别人。对一些不拘小节的人，要学会容忍，不要过于敏感。既要自尊，不要为了交往而有意委屈自己，同时也要尊重别人。与同学发生不快和矛盾时，应通过换位思考冷静处理。总之，要以一种平等的姿态与人沟通和相处。

（六）注重培养自己的弹性人格

保持乐观向上的生活态度。乐观的人常常看到生活的光明面，对前途充满希望和信心，对自己所从事的工作或学习抱有浓厚的兴趣，并在其中发挥自身的智慧和能力，即使在遇到困难和挫折时也能不畏艰险，勇于拼搏。

培养自己的调节能力，可以逐步消除快节奏的社会生活所带来的紧张和压力。调节能力就是人们面对环境的变化而进行自我调整以适应环境的能力。必须学会随着环境的改变而不断地更新自我，随着社会的高速发展而不断地调整自己，以适应变化了的形势。

保持一颗平常心。现代社会，专业分工越来越细，任何人都不可能也没有必要去掌握所有的知识和接收所有的信息资源。虽然未来社会的发展需要的是复合型人才，但任何一位顶尖的科学家都不可能掌握全部的信息。所以，对自己所从事的工作方面的信息以及自己所感兴趣的东西掌握好，其他方面的信息知识尽可能地广泛涉猎，保持一颗平常心，以不变应万变。

（七）正确对待爱情

树立正确的恋爱观，提倡志同道合的爱情，要摆正爱情与事业的关系，懂得爱情是一种相互理解，是相互信任，是一份责任和奉献。

增强自信，悦纳自己。大学生应从各方面多寻找自己的长处，挖掘和排列一下自己能吸引他人的闪光点及特征，并学着变换一下思维方式，用自己的优点与别人的缺点去对比，以增强自信、悦纳自己；其次，学会辩证地思考问题，看到事物的两面性。一个人是否对异性有吸引力？是否非要在大学期间拥有如意恋人？并不意味着你今后的生活如何，“迟到的爱”也许会是真爱，早到的爱也许提前消失。在大学生恋爱过程中常见的“恋爱的光晕效应”必然会导致对自我、尤其是对对方的“认知偏差”和“评价偏差”，这是导致单相思和失恋后严重的心理障碍的关键所在。大胆地去与异性同学交往，多参加有异性同学的集体活动和娱乐活动，去了解和观察自己所欣赏的异性同学，同时也了解自己的恋爱期待心理特征，缩短真实自我与理想自我的心理差距，调节好恋爱心理的内部期待与外部期待的矛盾，矫正恋爱动机和恋爱价值定向。

培养爱的能力与责任。一个人心中有了爱，在理智分析之后，要敢于表达、善于表达，这是一种爱的能力。一个没有爱心的人是个自私自利的人。一个人面对别人的施爱，能及时准确地对爱做出判断，并做出接受、谢绝或再观察的选择，这也是一种爱的能力。自己不愿或不值得接受的爱应有勇气加以拒绝。

提高恋爱挫折承受能力。当爱情受挫后，用理智来驾驭感情，通过增强理智感，分析原因，总结经验教训，寻找解决问题的方法和途径，在新的追求中确认和实现自己的价值，从而提高自己的心理承受能力和思想水平。通过适当的情绪调节、宣泄和转移，来减轻痛苦。人对失恋的应对方式反映了一个人心理成熟水平和恋爱观。一个人能够理智地从失恋中解脱出来，往往会使自己变得成熟起来。

（八）要活在当下

首先，大学生要认识到，人的一辈子，其实就是一个不断“丧失”的过程：胎儿丧失了襁褓，才能学会站立和走路；青少年丧失了父母的呵护，才能成为具有独立生活的人……如果我们一辈子都惧怕丧失，都不愿意付出任何代价，那么我们也终将丧失发展的机会。从这个角度来看，大学生今天由于丧失所带来的暂时的痛苦和不适应，换来的正是明天的飞跃。

随着社会的进步，不断地更新知识，扩大知识面，这样才能不断地充实自己，完善自己，以适应不断发展的社会需要。不断地学习正是人生永恒的追求。只有在不停的学习过程中，夯实基础，提高技能，才能在纷繁复杂的竞争中掌握主动而立于不败之地。

幸福能力培养

技　能　篇

【百度知道】

Q：我习惯在寝室学习，但有的室友常常在寝室娱乐消遣，使我不胜其扰，我该怎么办？

A：第一，每个场所都有它的优劣之处，也许在教室和寝室，寝室的优点更吸引你，但你也必须看到由于寝室本身功能定位并不在学习，它必然会给你的学习行为带来很多干扰，你又没有权利让他人随时随地为你的学习提供环境而放弃他们的生活行为。所以你可以权衡一下，寝室的优点是否值得你包容它的缺点！

第二，如果你坚决选择寝室，那么你可以和室友一起协商，将寝室功能时间分段化，如每天8:00～21:00是寝室学习时间，大动静的生活行为不可安排在这个时间段，注意这个协议必须是在互相尊重的基础上，既能有一段相对安静的学习时间，又要照顾到其他同学的生活行为需要。

第三，学校是个公共场所，所以必然会发生各种利益矛盾，要始终记住，只要互相尊重包容，才能最终使每个人的利益最大化。

【幸福处方】

积极灵活的思维方法

思维方式积极而灵活的人，在生命的过程中会不断要求自己调整及改善自身的生活态度和状态，使之更趋于提升自我满意度、自我幸福感、自我成就感的生活质量和品质。所以，对于我们，在当今社会，拥有积极而灵活的思维方式显得相当的重要与必要。

有五条原则，可以帮助人们培养和加强积极灵活思维的能力。

第一，从言行举止开始。有许多人总是等到自己有了一种积极的感受再去付诸行动，这些人在本末倒置。积极的行动会导致积极的思维，而积极思维会导致积极的人生态度，而态度是紧跟行动的。如果一个人从一种消极的人生态度开始，而非付诸行动，总是等待着感觉把自己带向行动，那他永远也成不了他想做的积极思维者。

第二，用美好的感觉和信心去影响别人。随着你的行动和思维日渐积极，你会慢慢获得一种美满人生的感觉，信心倍增，人生中的目标感也越来越强烈。紧接着，别人也会被你所吸引，因为人们总是喜欢和积极乐观者在一起。运用别人的这种积极响应来发展积极的关系，同时也帮助别人获得这种积极态度。

第三，重视与你交往的每一个人。我们生活在一个快节奏的世界里，大多数人来去匆匆，一心想着要完成自己的任务。他们往往疏于腾出时间与他们所交往的人谈心，如果你能这样做，并关心重视他们，就对他们产生很好的后果，你会使他们的人生观更有价值，他们也会给你更丰厚的报答。

第四，寻找每个人身上最好的东西。寻找每个人的优点和使别人感到受赞赏可起到相似的作用，最差劲的人身上也有优点，最完美的人身上也有缺点，你眼睛盯住什么，你肯定就能看到什么。如果你总是寻找别人身上最好的东西，就会让你对他人留有美好的印象，也会使他们对自己有良好的感觉，能促使他们成长，努力做到最好，并且创造出一个积极的，卓越的工作环境。

第五，寻找最佳的新观念。积极思维者时刻在寻找最佳的新观念，这些新观念能增加积极思维者的成功潜力。有些人认为，只有世界上的天才人物才会想出好主意。事实上，要找到好主意，靠的是态度，而不是能力。一个思想开放，有创造性的人，哪里有好主意，就往哪里去。在寻找的过程中，他从不会轻易放弃，因为他知道新观念对他来说就意味着价值和财富。

【感动人物】

女航天员的炼成

2012年随着“神舟九号”三名中国航天员成功完成太空之旅，女航天员刘洋成为了最大的亮点。作为中国的首位女航天员，她使嫦娥飞天的中国古老神话传说变成了激动人心的现实。以下是刘洋的成长自述，让我们来看看中国的首位女航天员是怎样炼成的。

我叫刘洋，1978年10月出生在河南省郑州市一个普通的人家。1997年我正在郑州第十一中学为备战高考进行冲刺阶段的努力。正是这一年空军要在我校进行第七批女飞行员的招生预选工作。班主任得到这个消息后立即帮我报了名。经过一次又一次严格的身体检查和政治审查，特别是高考的重重拼杀，我终于接到了空军长春第一飞行学院的录取通知书，成为新中国第七批女飞行员中的一份子。

1997年8月，我来到了长春空军飞行学院，正式开始了一名飞行学员的生活。从地方到部队，生活发生了截然不同的变化，到处都是规矩，每天的生活单调而枯燥，周而复始一成不变。飞行员是一个精神、意志、脑力和体力并重的职业，高强度的队列和体能训练，对于在学校一直以学习成绩为骄傲的我是一个巨大的考验和磨砺，与同期入伍的体育生相比我远远地落在了后面。初次离家的不适，生活方式的变化，心理的巨大落差，在初入校的那段时间里每一分每一秒都是煎熬。

我迷茫了，从幸福的云端跌到了失望的谷底。于是我把所有的疑惑诉诸笔端，寄给远方的朋友。同学来信了：“你知道我们是多么羡慕你吗？其实每个人的生命中都有一座玫园，当我们还在苦苦寻找自己的玫园时，你却早早地拥有了一片沃土。你只需努力地浇灌它就能满园芬芳。难道只因为惧怕冬日施肥的寒冷，夏日培育的辛苦，就要轻言放弃！快打开那扇遮住你双眼的窗户吧！”

是啊，梅花怎得扑鼻香，青松怎能傲冰霜，这个世界只有轻易的失败，却从不会有随便的成功。打开一扇蒙住双眼的窗户，我豁然开朗。我努力去理解这苛刻而单调生活的内涵，慢慢适应了这里的一切，并渐渐地爱上了这身绿色的军装。我终于寻找到了自己生命中的玫园，从此没有了犹豫，没有了放弃！

2001年6月，我以优异的成绩毕业，来到了南方的部队。经过两年的改装飞行训练，我的驾驶技术在不断地成熟。

2003年9月10日我所在的机场组织昼间仪表飞行训练。当我正驾驶飞机时，忽听“嘭”一声巨响，飞机剧烈地抖动了一下，瞬间一股烧焦的味道充满了整个座舱。我迅速判断出发生了鸟撞事件。为此，我严格地保持着飞行状态，并迅速向塔台报告情况。高度越来越低，跑道越来越近，飞机终于稳稳地降落在跑道上。经过检查，当飞机刚刚收起落架时就遭遇到了一群鸽子，飞机撞死了21只鸽子，右发动机的涡轮叶片被打折了两根，进气道已经被死鸽子堵塞了四分之三，左发动机的起落架舱则被撞出了一个大坑。

飞行是勇敢者的职业，离地三尺有危险，它要求飞行员胆大心细，果断勇敢。我深切地感觉到每一次的起飞升空，每一次的返航着陆，都是一次挑战，都是一次涅槃。

【自助加油站】

学会自我心理调适

所谓心理调适，主要是指个体能根据自身发展的需要，通过不断调节自己的身心，适应社会环境和自身的发展的一种能力。掌握心理调适的基本方法能够使人解除心理紧张，促进心理平衡，保持好心情。因此学会自我心理调适对于每个人来说，有着极其重要的意义。那么，如何做好自我心理调适呢？

识别自己的不良情绪。人生活在社会中，每天都要面临许许多多的烦恼，因为社会不是真空，出现这些不顺心的事，其实很正常。但是这些“不顺心的事”往往影响着人们的情绪。人的不良情绪会波及心理的失衡，久而久之会成为心理上的疾患，心理疾患会导致生理疾患，进而严重地影响着人的身体健康。因此，识别自己的不良情绪是自我调适的关键。一般来说，人的不良情绪的征兆主要表现为心理紧张。如没有食欲或者食欲过盛，心跳过快、头痛或颈背部肌肉紧张，难以入睡、半夜易惊醒或噩梦不断，不能深呼吸，皮肤过敏或湿疹，吸烟或饮酒过量而且注意力难以集中，为琐碎小事而与人争吵等。

掌握控制压力反应的方法。人们在生活中所面临的压力很大程度并非来源于所陷入的某种“困境”，而是来源于我们对这些生活“困境”的反应。所以，在面临心理压力时，一定要做到不要让压力占据自己的头脑，要敞开心胸，保持积极乐观的态度，平心静气地想一想，努力在自己消极的情绪中尽力地加入一些积极的思考，调整好自己的心态，达到“车到山前必有路，柳暗花明又一村”的境界。

尝试创造一种内心的平衡感。很多人的实践证明，保持冷静是防止心理失控的最佳方法。如每天早晨或晚上进行20分钟的盘腿静坐或自我放松，有助于创造一种内心的平衡感。这种驱除杂念的静坐有助于降低人的血压，减少焦虑。还有一项研究表明，如果过度焦虑烦躁的人每天花10分钟静坐，集中注意力数心跳，使自己心跳逐渐缓慢，几个星期之后，他们的紧张心理均有一定程度的减轻。因此，在心理压力较大以至于心理有些失控的情况下，我们应该加强这些训练，确保心理平衡，逐步地减缓心理压力。

懂得平衡自己的生活。由于现代社会生活节奏加快。许多人总会抱怨自己时间不够用，有干不完的事。这种焦虑和受压感对许多人来说已成为他们生活中的一部分。产生这种现象的原因主要是这些人没能平衡好自己的生活。怎样平衡自己的生活呢？就是在自己所谓烦恼时，尝试换个角度思考问题，抽出一定的时间想一想或者回味一下那些令自己快乐的事情和场景。通过这种回想并把回想中的感受记录下来，不要修改，也无须重读。过一段时间当你把自己的烦恼都表达出来以后，你会发现自己的头脑清楚了，也能更好地处理这些问题了。这种积极的“自我交谈法”能够帮助你解决许多问题。

当人能比较好地控制住自己的紧张情绪之后，就比较容易找出产生心理困扰的原因，这样就可以对症下药进行自我调适。当然，自我调适的方法有很多，如音乐疗法，在心情烦闷时听听轻音乐或者欢快的歌曲，可以放松紧张的心情；又如身心放松法，选择一个清新、幽静的环境，暂时放下或忘记自己的工作，选择一种自我感觉舒适的姿势，保持呼吸自然，想一些美好的往事，这样可以达到忘我的境界。

幸福体验之旅

体　验　篇

【心理测试】

测测你在别人眼里是个什么样的人

1. 你何时感觉最好？
   a. 早晨　b. 下午及傍晚　c. 夜里
2. 你走路时是
   a. 大步快走　b. 小步快走　c. 不快，仰着头面对着世界
   d. 不快，低着头　e. 很慢
3. 和人说话时，你
   a. 手臂交叠站着　b. 双手紧握着　c. 一只手或两手放在臀部
   d. 碰着或推着与你说话的人　e. 玩着你的耳朵、摸着你的下巴或用手整理头发
4. 坐着休息时，你的
   a. 两膝盖并拢　b. 两腿交叉　c. 两腿伸直　d. 一腿蜷在身下
5. 碰到你感到发笑的事时，你的反应是
   a. 欣赏地大笑　b. 笑着，但不大　c. 轻声咯咯地笑　d. 羞怯地微笑
6. 当你去一个派对或社交场合时，你
   a. 很大声地入场以引起注意　b. 安静地入场，找你认识的人
   c. 非常安静地入场，尽量保持不被注意
7. 当你非常专心工作时，有人打断你，你会
   a. 欢迎他　b. 感到非常恼怒　c. 在两个极端之间
8. 下列颜色中，你最喜欢哪一颜色？
   a. 红或橘色　b. 黑色　c. 黄或浅蓝色　d. 绿色
   e. 深蓝或紫色　f. 白色　g. 棕或灰色
9. 临入睡的前几分钟，你在床上的姿势是
   a. 仰躺，伸直　b. 俯躺，伸直　c. 侧躺，微蜷
   d. 头枕在一个手臂上　e. 被子盖过头

10. 你经常梦到你在

a. 落下　　b. 打架或挣扎　　c. 找东西或人

d. 飞或漂浮　　e. 你平常不做梦　　f. 你的梦都是愉快的

评分方法

现在将所有分数相加，再对照后面的分析，如表 2-1 所示。

表 2-1　评分方法

1	a. 2 分	b. 4 分	c. 6 分				
2	a. 6 分	b. 4 分	c. 7 分	d. 2 分	e. 1 分		
3	a. 4 分	b. 2 分	c. 5 分	d. 7 分	e. 6 分		
4	a. 4 分	b. 6 分	c. 2 分	d. 1 分			
5	a. 6 分	b. 4 分	c. 3 分	d. 5 分			
6	a. 6 分	b. 4 分	c. 2 分				
7	a. 6 分	b. 2 分	c. 4 分				
8	a. 6 分	b. 7 分	c. 5 分	d. 4 分	e. 3 分	f. 2 分	g. 1 分
9	a. 7 分	b. 6 分	c. 4 分	d. 2 分	e. 1 分		
10	a. 4 分	b. 2 分	c. 3 分	d. 5 分	e. 6 分	f. 1 分	

结论分析

低于 21 分：内向的悲观者。人们认为你害羞、神经质、优柔寡断、需人照顾，是一个永远要别人为你做决定、不想与任何事或任何人有关的人。还认为你是一个杞人忧天者，一个永远看不到问题存在的人。有些人认为你令人乏味，只有那些了解你的人知道你不是这样的人。

21 分到 30 分：缺乏信心的挑剔者。你的朋友认为你勤勉刻苦、很挑剔。他们认为你是一个谨慎的、十分小心的人，一个缓慢而辛勤工作的人。如果你做任何冲动的事或无准备的事，你会令他们大吃一惊。人们认为你会从各个角度仔细考虑后仍决定放弃某些计划。他们会把你的这种反应归因于你谨慎的性格。

31 分到 40 分：以牙还牙的自我保护者。别人认为你是一个明智、谨慎、注重实效的人。也认为你是一个伶俐、有天赋、有才干且谦虚的人。你不会很快、很容易和人成为朋友，但是你是一个对朋友非常忠诚的人，同时要求朋友对你也有忠诚的回报。那些真正有机会了解你的人会知道要动摇你对朋友的信任是很难的，但是一旦这信任被破坏，会使你很难过。

41 分到 50 分：平衡的中道。别人认为你是一个新鲜的、有活力的、有魅力的、好玩的、讲究实际的而且永远有趣的人；你经常是群众注意力的焦点，但是你却不会因此而昏了头。他们也认为你亲切、和蔼、体贴、能谅解人；你是一个永远会使人高兴并会帮助别人的人。

51 分到 60 分：吸引人的冒险家。别人认为你的个性是高度活泼的、相当易冲动的；你是一个天生的领袖、一个做决定会很快的人，虽然你的决定不总是对的。他们认为你是大胆的和冒险的，会愿意尝试做任何事；是一个愿意尝试机会而欣赏冒险的人。因为你散发的刺激，他们喜欢跟你在一起。

60 分以上：傲慢的孤独者。别人会对你有戒备之心。在别人的眼中，你是一个自负的、自我中心的，极端有支配欲、统治欲的人。别人可能钦佩你，希望能多像你一点，但不会永远相信你，会对与你更深入的来往有所顾忌。

【励志歌曲】

红　日

作词：李克勤　作曲：立川俊之

命运就算颠沛流离，命运就算曲折离奇，命运就算恐吓着你做人没趣味，别流泪心酸，更不应舍弃，我愿能一生永远陪伴你。一生之中兜兜转转，那会看清楚，彷徨时我也试过独坐一角像是没协助，在某年那幼小的我，跌倒过几多几多落泪在雨夜滂沱，一生之中弯弯曲曲，我也要走过，从何时有你有你伴我给我热烈地拍和，像红日之火燃点真的我，结伴行千山也定能踏过，让晚风轻轻吹过，伴送着清幽花香像是在祝福你我，让晚星轻轻闪过，闪出你每个希冀如浪花，快要沾湿我。

【心理电影】

战　马

故事梗概：故事以一匹名叫乔伊的马的视角展开，讲述了一个男孩与一匹马之间非同寻常的友谊，他们被分离的命运因为第一次世界大战又重新交织在一起。小马乔伊与英国男孩阿尔伯特一起成长，结下深厚的友谊。1914 年，第一次世界大战爆发，父亲为了维持农场，无奈之下将小马乔伊卖给军队，为前线运送军火物资。阿尔伯特和他心爱的马不得不分离，而从此乔伊开始了颠沛流离的生活。

尽管身处在这凄凉的战壕，乔伊的勇气感动了它身边的士兵和人们，从英国上尉，法国老农与孙女，到德国骑兵，它遭遇了形形色色的人，见识了他们的人生起伏悲欢离合，看尽了人情冷暖与战争的苦痛创伤。而对乔伊难以忘怀的阿尔伯特，也参军来寻找它。

影片讨论：欣赏完这部电影，你还受到了什么启发呢？大家讨论一下。

【心灵图书】

遇见未知的自己

内容简介：本书教会我们如何快乐地生活，如何循序渐进地改变生活，使之更加美好。当今社会，由于竞争和自由主义经济模式极大地放任了人性私欲的膨胀，于是人们陷入贪婪和占有的旋涡之中，以至于渐渐累到失去自我。人们常常困惑——我为什么不快乐？这是因为我们迷失了真实的自己，没有学会用潜意识的方式去处理情绪。

书评讨论：读完这本书，你还受到了什么启发？大家讨论一下。

【心理训练】

活动一　价值拍卖

活动目的

1. 激发学生思考自己的价值观念，学会抓住机会，不轻易放弃。

2. 帮助学生体验和澄清自己的人生态度。

活动步骤

1. 事前准备：将拍卖的东西事先写在硬纸板上（最好是不同的颜色），以增加拍卖的趣味性及方便拍卖进行。

2. 宣布游戏规则：每个学生手中有5000元（道具钱），它代表了一个人一生的时间和精力，每个人可以根据自己对人生的理解随意竞买下表中的东西。每样东西都有底价，每次出价都以500元为单位，价高者得到东西，有出价5000元的，立即成交，如表2-2所示。

表2-2　价目表

1. 爱情	500	12. 金钱	1000
2. 友情	500	13. 欢乐	500
3. 健康	1000	14. 长命百岁	500
4. 美貌	500	15. 豪宅名车	500
5. 礼貌	1000	16. 每天都能吃美食	500
6. 名望	500	17. 良心	1000
7. 自由	500	18. 孝心	1000
8. 爱心	500	19. 诚信	1000
9. 权力	1000	20. 智慧	1000
10. 拥有自己的图书馆	1000	21. 名牌大学录取通知书	500
11. 聪明	1000	22. 冒险精神	1000

3. 举行拍卖会。

（1）由某个同学主持拍卖。

（2）按游戏方式进行，直到所有的东西都拍卖完为止，然后请同学认真考虑买回来的东西。

4. 分组讨论交流。

（1）你是否后悔你买到的东西？为什么？

（2）在拍卖的过程中，你的心情如何？

（3）有没有同学什么都没有买？为什么不买？

（4）你是否后悔自己刚才争取的东西太少？

（5）争取过来的东西是否是你最想要的？

（6）钱是否一定会带来快乐？

（7）有没有一种东西比金钱更重要，或比金钱带来更大的满足感呢？

（8）你是否甘愿为了金钱、名望而放弃一切呢？有没有除了比上面所说的这些更值得追寻的东西呢？

活动总结

活动的主题是协助我们对自己的生命作反省，生活中什么是最值得珍惜的？你的这种选择虽然会随着岁月的流逝而改变，也可能在你生活的某一刻这种优先选择会突然改变，但是在任何一个时候，通过这个活动得出的你的优先选择都反映着你的价值观念和灵魂深处的目标。

活动二　走出“舒服圈”

活动目的

1. 体验改变习惯的困难及改变习惯的普遍反应。
2. 让学生意识到要不断挑战自己，改变自己的习惯是可能的。

活动步骤

1. 所有学生面向中心围成一圈。
2. 主持人邀请学生自然地十指交叉相扣约5秒。
3. 主持人再邀请各学生以相反的位置十指交叉相扣约5秒，感受和之前动作不同的地方。
4. 恢复垂手状态，主持人再邀请各学生随自己的习惯自然地绕手。
5. 主持人再邀请各学生以相反方向绕手，感受和之前动作不同地方。
6. 恢复垂手状态，向学生提问：“第二次的十指交叉相扣和绕手有什么感觉？为什么有这种感觉？改变习惯可能吗？什么因素可协助改变？”
7. 引发学生讨论如何改变不良习惯。

提问与讨论：在生活学习中，有哪些情况要求我们打破自身的舒服圈？我们的舒服圈是如何产生的，如何拓展我们的舒服圈？做完游戏后，人们之间处于一种什么样的状态？

注意事项

由于舒服圈是个很抽象的概念，所以主持人在讨论这个话题的时候一定要借助于一个具体的载体而不能空讨论。最好结合跟学生生活、学习有关的事件，让学生有一种切身的体验和感受。下面提供的是游戏延伸训练：

如果自己怕羞或不擅长人际交往，可以尝试多和陌生人打招呼和聊天，如假装问到某个地方怎么走，你会发现与陌生人交往并不是一件难事。

放学回家时换一条路走，或换乘另外一辆公交车，虽然可能会费一些时间，但往往会有一些意想不到的发现，说不定会发现更近的路线。

过去你只读小说、只听流行歌曲、只欣赏水彩画，没关系，从现在开始，你也读哲学、听古典音乐、欣赏雕塑，从个人兴趣这样的小地方先着手，挑战自己过去不接触的东西，让生活多一点弹性。

试着用左手写字、拿筷子、打球、取东西等，笨拙一点也不要紧，因为训练左手可以开发人的右脑。

活动总结

尝试一些从前不敢尝试的“新”事物或“新”活动，说不定它会给你带来一种新的感觉和情绪。

【心灵感悟】

1. 给下面的故事拟题目。

____

你为什么不快乐，是因为找不到生活的意义。美国前总统罗斯福曾说过，“幸福不只在于有多少钱，而是在于有成就的喜悦和创造的兴奋。”不要被忙碌的生活困住，把业余时间利用起来，做一点能激励自己、让自己开心的事情。

纠结于过去或是未来。如果沉溺于过去发生的事，或总是纠结于未来会怎么样，你就会失去一切。告诉自己“当下才是最现实的”，哪怕一扇幸福之门关上了，你也一定会找到另一扇更适合自己的快乐之窗。

挑剔自己的外貌身材。请记住，健康是生活最重要的东西，而你的身体是自己所拥有的最好工具。不要过分挑剔自己的外貌、身材等，但也不要随意糟蹋它。经常散步、锻炼，会大大增加你的自信和快乐。

老拿自己与他人比。如果总是拿自己和同学、朋友或是某个著名人物比较，赶紧停下来。总结一下自己具备的能力，并感激已经拥有的，你会发现自己也有与众不同的优点。

只看到消极面。每个人的生活都有积极面和消极面，而一个人是否开心，很大程度上取决于你关注哪一方面。别老盯着生活的瑕疵，更别因为小挫折影响整个生活。

逃避个人责任。每个人都面临着一堆障碍，必须自己负责并克服这些障碍。如果逃避，只会成为生活的奴隶，让生活失去了乐趣。

追求完美、害怕失败。苛求完美人生，无异于破坏未来。试着学会接受“优秀”，哪怕它比“完美”稍逊，但也是值得珍惜的美好事物。

看轻自己。不要小瞧自己，也不要容忍那些试图贬低你的人。学会发现并庆祝自己的成绩、积极纠正缺点，你会变得越来越自信。

没有娱乐。为了承担各种责任，玩乐似乎让我们觉得很“放纵”。快丢掉这种可怕的想法，适当打打球、玩玩捉迷藏等，腾出点娱乐时间。

不重视人际关系。留出时间与人交往，哪怕只是很短的午餐时间，分享彼此的喜怒哀乐、心得感想。你不需要拥有一堆朋友，三五个值得信任的朋友就足够你珍惜。

总是拖沓。没有什么比心里老想着一件未完成的任务更让人备受压力了。不如马上开始动手，用行动赶跑“拖延”这个快乐杀手。

2. 写出你学完本课的感悟。

第三课

做最好的自己——谈自我认识

【心灵引导】

知识目标

认识自我发展的重要性，掌握自我意识发展的特点。

技能目标

会识别在自我意识发展过程中出现的偏差及原因，能够对其进行调适，建立自尊自信的自我意识。

幸福心语

坚定的信心，能使平凡的人们，做出惊人的事业。对于凌驾命运之上的人来说，信心就是生命的主宰。

——海伦·凯勒

先相信自己，然后别人才会相信你。

——罗曼·罗兰

认识自己，方能认识人生。

——苏格拉底

幸福知识讲堂

知　识　篇

【小案例】

越长大越孤单

小丁自从上了大学以后，就越来越觉得孤单，身边的朋友越来越少，能说说心里话的知心朋友更是一个也没有。强烈的孤单感让小丁陷入了困境。从小以来，由于家庭条件优越，长相出众，学习成绩好，小丁的内心充满了优越感。但是，同学们并不愿意与她交往，因为她总像个骄傲的公主一样，话语间有意无意地流露出优越感来。平日里与同学相处，不论什么事情小丁自觉不自觉地总要说上几句。与同宿舍的同学相处也要以她为中心，什么事情都要听她的。她常常发号施令，稍不满意就大发脾气，她要占最好的床位，随意早起和晚睡，很少考虑其他同学的起居习惯；她没完没了地占用宿舍的电话，从不顾及其他同学的电话是否能打进来……久而久之，小丁成了"孤家寡人"，在大学校园里只能独来独往。

孤单少年

小丁之所以在大学受到人际关系紧张的困扰，是因为她一直以来都有以"自我为中心"的倾向。大学生正处于世界观、人生观、价值观的形成时期，他们开始用"自己"的头脑去认识世界、人生、理想和价值，并形成"自己"的理念；他们自信、自负、自尊；他们追求理想和自我价值的实现。这些自我意向正是大学生自我意识日臻完善的标志，无可指责。但是，有些大学生的自我意识超过了适当的"度"，就产生了"自我中心主义"。同学们该如何客观的认识自我，树立正确的自我观念呢？让我们走进幸福知识讲堂，一起认识真实的自我。

一、自我意识概述

（一）自我意识的含义

自我意识是指个体对自己、对他人以及对自己与周围人关系的认识和评价。它是一个包含认识、情感、意志等多种心理机能的完整的、多维度的、多层次的心理系统。从结构形式上来看，自我意识包含了自我认识、自我体验和自我控制，体现了心理过程的知、情、意的统一。自我意识作为被意识到的自觉心理状态，贯穿于人的各种心理活动之中。

从结构形式上来看，自我认识是自我意识的认知成分，主要指主体的我对客体的我的认识与评价，指一个人对自己各种身心状况的认识。它包括：自我感觉、自我观察、自我观念、自我分析和自我评价等。自我认识主要是基于对自我有关属性的认知以及在此基础上做出的价值判断。其中，自我评价是其核心部分，也是自我体验和自我控制的基础。自我体验是自我意识的情感成分，是个体对自己在自我认识的基础上产生的一种情绪体验，也就是主观的我对客观的我所持的一种态度。它包括：自我感受、自尊、自爱、自卑、责任感、优越感、义务感等多方面的内容。自我体验主要涉及"我是否接受自己"、"我是否满意自己"、"我能否悦纳自己"等。自我认识决定自我体验，同时自我体验又往往会强化自我认识并影响自我控制。自我控制是自我意识的意志成分，是自己对自身行为与思想言语的控制，指不受外界诱惑因素影响，能够自己调节和控制自己的情感冲动和行为，是一种意志力强的表现。它包括：自主、自立、自强、自卫、自制、自律等。

从内容来看，还可以把自我意识分为生理自我、社会自我和心理自我。生理自我是指个人对自己身体的认识，包括占有感、支配感和爱护感。这是自我意识的最原始形态。社会自我是指个人对自己在社会关系、人际关系中的角色、地位的意识，对自己所承担的社会义务和权利的意识等。心理自我，就是个人对自己心理活动的意识，它包括对自己性格、智力、态度、信念、理想和行为等的意识。

总之，自我意识是一种多维度、多层次的心理活动系统，这个心理活动系统表现为一个人对自己的思想认识、情感行为、个性特征以及人际关系各个方面的认识、情感和意志的统一。自我意识在发展人的个性中占有重要的地位，人的兴趣、能力、性格、情感、意志和道德行为无不受它的影响。

【心理词典】

意　识

意识是心理学上的用语，原意为精神活动。意，既是自我的意思。识，就是认知，认识。意识，代表我们作为个体的独立性。意识在心理学中定义为人所特有的一种对客观现实的高级心理反应形式。意识是具体事物的组成部分，是人脑把世界万物分成生物和非生物两大类后，从这两大类具体事物中思维抽象出来的绝对抽象事物或元本体，是具体事物的存在、运动和行为表现出来的普遍性规定和本质，是每个具体事物普遍具有的自主、自新、自律的主体性质和能力。

（二）自我意识的作用

自我意识的发展在人的心理发展中具有重要的地位和作用，许多心理学家常把它作为人心理健康的重要标志。

自我意识作为人格结构的重要内容，它不仅决定人的性格、能力等个性特征，而且影响需要、动机、兴趣、爱好、理想、信念等个性倾向性，人的自我意识构成了人格的核心。自我意识把人的愿望、爱好、欲念、习惯、利益结合成统一的体系，在日常生活中构成个人的内心世界，对人格的发展起着极为重要的作用。积极的自我意识能够积极地认识自己、管理自己、发展自己，使自己的潜能得以发挥，使自己的价值得以实现。而消极的自我意识则常常使人失败。正确的自我意识有利于人的心理健康，有利于人对自身行为进行适宜的调控，实现自己的义务和责任，走向全面发展与成功。因此，有的心理学家用自我意识的发展程度来衡量一个人的心理成熟程度和心理水平，即从一个人对自己的认识、对自己的态度、对自己的控制这三个方面来加以衡量。成熟的自我意识对个体心理健康具有如下几个方面的促进作用。

1. 促进社会适应，使人际关系和谐

大量的心理学研究与实践证明，许多人对社会适应不良及人际关系不协调是由于自我意识不健全或不正确造成的。如果一个人对生理的自我、心理的自我和社会的自我认识、体验不正确，尤其是在自我评价及自我概念上与客观的现实差距太大，过分地以自我为中心，就会造成社会适应不良和人际关系不协调，从而影响人的心理健康。正确的自我意识通过正确的自我评价产生合理的理想自我，并且通过正确认识自己与他人、个体与群体双方不同的地位和需要，采取不同的策略，主动调节人际关系。对己、对人能够知己知彼，从而保持良好的社会适应和人际关系，维护心理健康。

2. 促进自我实现，创造最佳心理质量

健全的自我意识通过合理的自我认识、良好的自我体验、自觉的自我调节和控制，从而促进自我实现，最大限度地挖掘自身心理潜力。人本主义心理学家马斯洛认为自我实现是心理最健康和心理质量最佳的标志。

3. 促进自我教育，有助于自我的完善

当现实的自我和理想的自我不能统一，或在理想的自我实现过程中受到挫折时，有健全自我意识的人能够自省、自觉地寻找其原因。一方面通过自我调节、控制，纠正心理偏差，努力缩小理想的自我与现实的自我的差距；另一方面重新调整认识，形成新的“理想自我”的内容，使自己的心理行为个体化与社会化协调、平衡、完善发展。

（三）大学生自我意识的发展过程

处于青年阶段的大学生，自我意识发生了新的变化，心理活动指向内心世界，深度和广度都是前所未有的，开始从社会性方面意识到自己的存在，并从社会性方面认识自己和评价自己，体验和调控自己，自我意识迅速发展并趋于成熟。这一时期，大学生正经历着一个特别明显的、典型的分化、矛盾、统一和转化的过程。

在个体的发展过程中，童年期是人格开始形成的时期，少年期和青年期则是人格初步形成并定型的时期，成年期是人格成熟时期。自我意识是人格发展的核心要素，在自我认知、自我体验与自我控制三者相互影响、相互作用的过程中，自我意识逐步成熟，期间经历了分化—矛盾—整合的过程。

自我意识的分化。青年期自我意识的发展是从明显的自我分化开始的。原来完整笼统的我被打破了，出现了两个我：主观的我和客观的我，即大学生既是观察者又是被观察者。伴随着主观的我和客观的我的分化，“理想我”和“现实我”开始分化。

自我意识分化是自我意识开始走向成熟的标志。自我明显的分化，使大学生主动、迅速地关注自己的内心世界和行为，产生了新的认识、体验。同时，由此而来的种种激动不安、焦虑、喜悦增加，自我沉思增多，越来越要求有属于自己的一片空间和世界，渴望被理解、被关怀。

自我意识的矛盾冲突。随着自我意识的分化，大学生开始意识到自己不曾注意的许多“我”的细节，另一方面也带来了主体我与客体我的矛盾斗争，呈现出理想我和现实我的矛盾并且逐渐加剧。随着自我冲突加剧，自我不能统一、自我形象不能确立、自我概念不能形成，表现出明显的内心冲突和无所适从，甚至有很大的内心痛苦和强烈的不安感。他们对自我的评价常常是矛盾的，对自我的态度常常是波动的，对自我的控制常常是果断的。大学生自我意识的矛盾主要表现在以下几个方面。

（1）主观我与客观我之间的矛盾。自我有“主观我”与“客观我”之分，“主观我”用来表示我是什么，我做什么；“客观我”表示怎样看待我，给我什么。“主观我”是一个人对社会情境做出的反应，是自我中积极主动的一面。主观自我与客观自我应该是统一的，这种统一是个人对客体的认识与个人愿望的统一，是个人与社会的统一，是“自我同一性”的形成，更是良好自我意识的标志。但是，由于自我的结构是多种多样的，每个人所处的社会、环境存在着很大的差异，“主观我”与“客观我”并不总是存在着统一。

自我认识是主观我对客观我的认知和评价。在自我认知和评价上，因大学生常被看成是佼佼者，使他们自己具有很强的心理优势，总是过高地估计自己。与他人相处时，盛气凌人，往往喜欢以己之长比他人之短，唯恐被人忽视，傲气十足，说不得，也批评不得。而当在人才济济的群体中原有优势丧失后，或遭遇挫折后，“主观我”与“客观我”就会发生矛盾，导致灰心丧气，表现为失望、苦闷、怨天尤人。

（2）理想与现实之间的冲突。“理想我”是指个人想要达到的完美的形象，是个人追求的目标，它引导个体实现理想中的个人自我。“现实我”是个人从自己的立场出发，对现实中自我的各种特征的认识。在现实生活中，理想自我与现实自我总是存在着一定差距的，这是正常的，它可以激励大学生奋发图强、积极向上，向着梦中的方向飞奔；但当“现实我”距离“理想我”太过遥远时，大学生就会产生各种各样心理不适甚至自暴自弃，变得平庸无为、无所事事、没有动力，从而最终导致一系列心理问题。

大学生从入学那一天起就立志成为自己所学专业的专门人才，给自己确定了远大理想和抱负，并对理想的实现充满自信和强烈的成就欲望，即为自己设计了“理想自我”。而现实自我的能力、知识、经验与理想自我的实现尚有很大距离。面对理想自我的期望与现实自我的失望落差，往往陷入趋避两难的冲突中：要么积极进取使现实自我向理想自我趋近，要么放弃理想自我而自我消沉。

（3）独立与依附的矛盾。大学生在成长和发展过程中，渴望从家庭、父母的管教和约束下挣脱出来。理想自我给自己设计了一个经济、学习、生活乃至心理上完全独立的蓝图。这种独立意识十分强烈。但是对大学生来说，对学校、家庭、父母、教师、同学的依附心理又是无法摆脱的。在经济上，大学生几乎完全依赖父母或学校的资助；在心理上，由于社会经验的缺乏，能力的限制，更无法摆脱对老师、学校、成人和同学的依附；而对复杂的生活环境和人事关系的决策和应变，也离不开同学、朋友、老师、父母的帮助。大学生带着对独立意向的追求与无奈，在渴望与摆脱不了的依附心理的冲突中徘徊。

（4）交往需要与自我封闭的矛盾。大学生在人际交往中有追求爱与归属的需要。他们从家庭中获取亲情，从同学和朋友中获取友情，从异性朋友中获取爱情。他们愿与朋友分享快乐，分担痛苦，沟通信息和交流情感。但大学生出于安全的需要，为了自我保护，在人际交往中往往存有戒备心理，常常把自己内心世界的真实想法自我封闭起来，与他人保持一定的心理距离，不能完全敞开心扉交流与沟通思想，感到没有人理解自己，缺乏知音。

（5）自尊心与自卑感的冲突。由于大学生的自我意识尚在发展过程中，心理尚未完全成熟，不能对自己有正确的认知，因而对自己的认知会出现偏差，表现为自卑或自负，两者都不符合心理健康标准。自负就是过高地评估自己的长处和优点的结果。自卑是一种自我否定，表现为对自己缺乏信心，对自己不满和否定，拥有这种心理的人总以为自己存在着不足与失误，因而遇事总会胆怯、心虚、逃避、退缩，缺乏独立主见。自卑的人对别人的评价特别敏感，胆小怕事，把自己封闭起来。这些都与大学生自我认知不良、自我定位不准确有关。自我意识的核心是自知与自爱，能了解自己的实际情况，意识到自己的优点和弱点，并且容忍、认可它们，这样心理才健康。

（6）理智与情感的矛盾。大学生情绪的一个显著特点是容易两极分化，或高或低，波动性大，易冲动，不易控制。但随着身心的发展，认知水平的提高，大学生渐渐成熟，在遇到客观问题时，既想满足自己情感的要求，又想服从于社会及他人的需求。特别是当遇到失恋等人生打击时，尽管理智上能够理解，却在感情上难以接受。

（四）大学生自我意识发展的特点

经过大学生活和教育，随着个体心理和意识的不断发展，大学生自我意识的发展达到了新的水平。独立感、自尊心、自信心、好胜心等逐步趋于成熟；自我认识、自我体验、自我控制三方面趋于协调发展；自我意识的核心——世界观和人生观已基本确立。总的来说，大学生自我意识的发展是随着年级的上升而发展的，并表现出以下几方面的主要特点。

1. 自我认识方面的主要特点

（1）认识的广度和深度大大提高。大学这一特殊的学习、生活环境，为大学生提供了一个博览群书、自由发展、自我实现的新天地，为他们的自我认识向广度和深度发展提供了有利条件。大学生的视野更开阔，关心的社会问题也更多，因此，社会对他们的期望也比较高。这时，他们的自我认识不只涉及自己的气质、风度和性格等一般问题，而且还涉及自己的社会地位、社会责任、自我的价值等问题。通过对这些问题的分析和思考，大学生自我意识达到新的广度和深度。

（2）认识的自觉性和主动性明显提高。大学是大学生走向社会前的在学校期间的最后学习阶段。大学生具有强烈的求知欲，学习期间，他们总是对“我将来做个什么样的人?”，“成就什么事业?”，“我能为社会做些什么贡献?”等问题十分感兴趣，又急切强烈地期待着一个满意的答案。这种思考比少年时期更主动、更自觉，具有较高水平。

（3）自我评价能力提高且具有不平衡性。随着大学生活的继续，大学生的知识增加了，社会经验也丰富了，大多数人对自己的分析、评价逐渐变得全面、客观和主动，对自己的优缺点有了较正确的认识和评价，并能选择自己的长处进行发展，开始具备在自觉基础上的“自知之明”，但是大学生自我评价的能力有很大的个体差异。

大学生自我评价有不平衡性、多样性和不成熟性。大学生的自我评价存在两极性：一是“高估自我”，有着很强的优越感、自尊心和自信心；二是“低估自我”，产生自卑心理，使自己躲藏起来，不敢向前。

2. 自我控制方面的主要特点

（1）自我控制能力明显提高。在成年人眼中，青年人是精力旺盛、富有朝气的，但也是极为冲动、多变的。这是因为青年人的自我控制能力还较差。处于低年级的大学生，冲动性还较明显。进入中年级，特别是进入高年级后，随着知识积累、生活阅历的增加，大学生自我认识和自我评价水平增强，他们能够根据别人的评价和自己的行动结果进行反省，及时调整自己的行为和目标。这说明大学生行为的自觉性和自我控制能力明显增强，而盲目性和冲动性则逐渐减少。

（2）自我设计的愿望强烈。自我控制的水平明显提高，有强烈的自我设计和自我规划的愿望，大部分同学都奋发向上、力争成才，并且根据自我设计目标自觉调节自身行为，力图摆脱社会传统的束缚，按照自己的意愿行事；他们也能够自觉地根据社会的要求来调节自己不合实际的目标和动机。但大学生自我控制的水平还不够，有时自己想做什么就做什么，不顾环境的要求，随意性大。

3. 强烈的独立意识和自信心

独立意识，也叫独立感，是指个体力图摆脱监督和管教的一种自我意识倾向。大学生在生理发育上已完全具备了成人的特点，心理成熟和社会成熟也已达到较高的水平。通过对自我的认识、体验控制、调节，他们的心目中已逐渐确立一个新的自我——成人式的自我，成人感特别强烈。

自信心是从独立感中派生出来的一种相信自己精力和能力的自我意识倾向。青年大学生有体力充沛、精力旺盛、思维灵活、记忆力强等优越条件，这是他们产生自信心的生理及心理基础，而“天之骄子”、“时代宠儿”的优越感，则是大学生充满自信的社会基础。所以，大学生的自信心是十分强烈的，他们不仅对自己的才华、学识充满自信，而且对自己的风度、能力也充满自信，但由于知识、经验不足，他们易于产生过分的自信，而且容易因一时的挫折而降低自信。

4. 自我体验方面的主要特点

大学生自我认识和自我控制能力的迅速发展，使得他们在自我体验的内容和形式上发生了极大的变化。从自我体验的形式看，显示出以下几个方面的特点。

（1）丰富性。大学丰富多彩的学习生活为他们自我体验的丰富性提供了有利条件。例如，通过意识到自己的成熟而产生了成人感；通过意识到自己的能力和品德的高低而产生了自豪、自尊或自卑、自惭等体验；通过意识到自己的社会角色和社会地位而产生了社会责任感和义务感。一般来说，在自我体验方面，男生比女生更有自信心、更富于活力，但容易急躁；女生则更热情、内心舒畅感更明显，但容易多愁善感。大学生自我体验的情感基调是积极的、健康的。大学生要注意增强自我意志的指向能力，提高自我认识水平，这将有助于大学生自我体验的丰富性向健康方面发展。

（2）敏感性和波动性。大学生对自我的认识还在不断进行中，个性还不够成熟和稳定，也缺乏驾驭情感的意志力量，对于外部世界和自己内心世界的许多方面都比较敏感，尤其是与他们相关的事物，很容易迅速引起情感、情绪上的反应，凡是涉及“我”及与“我的相关的事物或事情”都很敏感。学生开始重视自己在集体中的地位和威信，对他人的言行和态度十分敏感，对涉及自己的名誉、地位、前途、理想及异性交往等方面的问题，更易引起强烈的自我情绪体验。

处于青年中期的大学生，其自我体验仍有一定程度的波动性。例如，在取得成绩时，容易产生积极的、愉快的情感体验，甚至骄傲自满、忘乎所以，对自我的肯定多些，充满了自信；而遇到挫折时，就容易产生消极、否定的情感体验，低估自我，从而丧失自信心，灰心丧气甚至悲观失望，对自我的否定就多些，容易产生自卑、内疚等情绪。受到老师或领导的表扬，就觉得自己都是优点，若受到教师或领导的批评，就觉得自己处处不行。到了高年级，当大学生的自我认识和自我控制趋于确定后，这种波动性才逐渐降低。

（3）深刻性。大学生的自我体验是深刻的。他们的自我体验不仅与自己的个性特点相联系，而且还与自己的生活信念和人格倾向相联系。当自我的生活信念和人格倾向为别人所悦纳，或客观事物符合自己的生活信念和人格倾向时，他们就产生愉快的情感体验，否则就产生消极、不愉快的体验。

（4）内隐性。内隐性是指人们的心理活动具有某种含蓄、内隐的特点，心理活动开始指向自己的内部世界，逐渐失去了儿童期的外露、直爽、天真、单纯。大学阶段，大学生有了自己的秘密，不愿把自己的内心世界轻易向人敞开，十分注重自己的面子，会有意无意地掩盖自己的缺点和短处。内隐心理在当代大学生中带有一定的普遍性，妨碍了同学之间新的友谊关系的建立，这样就会产生一种莫名的孤独感。但此时的大学生，内心却强烈地想与人交往，不但想交往得多，也想交往得深，希望能向自己的朋友敞开心扉进行交流。

5. 自我意识发展的时代特点

不断深化的社会变革和社会主义市场经济的初步建立，影响和促进着大学生自我意识的迅速发展，并形成了当代大学生自我意识发展的时代特点。

关心国家振兴、渴望改革成功。他们特别关心当前社会上正在进行的各项改革，常为改革发展的前途和出现的阻力等问题争论不休，对改革中出现的官僚主义、腐败现象极为不满，有时甚至会采取过激行动。

思维的独立性、批判性明显增强，强调民主、自由、信任和尊重个性。当代大学生很少有保守思想，不囿于成见，不轻信盲从，喜欢独立思考人生和社会问题；特别关心我国民主、自由和法制建设；他们要求别人尊重自己，对那种简单生硬的教育方法极为反感。

探求知识，渴望成才。大学生强烈的成才意识表现出如下特点：一是在成才动力上，由以内在压力为主转变为以外在压力为主。二是在成才途径上，由过去单纯追求分数转变为注重知识水平和创造能力的提高，努力向多途径成才方向发展。三是在成才模式上，由过去只重智力因素发展到现在向德才兼备、学有所长的新式复合型人才的方向发展。

总之，大学生自我意识的时代特点是丰富多彩的，它从总体上反映了大学生在处理与社会、时代关系时的心态走向。同时掌握当代大学生自我意识发展的时代特点，也是了解和研究当代大学生精神面貌的关键。

【心理词典】

自 我 评 价

自我评价是自我意识的一种形式。主体对自己思想、愿望、行为和个性特点的判断和评价。它是自我意识发展的产物。其发展的一般规律是：评价他人的行为→评价自己的行为→评价自己的个性品质。它是自我教育的重要条件。人对自己的思想、动机、行为和个性的评价，直接影响学习和参与社会活动的积极性，也影响着与他人的交往关系。一个人如果能够正确、如实地认识和评价自己，就能正确地对待和自理个人与社会、集体及他人的关系，有利于自己克服缺点、发扬优点，在工作中充分发挥自己的作用。实事求是地评价自己是进行自我教育、自我完善的重要途径之一。

二、关于自我意识的若干理论

（一）弗洛伊德的“本我、自我、超我”理论

弗洛伊德将人的心理分为三个部分：本我、自我和超我，如图 3-1 所示。

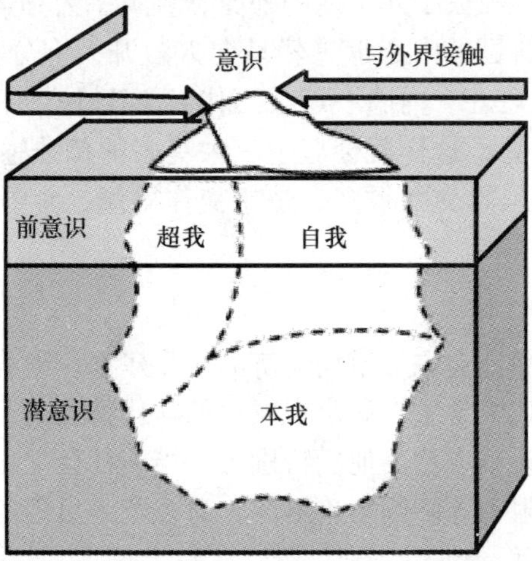

图 3-1　“本我、自我、超我”理论

本我即原我，是指原始的自己，包含生存所需的基本欲望、冲动和生命力。本我是一切心理能量之源，本我按快乐原则行事，它不理会社会道德、外在的行为规范，它唯一的要求是获得快乐，避免痛苦。本我的目标是求得个体的舒适、生存及繁殖，它是无意识的，不被个体所觉察。

自我，其德文原意即是指“自己”，是自己可意识到的执行思考、感觉、判断或记忆的部分，自我的机能是寻求“本我”冲动得以满足，而同时保护整个机体不受伤害，它遵循的是“现实原则”，为本我服务。

超我，是人格结构中代表理想的部分，它是个体在成长过程中通过内化道德规范，内化社会及文化环境的价值观念而形成的，其机能主要是监督、批判及管束自己的行为，超我的特点是追求完美，所以它与本我一样是非现实的。超我大部分也是无意识的，超我要求自我按社会可接受的方式去满足本我，它所遵循的是“道德原则”。

弗洛伊德认为，只有三个“我”和睦相处，保持平衡，人才会健康发展；而三者“吵架”的时候，人有时会怀疑“这一个我是不是我”？或者内心有不同的声音在对话“做得？做不得？”或者内心因为欲望和道德的冲突而痛苦不堪，或者为自己某个突如

其来的丑恶念头而惶恐。这种状况如果持续久了，或者冲突得比较严重，就会导致神经症的产生。

对于本我和自我的关系，弗洛伊德有这样一个比喻：本我是马，自我是马车夫。马是驱动力，马车夫给马指方向。自我要驾驭本我，但马可能不听话，二者就会僵持不下，直到一方屈服。对此弗洛伊德有一句名言："本我过去在哪里，自我即应在哪里。"自我又像一个"受气包"，处在"三个暴君——外部世界、超我和本我的夹缝里。人们要努力调节三者之间相互冲突的要求，所以说自我永远是矛盾的产物。

（二）约瑟夫·哈里的"窗口理论"

认识自我，了解自我是非常不易之事，所以有"做事难、做人难、了解自己就更难"的说法。

美国著名社会学理论学家约瑟夫·哈里，对于提高当代人认识自我能力提出了一个名叫"约·哈里窗口理论"。他认为在每个人的个性中，有各种特质，有些我们知道，有些我们身边的人知道，由此可以得到四种区域。

公开区：这个区域是自己和别人都知道的，完全是透明的，是阳光下的我，最真实可信的我，是"公开的我"。

盲目区：因为"当局者迷，旁观者清"，所以这个区域是别人看得见，而自己却不曾发现的。如果这样的区域很大，那么人们就可能因为缺点不能被他人发现而自大自负，狂妄骄傲而失败；优点不能被发现而自卑消沉，难以发挥潜能而失败，这个区域是"背脊的我"。

隐私区：这个区域是只有自己知道的部分，这里隐藏着每个人自己的小秘密，是自己细心呵护的部分，这个区域是"隐私的我"。

未知区：又称为黑暗区，这个区域是人们自己意识不到的，属于潜意识领域，虽然看不见、摸不着，但是对人的行为起着作用，有的时候还起着非常重要的作用。比如，有的人明知某件事不能做，还是控制不了自己去做，可能就是潜意识的作用，这个区域是"潜能的我"。

为了便于理解分析，我们把窗口放在直角坐标中加以分析。横坐标的正向表示别人知道，负向表示别人不知道；纵坐标正向表示自己知道，负向表示自己不知道。

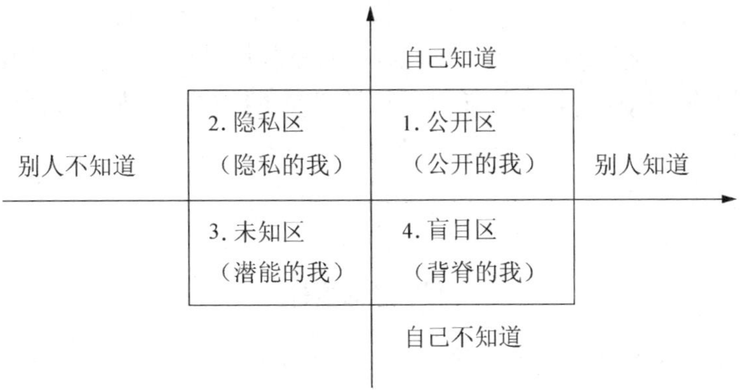

图 3-2　自我认识"窗口分析图"

通过上面的四个窗口可知，我们需要加强了解的是窗口 3 和窗口 4。

窗口3是“未知区（潜能的我）”。据研究发现，每个人都有巨大的潜能，人类平常只发挥了极小部分的大脑功能。如果一个人能发挥一半的大脑功能，将轻易地学会40种语言，背完整套百科全书。著名心理学家奥托指出，一个人一生所发挥出来的能力，只占其全部能力的4%，也就是说一个人96%的能力还未开发。赫赫有名的控制论奠基人维纳说：“可以完全有把握地说，每个人，即使他是做出了辉煌成就的人，在他的一生中利用自己的大脑潜能还不到百亿分之一。”由此可见，认识、了解“潜在的我”，是自我认知的重点之一。

窗口4是“盲目区（背脊的我）”。如果自己诚恳地、真心实意地征询他人的意见和看法，就不难了解盲目区了。我们可以采取同自己的家人、朋友、同事等交流的方式，可以借助录音、录像设备，尽量开诚布公。要做到这一点，需要宽阔的胸怀，确实能够正确对待，有则改之，无则加勉；否则，别人是不会说实话的。

三、大学生自我意识的调适

当前的大学生基本上都是1990年以后出生的一代，自我意识具有鲜明的时代特征。大学阶段是个体心理发展成熟的重要时期，也是个体自我意识发展的关键时期。大学生要更好地完善自我，形成健康、积极、向上的自我意识，就应该从以下几个方面入手。

（1）正确地认识和评价自我。正确地认识和评价自我指的是全面地了解自我，了解和分析自身的长处和短处，认清自己与团体的关系，了解自己在社会实践中所处的位置，并对自我做出不偏不倚的评价。正确认识自我是让个体形成正确自我意识的基础，这是调适“现在的我”与“理想的我”的有力保障。通常，我们可以在这几种方法下做到正确地认识自我。

- 通过自省。大学生应学会自省，在不断地检查自身行为是否正确的过程中发现自身的不足，从事件的结果中，获得经验和教训，在不断自省中发现长短得失，这样才能有的放矢地完善自我。

- 通过他人的评价。研究表明，如果一个人的自我评价与他人对其的客观评价在很大程度上一致，则说明他的自我意识比较成熟。因此，如果在实际生活中，大学生经常通过老师、朋友的评价来认识自己，虚心倾听多方面评价，则有助于正确地认识自我。

- 通过与他人的对比。大学生可以通过与同伴们性格、能力、学习、人际关系等各方面的比较，寻找到自己的特点，以此判断自己在团体中的地位，更加了解自己。但要注意选择恰当的参照标准，要选择与自身多方面条件相近的人作为标准才能做到客观公正。

【哲理故事】

有裂缝的水桶

一个农夫有两只水桶，他每天的工作，就是用一根扁担挑着这两只水桶去河边汲水。其中一只水桶有一条裂缝，因此每次到家时，这只水桶里总是会漏得只剩下半桶水，而另一只桶里却总是满满的。就这样两年以来，日复一日，农夫天天只能从河里担回家一桶半水。

完整无缺的桶为自己的完美表现得意非凡，而有裂缝的水桶自然为自己的缺陷和不能胜任工作而羞愧。经过两年的失败之后，一天在河边，有裂缝的水桶终于鼓起勇气向主人开了口：“我觉得很惭愧，因为我这边有裂缝，一路上漏水，只能担半桶水到家。”

农夫微笑着回答说：“你注意到了吗？在你那一侧的路沿上开满了花，而另外的一侧却没有花。我从一开始就知道你有裂缝，于是在你的那一侧的路边撒了花籽。我们每天担水回家的路上，你就给它们浇水。两年了，我经常从这路边采摘鲜花来装扮我的餐桌。如果不是因为你的所谓的缺陷，我怎么会有美丽的鲜花装扮我的家呢？”

其实我们每个人都好比那只有裂缝的桶，并不是一生下来便完美无缺，各自都具有这样或那样的不足和缺点。倘若我们怀着一颗包容的心，懂得发现对方的长处，并且能够扬长避短，我们的生活一定会变得更加轻松愉快和丰富多彩。

（2）欣然悦纳自我。根据心理学家的研究，心态积极乐观者更多地表现出对自我的接受和认可。相反，心态悲观多有心理问题者则会常表现出对自我的不满。大学生中的一部分会对自己的容貌、个性、能力或者家庭等某个方面不满，而又苦于无法改变，就容易产生自我排斥心理。如果对自己的不满过于强烈，就会加剧心理冲突，容易产生心理疾病。而欣然接受自我则是形成健康积极的自我意识的关键和核心。要做到欣然接受自己即悦纳自我，首先就要接受自己本来所具备的一切，包括长相、体型、性格、能力以及家庭背景等，并要坚信只要自己真正付出努力，一定条件下，别人可以，我也一定能可以，以此来增强自信心。要做到欣然接受自己，还要正视自己的短处，争取做到扬长避短。要相信一个人在这个方面的不足，是能够通过科学的方法和不断的努力来弥补的。如果我们用决心和毅力去克服，也许会达到意想不到的成功。

（3）不断完善自我。人自我意识的发展是一个动态可变的过程。当代大学生的自我意识发展也不例外。因此，自我意识在经过正确认识和评价自我并欣然接受自我之后，还需要不断地完善自我。当代大学生尤其需要不断完善自我，为未来进入知识经济时代打下坚实的基础。不断完善自我，首先需要确立要达到的目标。人的行为需要目标作为指引和最终的评定标准。正确的目标能激发人的动机，指导人的行为，促使其向预定的目标前进。其次，要培养自控力。人在实现目标的过程中，不仅有自身欲望的干扰，还会有外界刺激的诱惑。自身的欲望会让人背弃理想，贪图安逸。外界刺激的诱惑，更容易使人偏离正确的前进方向，从而放弃对先前树立的目标的追求。因此，一个人如果想要达到既定目标，成就事业，就必须具备很强的自控力，这样才能让自己抵制诱惑，约束自己的情感，把握自己的行为。

【哲理故事】

钻石宝藏

古时候，有一个波斯人住在离印度河不远的地方，他叫阿里·哈菲德。阿里有一个很大的农场，有果园、田地和花园。他因富裕而知足，也因知足而幸福。

一天，一位来自东方的僧侣拜访了阿里，他给阿里讲了一个钻石的故事。僧侣说：“一块钻石就是一粒凝固的阳光，如果能有拇指大的一块钻石，你就能买下这个国家。如果你有一个钻石矿，你就能凭巨大的财力让你的孩子们登上王位。”

晚上阿里睡觉的时候，觉得自己已经是一个穷人。他并没有丢失任何东西，却因为感到不满而觉得贫穷。他暗自发誓，要去找一个钻石矿。

阿里问僧侣哪里可以找到钻石，僧侣告诉他，如果找到一条河，河水从白色的沙子上流过，两边是高山，那么就可以从白沙子里找到钻石。

阿里卖了农场，在一个迷蒙的清晨上路寻找钻石了。他来到巴勒斯坦，接着辗转进入欧洲，最后，他身无分文，衣衫褴褛。一天，他站在西班牙巴塞罗那海岸边，一个大浪向他打来，这个可怜的人，再也没有站起来。

在阿里死后不久，买了阿里农场的人牵着骆驼到花园里饮水。园里的小溪很浅，当骆驼将鼻子伸到水里时，这个人发现小溪底部的白沙子里有一道奇异的光芒。原来，阿里穷其一生寻找的钻石，竟然就在自己的花园里。

如果阿里待在家里，挖一挖自己的麦田和花园，而不是历尽艰难困苦，在陌生的土地上盲目地寻寻觅觅，他就会拥有自己的钻石宝地。他农场的每一英亩，后来都挖出了钻石，这些钻石镶嵌在了国王和王后的冠冕上。这好比千千万万的世人，身上具有巨大的潜能，却置之不理，而对别的东西孜孜以求，舍本求末。

幸福能力培养

技　能　篇

【百度知道】

Q：进入大学了，这对我来说意味着什么？

A：第一，意味着你有充分的机会去真正了解自己，特别是你最想要的是什么。这个将影响你的一生。

第二，意味着你要继续努力学习。大学的学习可是和中学的学习完全不一样，如果你因为网络游戏、失恋等原因落下了，补起来真的很困难。如果你以为“我可以”，就看看每年退学的和留级的学长们，他们可都是相当自信的！

第三，意味着你有充分的机会去学习如何和他人合作，建立融洽的人际关系。如果你有融洽的人际关系，在今后的生活中将会有很多的真朋友，真朋友是幸福感的重要来源。

第四，意味着你有充分的机会去锻炼自己的管理能力。这些管理包括时间管理、自我管理、情绪管理等。

【幸福处方】

幸福与自我评价

自我评价是个人对自身状况的认识与判断，个人可以将自身状况判断为“好”或“坏”、“满意”或“不满意”、“幸福”或“不幸福”。这样的判断也被称之为“生活满意度评价”。

自我评价主要包括身体自我的评价、社会自我的评价与心理自我的评价。所谓身体自我的评价就是指个体对自己身体属性的评价，包括个人对自己身体、外貌、体能等方面的评价，如用“身体健壮”、“修长苗条”、“个子矮小”、“身体肥胖”、“五官端正”、“相貌丑陋”、“英俊潇洒”、“美丽动人”等词汇对自己的身体相貌、衣着打扮、风度气质进行肯定或否定的评价。

所谓社会自我的评价就是对自己在各种社会中的角色、地位、作用及社会关系的和谐程度等评价。例如，认为自己在一定的社会群体中扮演重要的角色，是一个重要人物，受到人们的尊重，或者把自己评价为一个小人物，对他人无足轻重；把自己与他人的关系评价为和谐友好或者矛盾对立；对自己的社会交往与社会生活满意或不满意等。心理自我的评价则包括对自己的聪明才智、兴趣态度、性格特点、情绪状态等方面的评价。例如，把自己评价为聪明的、有能力的或者愚笨的、迟钝的，评价自己是勤奋努力的或是好吃懒惰的，评价自己的性格是乐观开朗还是思想偏激、心情压抑等。

正确的自我评价，对个人的心理健康、社会生活及人际关系有积极的影响。每个人都需要对自己进行正面的和积极的评价，把自己看成是有价值的、令人喜欢的、优秀的和能干的人，从而确立自尊与自信心。否则，过低评价自己，看不到自己的价值，只看到自己的不足，认为什么都不如别人，处处低人一等，就会丧失自信心，产生自卑和自我厌恶的心理，从而缺乏生活的朝气、积极性和幸福感；如果过高评价自己，只看到自己的长处，看不到自己的弱点，就会产生盲目乐观情绪，最终遭受挫折，不能处理好人际关系，产生更多的苦闷与不满。可见，正确的自我评价对于个体幸福心理起着十分重要的作用。

【感动人物】

尼克·胡哲——像雕塑一样活着

尼克·胡哲1982年生于澳大利亚墨尔本，生来没有四肢，但其凭借顽强的意志和乐观的信念，在全球演讲，鼓舞人心。他于2005年获“澳洲年度青年”称号，2008年起担任国际公益组织“没有四肢的生命”CEO。

曾经有一个小男孩瞪大眼睛打量了尼克很久，最后终于吐出一句：“你总算还有一个头。”——这是尼克·胡哲在他演讲时必讲的一个小插曲。只要看一眼尼克，你就会立刻理解为什么小男孩会这么说。

尼克打出生时就没有四肢，只有躯干和头，就像一尊残破的雕像。这副模样甚至连他的父母都无法接受。可想而知，这样的躯体给尼克造成了多大的困难。他所能利用的身体部位，只有一个长着两根脚趾的小脚，被他妹妹戏称为“小鸡腿”，因为尼克家的宠物狗曾经误以为那个是鸡腿，想要吃掉它。

尼克不能走路，不能拿东西，并且总要忍受被围观的耻辱，这一度使他非常消沉，以至于想要在浴缸里淹死自己。还好，他在最后一刻，脑海中浮现出父母在他坟前哭泣的样子，于是他放弃了。这是他最正确的选择。活下来，使他有机会看到，原来他的人生有着无尽的希望。

尼克告诫自己永远不要放弃。他虽然没有健全的四肢，但是有一副好口才，和一个聪明的大脑。他总是用无比轻松的语调来调侃自己的经历，他永远不在意别人惊讶的眼光，并且努力对自己充满自信，而事实上，他确实做到了绝大多数普通人无法做到的事：他成了一名全球知名的励志演说家。

在尼克19岁的时候，他打电话给学校，推销自己的演讲。在被拒绝52次之后，他获得了一个5分钟的演讲机会和50美元的薪水。从此，他的演讲生涯开始了。他的嗓音富有磁性，思路清晰，语言幽默，最关键的，他有与众不同的人生经历可以与别人分享，给所有人坚持下去的力量。在多年磨练当中，他具备了异常坚韧的心智和丰富的阅历。这些精神上的素养完全弥补了肉体上的缺陷，帮助尼克超越了健全的大多数人，取得非凡的成就。

如今，他已经在全球34个国家发表过超过1500场演讲，每年要接到超过3万个来自世界各地的邀请。所有看过他的视频，或听过他演讲的人，都无不发自内心地诚服于这个曾被预言"永远得不到爱"的人。他已经成为世人心目中与命运顽强斗争的象征，或者说，一尊活的雕塑。

【自助加油站】

大学生如何增强自信心

在大学的校园生活中，人总会有失意的时候。当你在学习、生活中遭受挫折的时候，怎样才能重新建立自信心呢？以下十条法则可以帮助你增强自信心。

1. 每天照三遍镜子。清晨走出宿舍之前，对着镜子修饰仪表，整理着装，务必使自己的外表处于最佳状态。午饭后，再照一遍镜子，修饰一下自己，保持整洁。晚上就寝前洗脸时再照照镜子。消除对自己的仪表的不必要的担心，更有利于你将注意力集中到工作、学习上。

2. 不要总想着自己的身体缺陷。每个人都有各自的身体缺陷，完美无缺的人是不存在的，对自身的缺陷不要念念不忘，其实，人们往往并没有那么在意你的缺陷。只要少想，自我感觉就会更好。

3. 你感觉明显的事情，其他人不一定注意得到。当你在众人面前讲话感到面红耳赤时，你的听众可能只是看到你两腮红润，令人愉快而已。事实上，你的窘态并没有那么容易被其他人发现。

4. 不要过多地指责别人。如果你常在心里指责别人，这种毛病就可能成为习惯，应逐渐克服这种缺点。总爱批评别人是缺乏自信的表现。

5. 多数人喜欢的是听众。因此，当别人讲话时，你不要急于用机智幽默的插话来博得别人对你的好感。你只要认真地倾听别人的讲话，他们就一定会喜欢你。

6. 为人坦诚，不要不懂装懂。对不懂的东西坦白地承认，这不仅不会损坏你的形象，还会给人以诚实可信的感觉；对别人的魅力和取得的成就要勇于承认，并致以钦佩和赞赏。

7. 在自己的身边找一个患难相助、荣辱与共的朋友，这样在任何情况下你都不会感到孤独。

8. 不要试图用酒来壮胆提神。如果你害羞腼腆，那么就是喝了一瓶酒也无济于事。只要你潇洒大方，滴酒不沾也会受到大家的欢迎。

9. 拘谨可能使某些人对你含有敌意。如果某人不爱理你，不要总觉得自己有错。对于有敌意的人，不讲话虽不是最好的方法，但却是唯一的方法。

10. 一定要避免使自己处于一种不利的环境中。否则，当你处于不利情况时，虽然人们会对你表示同情，但他们同时也会感到比你地位优越而在心理轻视你。

幸福体验之旅

体　验　篇

【心理测试】

你是一个自信的人吗?

通过对20道题的选择，测试你自信心的水平，答案选择“是”与“否”。

1. 认为自己是个寻常人吗?
2. 经常希望自己长得像某某人吗?
3. 时常羡慕别人的成就吗?
4. 你为了不使他人难过，而宁愿放弃自己喜欢做的事吗?
5. 你会为了讨好他人而打扮自己吗?
6. 是否经常勉强自己做自己不愿做的事?
7. 任由他人来支配你的生活吗?
8. 你认为你的优点比缺点多吗?
9. 你经常对别人说抱歉吗?
10. 在无意的情况下，伤害了别人的心，你会难过吗?
11. 你希望自己具备更多的天赋和才能吗?
12. 你会经常听取别人的意见吗?
13. 在聚会上，你经常等别人先跟你打招呼吗?
14. 你每天照镜子超过3次吗?
15. 你有很强的个性吗?
16. 你是个优秀的领导者吗?
17. 你的记性很好吗?
18. 你对异性有吸引力吗?
19. 你懂得理财吗?
20. 买衣服前你听取别人的意见吗?

评分方法

评分方法如表 3-1 所示。

表 3-1　评分表

题号	是	否	题号	是	否
1	0 分	1 分	11	0 分	1 分
2	0 分	1 分	12	0 分	1 分
3	0 分	1 分	13	0 分	1 分
4	0 分	1 分	14	1 分	0 分
5	0 分	1 分	15	1 分	0 分
6	0 分	1 分	16	1 分	0 分
7	0 分	1 分	17	1 分	0 分
8	1 分	0 分	18	1 分	0 分
9	0 分	1 分	19	1 分	0 分
10	0 分	1 分	20	0 分	1 分

结论分析

13 分以上：很有自信心，敢说敢做，知道自己的优缺点。但如果得分接近 20 分，有可能过于自信，甚至自大和浮夸。

6 分到 12 分：较有信心，但有时候信心不足。

6 分以下：没有太多的信心，过于谦虚，容易形成自我压抑。

【励志歌曲】

我 相 信

作词：刘虞瑞　作曲：陈国华

想飞上天，和太阳肩并肩，世界等着我去改变，想做的梦，从不怕别人看见，在这里我都能实现，大声欢笑让你我肩并肩，何处不能欢乐无限，抛开烦恼，勇敢地大步向前，我就站在舞台中间，我相信我就是我，我相信明天，我相信青春没有地平线，在日落的海边，在热闹的大街，都是我心中最美的乐园，我相信自由自在，我相信希望，我相信伸手就能碰到天，有你在我身边，让生活更新鲜，每一刻都精彩万分，I do believe。

【心理电影】

我是谁?

故事梗概：特别突击队队员杰克在执行任务的时候，遭遇空难。在非洲土著居民的救助下，杰克侥幸生存，却完全失去了记忆。在土著人的照料下，杰克日渐恢复，但他对自己的身份和身处此地的原因却毫无所知。为此，他经常发问“我是谁”，于是土著人就习惯地称呼他为“我是谁”。为弄清楚自己的身份，杰克离开热情的村民，决心解开困扰自己很久的问题。

影片讨论：欣赏完这部电影，你还受到了什么启发？大家讨论一下。

【心灵图书】

做最好的自己

内容简介：用近百个真实案例，来阐述如何运用“成功同心圆”法则选择自己的价值观，阐述如何运用自己的智慧，选择做一个融会中西的国际化人才，最终说明成功就是做最好的自己。

书评讨论：读完这本书，你还受到了什么启发？大家讨论一下。

【心理训练】

活动一　自画像

活动目的

促进自我观察，强化自我意识。

活动步骤

1. 你给自己画过像吗？多数人会说从来没有接受过绘画的专业训练，不会画画。其实，我们这个训练并不是绘画比赛，而是用图形来表现出你对自我的认识。现在请你拿出笔来，闭上眼睛，先想想自己是一个怎样的人，然后画出自己。可以有标题，也可以无标题；可以用任何形式来画出自己，形象的、抽象的、动物的、植物的，只要将自己心目中最能代表自己的东西画出来即可。

2. 画完后，同学之间互相传看。

3. 画者解释答疑。

活动总结

在你的一生中，你可以是一位艺术家，描绘着你自己生活的肖像，每天你使用什么颜料，怎样落下每一笔，都是你自己的选择。自画像笔触简洁、有力，线条流畅、清晰，表现出对自我的形象很有把握，熟谙于心；自画像笔触拖沓、犹豫，线条僵硬、杂乱，显得毫无信心，这不是对自己的形象难以确定，便是对某些细节该如何表现心存顾虑。有的人对自我形象的感知比较准确、真实；有的人自觉或不自觉地将自己的缺点加以美化，或将优点加以贬低、忽略，甚至有人将缺点夸大，有人将优点过分突出。不同的表现形式，不同的心理活动，折射出复杂的自我意识。

活动二　优点轰炸

活动目的

1. 通过让学生发现和叙述自己的优点，提高个人的自尊和信心。

2. 通过诉说别人的优点，欣赏同伴，以此增进对同伴的进一步了解和同伴之间的感情。

活动步骤

1. 分组：将全班同学分成若干小组，每组 8 人左右。要求每组中既有男生也有女生，既有相互比较了解的，也有彼此不太熟悉的，以提供更多新鲜体验及沟通机会，每组指定一位组长。

2. 自我描述：每组先以一位同学作为中心人物，用“20个自我”进行自我特点描述，如“我生活朴素”、“我爱好运动”、“我和异性说话会脸红”等。

3. 优点轰炸：每个组员轮流对中心人物进行称赞，只说优点，态度要真诚，努力去发现中心人物的长处，不能毫无根据地吹捧。

4. 轮流作中心人物：每个组员轮流作为中心人物，重复“自我描述”和“优点轰炸”。组长适当把握节奏，并为每位组员准备一张卡片，记录下组员们的称赞，最后作为礼物送给每位组员。

活动总结

1. 通过活动，你是否发现你以前所没有发现的优点？
2. 当你听到同学对你优点的轰炸时，你有什么感受？
3. 你觉得他们所说的优点符合你自己吗？

【心灵感悟】

1. 给下面故事拟题目。

____

也许你想成为太阳，可你却只是一颗星辰；也许你想成为大树，可你却只是一棵小草；也许你想成为大河，可你却只是一泓山溪；于是，你很自卑。

很自卑的你以为命运在捉弄自己。其实不必这样，欣赏别人的时候一切都好；审视自己的时候，却总是很糟。和别人一样，你也是一片风景，你也有阳光、有空气、有寒来暑往，甚至有别人未曾见过的一棵春草，甚至有别人未曾听过的一阵虫鸣。

做不了太阳，就做星辰，在自己的星座发热发光；做不了大树，就做小草，让自己的绿色装点希望；做不了伟大的人物，就做实在的自我，平凡并不可卑，关键是必须做最好的自己。

不必总欣赏别人，也欣赏一下自己吧！你会发现天空一样高远，大地一样广大，自己与别人有不一样的活法，走向超越，只有靠自己！

2. 写出你学完本课的感悟。

第四课

尽显人格魅力——谈人格塑造

【心灵引导】

知识目标

了解人格的基本知识，当代大学生的人格特征和自我人格发展状况。掌握大学生常见人格缺陷的表现、原因。

技能目标

会识别自己的人格特征，有能力完善人格并展示自己的人格魅力。

幸福心语

患难困苦，是磨炼人格之最高学校。

——梁启超

应当把荣誉当做你最高的人格的标志。

——牛顿

为了成功地生活，少年人必须学习自立，铲除埋伏各处的障碍，在家庭要教养他，使他具有为人所认可的独立人格。

——戴尔·卡耐基

幸福知识讲堂

知 识 篇

【小案例】

人格决定命运

小叶是某大学的学生。从小到大他都认为自己是个百年一遇的才子。上大学后，他更是清高，看不起一般的老师和同学，常常是独来独往，但只要有在公众面前露面的机会，他总是兴致很高。

大一时，他参与了院组织的文学创作竞赛，当时他的激情很高，认为展示才华的机会到了，自己要好好露几手。他很投入，几乎到了废寝忘食的地步。最后评奖时，他兴奋极了，心想自己一定能得一等奖，这下大家可以看到才华横溢的他了。谁知最后他并没有获奖。这对他简直就是当头一棒，他当场就要求上台发言，对不公正的评比结果进行批评，最后把自己与梵高等天才艺术家相提并论，认为真正有才华的有艺术价值的作品不是一般人看得懂的。

大二的期末考试，小叶有一门专业课没及格，为此事他大发牢骚，认为这种考试制度本身就应该批判，写了几篇批判考试的文章投往各种期刊，等了一段时间稿件没被采用，他干脆将稿件复印多份分别贴在学校人流比较多的地方。

小叶同学坚信自己天生优秀，这种错觉是他一直以来的精神支柱。当他夸大的自我形象一次次被事实修正或粉碎时，他总是用有利于自己的理由歪曲事实以减轻实际体验到的紧张和焦虑，缓解事实对自我形象的打击。小叶正是由于看不到自己人格上的缺陷，导致了自己在学校的一些行为为同学们所不能接受。

人格是一个人的心理活动与行为表现的复杂统一体，一旦形成就具有相对的稳定性。一定程度上来说，一个人的人格决定了他的命运。同学们，我们该如何完善自己的人格，从而把握自己的命运呢?

一、人格概述

（一）人格的含义

人格又称个性，源于拉丁语 persona，意思是指古希腊罗马时代的戏剧演员在舞台上戴的假面具，他代表剧中人物的角色和身份。把面具指意为人格，实际上包含两层意思：一是指个人在生活舞台上表演时的各种行为，外显于人的印象和特点或公开的自我；二是指个人蕴藏于内，没有表现出来的特点，即被面具遮蔽起来的真实的自我。因此，从这个词的来源意义以及引申意义来看，人格就是一个人在心里隐藏的内心、行为方面的内容和表现出来的心理、行为方面的内容两方面的总和以及区别于他人的总体特点。这说明人格既有表现于外给人印象的特点，也有某些外部未必显露的内隐的成分。

（二）人格的结构

人格是由不同成分构成的一个综合系统，不同成分从不同的侧面反映个体的差异。人格结构系统包括气质、性格、动机、认知、自我调控等成分。其中气质与性格是人格结构的主要方面。

【心理词典】

气　质

气质是指个体表现心理活动的强度、速度、灵活性和指向性的一种稳定的心理特征。通俗地理解，气质就是我们平时所说的脾气秉性。

气质学说源于古希腊著名的学者兼医生，被称为“医学之父”的希波克里特的体液说。他认为人体内有四种液体：黏液、黄胆汁、黑胆汁、血液，这四种体液在每个人身上的配合比率不同，形成了四种不同类型的人。后来罗马医生盖伦进一步确定了气质类型，提出人的四种气质类型是胆汁质、多血质、黏液质、抑郁质，并把它们确定为气质的基本类型而沿用至今。

（1）胆汁质

心理学家把类似于李逵、张飞的气质，叫做胆汁质。具有这种类型的人就像夏天里的一团火，来去匆匆。胆汁质的人精力旺盛，争强好斗，做事勇敢果断，为人热情直爽，朴实真诚，但是他们常常是粗枝大叶，不求甚解，遇事欠思量，鲁莽冒失，感情用事，刚愎自用，但却表里如一。这类气质的大学生生性倔强，有股“十头牛也拉不回来”的倔劲儿，整个心理活动都笼罩着迅速而突变的色彩。优点是一旦认准目标，就希望尽快实现，遇到困难不折不挠，往往富有冒险和开拓精神，但学习和工作带有明显的周期性特点，能以极大的热情和旺盛的精力投入学习和工作，一旦精力消耗殆尽时，又会失去信心，情绪顿时转为沮丧而心灰意冷。

（2）多血质

心理学家把类似于燕青、王熙凤等人的气质，叫做多血质。具有这种气质的人显得乖巧伶俐，富有朝气，情绪丰富而外露，喜怒哀乐皆形于色。多血质的人喜欢并且善于跟人交往，他们的语言表达能力强而且富有感染力，思维灵活且行动敏捷，对各种环境都能很快适应，可塑性也很强。活泼、好动、乐观、灵活是他们的优点，弱点则是缺乏耐心和毅力，稳定性差，容易见异思迁。这类大学生因为性情活泼善于交际，在新的群体生活中很快就会有不少朋友，面对各种挫折常能机智地摆脱困境，在学习和其他活动中肯动脑、主意多，常表现出较强的学习能力和办事效率。但是这些同学虽然兴趣广泛却缺乏毅力，所以又经常显得过于浮躁，很多事情都是浅尝辄止，不能充分发挥出自己的潜力。

（3）黏液质

心理学家把类似于林冲的气质，叫做黏液质。黏液质的人安静、稳重，反应缓慢，沉默寡言，情绪不易外露，注意力稳定难以转移，做事情特别有耐心。凡事深思熟虑，力求稳妥，一般不做无把握的事情，在各种情况下都表现出较强的自我克制能力；他们外柔内刚、沉静多思，不愿流露内心的真情实感；在与人交往时，不太积极主动，一般朋友少但知心朋友多。这种大学生在学习上接受慢，但基础却很扎实，是踏踏实实在学习。学习、工作有板有眼地严格恪守既定的生活秩序和制度。但过于拘谨，不善于随机应变，固定性有余而灵活性不足，有墨守成规、因循守旧的表现。

（4）抑郁质

心理学家把类似于林黛玉的气质，叫做抑郁质。抑郁质的人性情孤僻、行动迟缓，情感体验深刻，善于觉察别人不易觉察到的细小事物。这类大学生在生理上难以忍受或大或小的神经紧张，厌恶那些强烈刺激；他们的感情细腻而脆弱，常为区区小事引起情绪波动；自己心里有话，宁愿自己品味，不愿向别人倾诉；喜欢独处，与人交往时显得腼腆、扭捏；遇事三思而行，求稳不求快，对力所能及的工作能认真负责地完成。在学习、工作一段时间后，常比别人更易感到疲倦。在困难面前常怯懦和优柔寡断。

气质本身无优劣之分，任何一种气质都有其积极和消极的方面，而且气质中的优缺点，往往是同一特点在不同方面的表现。大学生要正确对待自己的气质类型，经常有意识地控制自己气质的消极品质，发扬积极品质，以形成良好的个性。另外，典型或者说单一气质的人并不常见，大多数人是多种气质的混合体，主要看哪种气质占主导性地位。

【心理词典】

性　格

性格是一个人对现实稳定的态度，以及与之相适应的习惯化了的行为方式的总和，是个性心理特征中最核心的内容。它决定个人的活动方向，是一个人区别于他人的最主要特征。你对生活的态度是乐观还是绝望，对朋友是关心还是冷漠，对自己是谦虚还是自傲，都是对现实不同的态度。在这种态度驱使下，我们形成一种习惯化的稳定行为方式。

（1）性格的结构

性格受先天遗传和后天环境的影响，主要通过四个大的方面表现出来。

第一，性格的态度特征。人们对自己、他人、集体、事物有各自不同的态度，这些态度上的差异会直接影响他们的为人处世，如爱祖国、爱集体、助人为乐、诚实、正直、勤奋、负责；或对社会、集体漠不关心，待人虚伪、狡诈，懒惰，不负责等。

第二，性格的意志特征。意志是一种设定行为目标，自觉地调节自己，努力克服困难，达到目标的心理品质。意志特征是性格结构的一个重要侧面，它是一个人在控制和调节自己的行为方式时表现出来的。性格的意志特征表现在自觉性、果断性、坚定性和自制性方面。如顽强拼搏、当机立断。一个人的性格是坚强或脆弱，是根据意志特征来评判的。

第三，性格的情绪特征。情绪是人们对客观现实态度的一种主观体验。当人对不同的事物产生不同的态度时，在他的内心世界中会产生肯定或否定的体验。每个人都有其稳定而独特的情绪活动方式，这些就构成了性格的情绪特征。

第四，性格的理智特征。人们在感知、记忆、思维、想象等方面的差异，就是性格的理智特征。如有的人擅长分析，有的人擅长归纳，有的人程序性记忆能力很强，有的人陈述性记忆能力很强，有的人思路广阔、想象丰富、点子多，有的人思路明确，办法不多却有效。

（2）性格的分类

从不同角度可以对性格类型做出不同的划分。由于性格这一心理现象极为复杂，至今没有一个公认的分类标准。下面简单介绍一些具有代表性的性格类型学说。

按照知、怀、意在性格中的表现程度，人可以分为理智型、情绪型和意志型三种。理智型的人以理智支配自己的行动；情绪型的人情绪体验深刻，言行容易受情绪左右；意志型的人具有较明确的目标，行为主动。

按照个体的心理倾向，著名心理学家荣格把人分为外倾型和内倾型。外倾型的人心理活动倾向于外部，活泼开朗，善于交际，感情易于外露，处事不拘小节，独立性较强，但有时粗心、轻率；内倾型的人心理活动倾向于内部，一般表现为感情含蓄、处事谨慎、自制力强、交往面窄，适应环境比较困难。

（三）人格的特征

1. 人格的整体性和独特性

人格的整体性是指组成人格的各种心理特征，如能力、气质、性格、情感、意志、认知、需要、动机、态度、价值观等，并不是孤立存在的，而是密切联系，综合成一个有机组织。

人格的独特性是指人与人之间的心理与行为的差异性。如有人热情开朗，有人文静内向；有人直率坦诚，有人含蓄敏感，有人顽强果断、有人优柔寡断；有人乐于助人，有人恃强凌弱。在日常生活中，我们随时随地都可以观察每个人的行动不同于他人，每个人各有其能力、爱好、认知方式和价值观。

2. 人格的稳定性和可塑性

由各种心理特征构成的人格结构是比较稳定的，它对人的行为影响是连贯的，不受时间和地点的限制。例如，一个外向的学生不仅在学校里善于交际，在校外活动中也喜欢交朋友，不仅在中学时如此，在大学也是如此。而那些在行为中偶尔表现出来的，属于一时性的心理特性不能称其为人格特征。如一个性格内向的学生偶尔因为遇到高兴的事，而一时特别健谈，这并不能代表他具有活泼好动的性格特征。

但人格的稳定性也是相对的，并不是一成不变的，它同时具有可塑性。人格是在主客观条件相互作用的过程中慢慢发展起来的，同时又在主客观条件作用下发生变化。

3. 人格的社会性和生物性

人格的形成和发展，既有生物因素的作用，也有社会因素的作用。但生物因素只给人格的发展提供了可能性，社会因素才使这种可能性转化为现实。人在社会交往中逐渐形成和发展了自己的个性。

二、当代大学生的人格特征

（一）当代大学生健康人格特征

大学生正处于人生立志、修德、求知的成长阶段，是面向未来的社会群体，是传承文化科学知识的主体，是我国社会主义现代化建设事业的新生力量。具有健康人格是大学生成才的基础，加强对大学生健康人格的培养，无疑是一项具有深远意义的重大战略任务。当代大学生健康人格应具备如下特征。

首先是接纳自我，乐于接受一切属于自己的东西，对遭遇的坎坷和挫折持有积极的心态和看法。其次是了解自我，对自己的优势强项和短处不足了如指掌，知道如何看待自己同别人之间的差距差别。最后是完善自我，有明确的奋斗目标并为之不懈努力。

（二）当代大学生的人格缺陷特征及类型

1. 当代大学生人格缺陷的主要特征

人格缺陷即人格障碍，是一种人格在结构和发展上明显偏离正常状态，出现心理社会功能异变，以致不能适应正常的社会生活。同时还存在着与市场经济不适应，与知识经济社会改革发展不相适应的人格缺陷。当代大学生存在的人格缺陷主要有以下特征。

（1）依附性。表现为一些大学生缺乏独立竞争意识和进取创业精神，对市场经济和社会活动存在畏惧心理，他们渴望获得一条看得见、摸得着的人生“安全带”，即理想的职业、稳定的收入、安静的生活、广泛的保障等。

（2）功利性。其具体表现是：在个人与社会关系上，有些大学生以个体自我的价值实现作为其社会行为的核心，注重个人需要和利益的满足；在物质和精神的关系上，有些大学生更多地注重物质的追求，把物质或者金钱作为衡量一个人价值的标准；在奉献与索取的关系上，有些大学生认为，人们努力所争取的一切都同他们的个人利益息息相关，个人奉献与社会索取是等价的；还有一些大学生在价值取向上过于急功近利，创业精神不强，敬业精神不够，缺乏科学理想和社会责任感。

（3）困惑性。主要是指有些大学生由于对社会环境的不适应而引起的心理矛盾。众多调查表明，目前大学生的心理问题突出表现在：环境不适所引发的心理问题；学习压力和竞争压力所产生的心理焦虑；由于不能正确认识自我，经受不起批评和失败导致的心理扭曲；由新观念迅速变化所引发的心理纠葛；由人际关系不协调所引发的心理障碍；由于失恋而引发的心理冲动和敌意仇恨等。同时，多元化文化冲击和多样化选择的机会与价值迷失、选择能力弱化将会进一步加剧这些心理矛盾。

（4）强迫性。主要是指有些大学生由于没有道德愉快而产生的人格缺陷。其特征是强烈的自制心和自我约束，以过高地完美标准苛求自己。主要表现在由于缺乏道德愉快，而心理十分自卑；极力追求别人的赞许，造成内心高度紧张；高度的紧张使自己丧失自信，产生怀疑，造成不确定感；行动上主观武断、思想固执、虚荣狭隘，生活作风仪式化；特别爱面子、争强好胜，同时又特别谨小慎微、克己待人，按别人的好恶标准进行取舍，有不安全感，害怕说错话、做错事。

2. 人格缺陷类型

与其他心理障碍是后天形成的不同，人格障碍是与生俱来的。其他心理障碍在个体成长发育的最初阶段并不存在，而是后来受到内部或外部刺激的影响，出现或演变成的。人格障碍是个体首先在先天遗传方面就具备一些特殊的状况，在后天环境的诱导或刺激下，逐渐或突然展现出一些源于自身的、相对较难改变的、怪异的认知和行为方式。根据美国心理协会编制的《心理障碍诊断与统计手册》，人格障碍主要有以下 9 种。

（1）偏执型人格障碍。偏执型人格障碍的核心特征是极度敏感。每个人都会在一些特定的情境、对一些特殊的人感到怀疑，并且常常有充分的理由；也可能会出现怀疑错误的情况，但是当问题解决或认识到自己的问题之后，能够消除猜疑并自省。被诊断为偏执型人格障碍的个体则几乎对所有的情境和所有的人都会产生怀疑，而且是在没有充分理由的情况下。当有人提出或证明他们所猜疑的内容不存在证据或不合理的时候，他们往往会进而猜疑那些给他们带来证据和质疑的人，认为对方是在反对他。

这种态度严重削弱了认知功能。被诊断为偏执型人格障碍的个体会不断地在环境中搜集支持他们猜疑的证据，当然也会不断地找到这种证据。例如，有人会不断地猜疑那些随意进行交谈的人是在密谋反对自己。“杯弓蛇影”这个成语说的就是类似的现象，这种猜疑对情绪同样有负面的影响，妨碍了爱和友谊。偏执型人格的个体通常朋友很少，他们可能会有一个同盟者，并且是一个处于从属地位的人。不过，他们最终也会开始怀疑那个人，他们总是吹毛求疵、固执且有控制欲，常常会卷入敌对的状态。尽管他们有这么多的问题，不过他们很少会进行心理咨询或治疗，因为他们始终认为自己的问题是外在的，根本意识不到自己的问题。如果个体进一步出现严重的能力丧失，产生听觉幻觉等症状，无法应对现实生活，那么可能发展为偏执型精神分裂症或妄想症，属于精神疾病。

大学生活中，一些同学也会出现类似“杯弓蛇影”的心病。例如，看到一些同学见到自己后立即结束谈话，就会在心里产生疑问，担心别人说自己的坏话或者自己得罪了别人。从咨询的案例来看，这种现象往往与这些同学短期内自信心下降且自尊心较强有关，并不能诊断为偏执型人格障碍。随着学习和生活中自信心的提高、误会的消除，这些同学的过度敏感会逐渐回归到一个合理的范围内。

（2）分裂型人格障碍与分裂样人格障碍。分裂型人格障碍的患者会表现出古怪的言谈、行为、思维、感知，但这种古怪性尚不足以诊断一个人患有精神分裂症。例如，讲话可能是天马行空式的，并且内容没有实际联系，或者报告一些不断出现的错觉。分裂型人格障碍的个体也可能会出现奇幻思维，会说他们能够预测未来，能够读懂他人的思想。他们常常会在儿童期有过因为自己的特殊行为遭到嘲弄和排斥的经历。研究发现，分裂型人格障碍可能由于遗传或其他原因有患精神分裂症的风险，而分裂样人格障碍则风险较小。

分裂型人格障碍的核心特征是与社会分离相关的情绪问题。分裂型人格障碍的个体似乎对与人建立联系很少或几乎没有兴趣，在与人接触的过程中也很少体验到一般人在社会活动中会有的情绪，如温暖、愉快、失望、痛苦。他们似乎也很少从一个人的活动中找到快乐。最严重的情况是，他们完全没有体验积极情绪的能力。在人际方面，他们常常会说自己有朋友，但这只是表面现象。他们会努力交朋友，但往往会因为自己不能表现出预期的热情、不能情绪投入而失败。这些表现与孤独症患者类似，但是如果他们的工作要求其与社会接触很少，那么他们会表现得比较成功。

大学阶段，同学来自五湖四海。相处一段时间，就会发现同学之间存在多样的价值观和行为方式。难免有个别同学的想法和行为与大多数人不同，看起来有些古怪。实际上，个别大学生的古怪想法和行为可能与他们独特的生活经历和人生体验有关。同学之间需要多交流，了解他们的成长背景，合理地理解他们行为的意义和原因。

（3）攻击型人格障碍。攻击型人格障碍的核心特征是掠夺性，有五个判断依据。一是在青少年期之前开始并且在成年期继续违法或有社会不支持行为的历史。其中，青春期的表现比较明显，例如，逃学、盗窃、行为不良。二是在工作、家庭、情感和经济方面没有表现出忠诚和责任感。他们往往缺乏持久性和义务感，会抛弃工作、孩子、配偶和债权人。三是易怒性和攻击性。他们常常容易被激怒，对亲近的人进行虐待。四是鲁莽和冲动的行为。他们往往没有计划，会采取毫无目标、寻求刺激的方式。五是漠视真理。他们常常容易撒谎。

这种人格障碍比较常见，往往与变态或犯罪行为有关。对于二者之间关系的认识，研究者一直处于讨论和研究之中。二者之间存在一定的重叠之处，但是有本质的差异。一个表现出反社会行为的个体，是一个罪犯还是一个心理病患者，目前还处于争论之中。

与中小学相比，大学生中攻击性行为的发生频率相对较低，攻击性较多表现为言语攻击和帮派对立。相对而言，男生的攻击性行为相对较多，女生的攻击性行为相对较少。在某些情境中，攻击性行为的出现是合理的，甚至是必要的。有些个体的攻击行为并没有实质性的目的和意义，只是一种情绪的宣泄，让自己感到痛快。攻击型人格障碍的个体往往在气质类型上表现出非抑制性倾向，更重要的是后天受到的教育可能加剧了这种倾向性的发展。

（4）边缘型人格障碍。边缘型人格障碍有四个基本特征。一是难以建立稳固的自我统一性。无法确定自我，依赖与他人之间的关系来获得自我认同。二是不信任。他们在依赖他人的同时也会猜疑对方，并且预期自己会被抛弃或受到伤害。三是冲动的或自我毁灭性的行为。他们的行为都是冲动的、不可预测的。当他们要摆脱某种东西时，会采取自我毁灭行为，如自杀。四是难以控制负面情绪。这个特点非常突出。他们持续存在于情绪危机之中，主要是悲伤和愤怒。

一些研究者认为，边缘型人格障碍是抑郁的一种形式。但是有证据表明，边缘型人格障碍的个体表现出的抑郁和其他患者的抑郁存在本质的差异，前者更加自责、空虚、害怕被抛弃。抑郁也不是边缘型人格障碍个体情绪失调的唯一形式，焦虑症状也很常见。边缘型人格障碍个体的一个突出特点是存在高度的行为风险性，包括自杀、自我损伤、药物滥用等问题。因此，他们更有可能需要精神类药物治疗，而且治疗难度较大。

根据艾里克森的心理发展阶段论，大学阶段是个体自我统一性发展的关键时期，自我认同混乱是这一时期青少年常见的心理问题。自我评价较高、自我评价与他人评价之间出现差异、现实的我与理想的我之间存在差距等，这些都是普通青少年有可能面对的问题。关键在于自己是否能够理性地分析、接纳自己，做出相应的调整和改变。边缘型人格障碍的问题在于多种问题症状叠加在一起，彼此之间又相互影响。而这种情况在正常的大学生群体中还是比较少见的。

（5）表演型人格障碍。表演型人格障碍的本质特征是夸张的情绪表现。这种情绪表现明显具有操纵性，以吸引注意和同情为目标。例如，看电影时悲伤得无法自持，以至于不得不由同伴陪送回家，从而破坏了同伴的美好夜晚。对于他们来说，认为自己是敏感的；对于他人来说，在第一印象逐渐衰减之后，他们通常显得浅薄和虚伪。因此，他们的人际关系通常很脆弱。起初，他们会非常热情并表现自己的关爱。一旦友谊建立，他们的要求很快就变得令人难以忍受，一般只是索取而不给予。同样，研究也发现表演型人格障碍的女性通常在身体上更具吸引力，而且有更好的社会支持网络，但是她们在社会适应方面也具有更多的问题。对此，她们更多采用消极的行为策略，如威胁或极端情绪表现，较少运用成熟的防御机制。

夸张的行为举止确实会吸引别人的目光，在人际交往中也可以成为一种有效的交往策略。观察一下周围那些擅长社交的同学，是不是都会有一些夸张的行为和表情？他们中的很多人都在掩饰自己的不愉快和真实想法，也可以被看做是一种“撒谎”。而且越是受欢迎的人，他们的“演技”可能越是高超。一些存在社交问题的大学生可以尝试学习和运用这种策略，提高自己在与人初次交往中的受欢迎程度。然而，那些在正常人眼里非常夸张的行为可能在被诊断为表演型人格障碍的个体身上表现得非常流畅，他们丝毫不会觉得自己很夸张。

（6）自恋型人格障碍。自恋型人格障碍的本质特征是过度的自我重要感，时常伴有阵发性的自卑。自恋型人格障碍的个体喜欢吹嘘自己的天资和成就，预言自己会取得巨大的成功，希望从他人那里获得关注和奉承。同时，他们的自恋常常伴有非常脆弱的自尊，不断地检验别人对自己的印象，对批评做出愤怒和失望的反应。

自恋型人格障碍的个体难以获得友谊和爱。他们会对别人要求很多，而自己对他人的回报又很少，极度缺乏同情。他们会根据能够获得什么来选择朋友，对朋友的感情通常都在理想化和蔑视这两极之间转换，取决于朋友的恭维程度。精神分析理论认为，这种人格障碍是为了补偿儿童早期从父母那里获得的情感和认可的不足。社会学习理论则认为，这种障碍是由于父母夸大了孩子的才能，让孩子产生了一些不切实际的预期。

自恋型人格障碍与表演型人格障碍似乎很相似，但实质上存在根本的不同。自恋型人格障碍的个体关注的是赞赏，表演型人格障碍的个体想要的是关注，尽管表面上看自恋型人格障碍的个体有时会表现出戏剧性的无助，但自恋型人格障碍的个体会表现得过于骄傲，从而掩盖了上述的实质性内容。自恋型人格障碍与攻击型人格障碍也有一些相似之处，根本上也有不同之处。自恋型人格障碍的个体具有夸大的自我意象，在人际关系方面容易采取冒险行为。同时他们更加强调自己的独特性和出众的天分。

与以往的大学生相比，80 后、90 后的大学生更加关注自我，这是社会发展和时代特征的体现。他们凡事都会强调“我”，体现了社会对个体的关注和重视，但这并不意味着“以自我为中心”是一个可以忽略的教育问题。自恋型的大学生常常会自视清高，希望吸引老师和同学的目光，对他人要求极高。而一个人社会化发展的最根本目的就是要“去自我中心”。80 后和 90 后的大学生们，需要学会了解“我”以及处理好“我”与他人的关系。

【心理词典】

自　恋

自恋，是自己对自己过分自信、过分自满的一种陶醉入恋的心理表现。如果没到极端的情况，自恋被视为健康心理的重要元素。在心理学和精神分析学上，过度的自恋可以变成病态，或者会有严重人格分裂的表现，如自恋人格分裂。

自恋一词在英文中源自古希腊神话美少年纳喀索斯的故事。美少年纳喀索斯有一天在水中发现了自己的影子，然而却不知那就是他本人，从此以后他对自己的影子爱慕不已、难以自拔，终于有一天为此坠入河中化为水仙花。后来心理学家便把自爱成疾的这种病症，称为自恋症或水仙花症。

（7）回避型人格障碍。回避型人格障碍的典型特征是社交退缩。他们不是因为不愿意与人接近，而是害怕遭到拒绝，与他们对遭到拒绝、不被赞同、感到耻辱的可能性比较敏感有关。因此，他们在交友方面特别困难。他们常常会因为自己在社交中的失败而感到生气。他们也可能在社交技巧较少的工作中取得成功。

回避型人格障碍与社交恐怖症之间有着密切的联系，通常是以个体症状的弥散程度和长期程度为基础进行区分的。后者症状更严重，持续时间更长。另外，社交恐怖症与一些特定情境有关，在一定情境下可以得到一定程度的缓解。而回避型人格障碍则会影响每天的生活。

在人际关系敏感的大学生中，有一部分个体的孤独感是社交退缩的结果。他们渴望与人交往，又害怕与人交往。在归因上，往往将自己的问题归结为外部环境的原因，即周围同学人情冷漠，缺乏对他人的真诚和关心。实际上，他们很少主动与人接触，并且严重缺乏社交策略和技巧。还有一些大学生不重视交往，关心的只是学习或兴趣，喜欢一个人独处，特别是呆在家里，也就是所谓的“宅男”、“宅女”。

（8）依赖型人格障碍。依赖型人格障碍的核心特征是对他人的依赖。由于害怕或者不能自己做出决策，依赖型人格障碍的个体会希望其他人替他做决定。自我抹杀背后是对被抛弃的恐惧。这种被动性会恶性循环。他们越是依赖别人，越会感到无助，这种无助感又使他们更加依赖别人。

与边缘型人格障碍相比，依赖型人格障碍的个体功能丧失得并不太严重，一般不会做出不计后果或自我毁灭的行为。他们能够在一段稳定的人际关系中寻找安宁，但是一旦发现感到空虚，他们的应激反应可能会更严重。实际上，依赖常常是人类社会生活的一个正常且期望的特质。成熟的依赖有助于建立积极的人际关系，获得他人的帮助，并提高他们为他人提供帮助的能力和支持意愿。

依赖性较强常常被视为女大学生或年龄偏小的大学生的心理特点。这类学生常常依赖父母或老师来解决问题，也有的愿意“黏”同学；自己不会拿主意，无法做出决策，或者干脆回避决策，表现为缺乏责任感。

（9）强迫型人格障碍。强迫型人格障碍的核心特征是过于追求秩序、完美和控制。强迫型人格障碍的个体常常会把时间花在让他们变得有效的过程中，但是并不做什么实质性的重要事情。他们与人交往比较呆板、正式，很多事情让他们感受不到真正的快乐。

强迫型人格障碍与强迫症是不同的。在人格障碍中，强迫症不仅限于单一奇怪行为的重复，而是更具弥散性。而且，强迫症患者不一定会表现出强迫型人格障碍。强迫型人格障碍的个体，在工作中追求完美，常常事业很成功，但是牺牲了自己的个人生活。

在成绩排名总是名列前茅的大学生中，特别容易出现“追求完美”的想法。他们往往在学习、社团工作和生活方面表现得相当优秀，即使得到相当大的肯定，也会因为其中的一点失误或达不到自己的预期目标而感到懊恼和自责；想把每件事情都做好，却常因为理想和现实的差距造成的心理失衡而苦恼、情绪低落，甚至放弃学业。

将上述人格障碍的临床表现与实际生活中我们的心理或行为加以对照，似乎每个人身上都会有这样或那样的问题，实际并非如此。那么，如何判断人格是否异常呢？第一，行为是否古怪。这是一种主观判断，但是与行为发生的情境有着密切的关系。例如，在院子里给草坪浇水，是很正常的行为；在暴风雨降临的时候在院子里给草坪浇水，就不是正常的行为。第二，古怪行为的持续性。每个人都有可能偶尔会表现出不正常的行为。如果一个人经常表现出一些异常行为，就可能存在精神问题。例如，因为考上了理想的大学而在街道上手舞足蹈，这是正常的行为；但是天天在街道上手舞足蹈，就不是正常的行为。第三，是否存在社会偏差。如果一个人的行为违反了人们的期望和标准，甚至打扰了其他人，就被认为是行为异常。例如，给别人送了一个绿帽子，这种行为可能被理解为一种攻击性行为。第四，是否存在主观痛苦。如果一个人对自己的古怪行为没有感到难受或者不舒服，那么他的行为可能是有原因的、合理的。例如，一个人在人群中感到很不自在、非常焦虑，回到家中感到无比轻松、心情平静，那么他的社交行为带来的就是一种痛苦，说明他的人际交往可能存在问题。第五，是否出现心理障碍。如果一个人发现由于心理问题，无法满意地生活，这就可能存在心理障碍。例如，一个人遭到了别人严厉的拒绝，以后他就再也不敢请求他人的帮助了。这就是“一朝被蛇咬，十年怕井绳”的心态。第六，是否对功能产生影响。如果一个人的不同寻常的行为影响了正常的生活和学习，就是异常行为。例如，普通人也会猜疑别人的想法，如果这种猜疑到了无处不在的程度，那么这种心态就超出了正常的范围。

三、大学生人格自我健全的方法

（一）树立进取的人生观，建立适度的奋斗目标

为理想而奋斗，不断进取的人生观，会令生活充满意义和价值。人总是要有所追求的。有所追求，思想感情就有所依托，心胸就会变得豁达，即使生活中遇到坎坷和曲折，也能坦然面对。此外，人在建立事业的过程中，还应学会从工作中得到慰藉，使工作过程成为趣味无穷的历程，成为自身随时提供享受和欣赏的源泉。著名物理学家李政道在一次审阅记者的采访稿时，发现了一个小标题：“终日计算、冥思苦想。”他毫不犹豫地将“苦”字圈掉，事后他对记者解释到：“投身物理学研究，无苦可言。”一个人若能在人生态度这一基本点上树立进取的人生观，就会以一种乐观的姿态来面对生活，这就为人格健全打下了良好的基础。如果不思进取，就会陷入无聊的生命浑噩之中，甚至产生人格障碍。

然而，要奋斗就必须有目标，目标必须以个人实际情况而定。每个人的能力都有一定的限度，都具有不同的优势和劣势。一个人格健全的人应该能对自己的能力做出客观评价，从而确定出适合自己的恰当的追求目标。在这个获得成功的过程中，个人需要得到满足，个人价值得到体现，自己的信心得以巩固和增强，并能使自己的心理机能处于良好的竞技状态。相反，如果一个人不能客观地估计自己的能力范围，仅凭良好的愿望和热情盲目地制定宏伟目标，结果往往是希望落空，心理蒙受打击，产生挫折体验。这样一来，不仅白白浪费了精力和时光，也给自信和心境造成不良影响。

（二）善于悦纳自己

悦纳自己必先了解自己，有自知之明，对自己的各方面有一个客观、全面的评价。在此基础上学会接受自己，对自己不提出苛刻、非分的期望和要求，对自己的生活目标和理想也能定得实际，因而对自己总是满意的。同时努力发挥和发展自己的优势、潜能，即使对于自己无法弥补的缺陷，也能泰然处之。总之，要使“理想自我”和“现实自我”尽可能靠近，进而愉快地接受现实中的“我”。青年人都有强烈的自尊，而真正的自尊，并非是企求获得一个社会普遍赞许的形象，而是对自己本来就有的人格、个性和能力的尊重。

在这个问题上，特别要注意防止过分追求完美的倾向。过分追求完美常常表现在两个方面：一是对自己提出过高要求，离开了自己的实际情况，从而使自己的“完美期望”受到挫折，增加了适应的困难；二是对自己苛求，希望自己完美无缺，对自己“不完美”的地方过分看重，甚至把人人都会出现的、人人都会遇到的问题看成是自己“不完美”的表

现，从而影响了自己的情绪和自信心。应该承认，每个人都希望自己是完美的，也不同程度地追求完美，这是人类健康向上的本能力量。但在追求完美的过程中如果对自己要求过分严格，不允许自己有一点“不完美”的表现，就很容易带来适应的障碍。从心理学的角度来说，一个良好的、可接受的自我形象，是维护人格健康的因素。

【哲理故事】

放下你自己

一位旅行者在经过险峻的悬崖时，一不小心掉落山谷。情急之下他抓住崖壁下的树枝，紧紧地闭着眼睛，开始祈求慈悲佛陀的营救。

这时佛陀出现了，朗朗道：“松开手，放下你自己。”旅行者：“把手一放，我势必粉身碎骨。”旅行者这时反而更抓紧树枝，不肯放下。

佛陀说：“既然你不愿意放下自己，那就抓着吧，看有没有人来救你。”说完消失了。行者心里正埋怨佛陀不救自己，忽然听见身下有人喊道：“哎，你待这儿干什么呢?”

旅行者惊慌中睁开眼向下一看，脚下站着一个牧羊人，自己离地上的距离还不足一米。

人生路上，你的态度、想法、观念、心情就是你自己的世界地图。无论置身何种境地，你的心态越是平静，越是能捕捉到更多信息。

（三）扩大社会交往，建立良好的人际关系

几乎所有的人都有亲近别人的合群需要、与人沟通的交往需要。他们渴望别人的关心和帮助、支持和合作、友谊和爱情，同时还愿意在感情上将自己归属于一定的群体，和群体保持有意义的联系，并得到群体的认同、接受，从而增进彼此思想的交流，从中吸取力量，在心理上产生一种归属感。同样，生活在大学生群体中的青年，通过社会交往，特别是和志趣相投的朋友和同学一起进行思想沟通和感情交流，就能从中得到启发、疏导和帮助，从而增进了解、开阔心胸，增强生活、学习的信心和力量，最大限度地减少心理刺激和心理危机感。

根据现代疾病的“生物—心理—社会”医学模式，一个人之所以产生情感障碍和情感危机，除了由于生理机制等生物学变因、个体的人格特质对情境的主观认识等心理学变因外，还取决于个体与环境的相互关系，特别是能否通过积极主动的交往，建立和保持与社会群体间的和谐融洽的关系，从而获得来自群体的心理支援。一个离群索居、孤芳自赏的人是不能达到心理健康的。美国社会心理学家沙赫做过这样一个实验：他以每小时 15 美元的酬金聘请五人各自到一间与外界隔绝的小房子里去住，其中一个在小房子里只待了两个小时就出来了，三个人待了两天，一个人待了八天。这个待了八天的人出来后说：“如果在里面再多待一分钟，我就要发疯了。”心理学的研究发现，长期脱离社会群体而处于隔绝状态的人，由于得不到群体的心理支援，其心理调适功能会逐渐退化，社会适应能力也更加迟缓、匮乏，甚至会出现人格障碍，最终导致全面的精神崩溃。

（四）建立良好的情绪调控机制

由于情绪活动和人格状态关系密切，因此，控制和调节情绪状态对于人格健全和心理健康影响很大。稳定而良好的情绪状态，使人心情开朗、轻松、安定和精力充沛，对生活

充满乐趣和信心，对身体状态的感受也是良好的、舒适的。相反，如果一个人情绪不稳、患得患失、喜怒无常，处于不良的情绪状态之中，而自己又不会调节和控制，就会导致心理失衡和心理危机，久而久之会导致人格变态。

保持乐观的生活态度，是稳定情绪的基础。乐观的人习惯于从光明面去看问题，对生活和前途充满希望和信心。他们性格开朗、敢于面对现实，接受现实的挑战，不逃避、不畏缩，遇到挫折能采取有效的积极的态度去应对，努力进取，永不失望。乐观的人一般还善于运用幽默来丰富生活，缓解焦虑，愉悦心身。

保持适度的紧张状态是人格健全的重要条件。人们之所以喜欢看惊险镜头，喜欢从事冒险活动，喜欢进行各种体力和脑力竞赛，喜欢一些新奇的信息，是因为这些活动可以提供刺激使情绪适度紧张。适度的紧张不仅可以使人们的生活富有节奏和情趣，而且能发挥潜能，使身心达到高效率状态，从而获得较高层次的身心和谐和健康的人格结构。松松垮垮、缺乏紧迫感的生活极易导致无聊、抑郁等负面情绪，而持续超负荷的紧张同样不利于人格健康。因此，关键的问题是“适度”。

幸福能力培养

技　能　篇

【百度知道】

Q：我家里的经济条件十分有限，碍于面子更不愿把真实情况和同学或老师倾诉。长期以来，我的性格变得非常内向，不愿意与人打交道。我该怎么办？

A：第一，用积极客观的态度正视困境。家庭经济困难造成一种逆境，逆境也有双重性：一方面，它确实给学习、生活造成困难，容易烦心、分心，产生自卑心理；另一方面，逆境能使我们更清楚地认识社会，认识人生，增强使命感，可以磨砺意志，增长自立自强的本领。

第二，自己看得起自己，别人才有理由看得起你。正确看待穷，“穷”不是弱点、缺点，更不是错误，只是一种状度。要让别人看得起自己，首先要自己看得起自己。

第三，消除顾虑，真诚沟通。以真诚换真诚，把自己的真实情况坦率地告诉同学、老师，打开自己封闭的心灵。

第四，改变你能改变的，接受你不能改变的。可以适当地参加勤工助学活动，既磨炼自己、锻炼能力，也可适当缓解和改变经济困难的情况，或者暂时接受困难状态，努力学习，争取获得奖学金。

【幸福处方】

人格障碍的自我矫正方法

人格障碍的矫正虽然有一定的难度，但也不是什么“不治之症”。在临床实践中发现，有相当一部分人格障碍者，在精神科医生和心理学家的指导下，通过自身的努力，在可能的限度内，在人格障碍的矫正方面取得了令人满意的效果。下面简要介绍几种人格障碍自我矫正的方法。

(1) 反向观念法。人格障碍者大多伴随有认识歪曲现象，反向观念法即是改造认识歪曲的一种有效方法。反向观念法是指自己主动与自己原有的不良自我观念唱反调，原来是以自我为中心，现在则应逐渐放弃自我中心，学习设身处地为他人着想；原来爱走极端，现在则学习多方位考察问题，来点中庸；原来喜欢超规则化，现在则应偶尔放松一下，学习无规则地自由行事。采用反向观念法克服缺点的要点是：先对自己的错误观念进行分析，然后提醒自己，几天一次或一星期一次，也可以在心情不好或遭挫折之时进行。认识上的错误往往被内化成无意识的，通过上述自我分析，就可把无意识的东西上升到有意识的自觉层次，这有助于发现和改进自己的不良人格状态。

(2) 习惯纠正法。人格障碍者的许多行为已成为一种习惯，破除这些不良的习惯有利于人格障碍的矫正。以依赖型人格为例，实施这种方法有三个要点：一是清查自己的行为有哪些事是习惯地依赖别人去做，有哪些事是自作决定的，可以每天做记录，记录一个星期。二是将自主意识很强的事归纳在一起，如果做了，则当做一件值得庆贺的事，以后遇到同类情况应坚持做；如果没做，以后遇到同类情况则应要求自己去做。而对自我意识差、没有按自己意愿完成的事，自己提出改进的想法，并在以后的行动中逐步实施。例如，在制订某项计划时，你听从了朋友的意见，但你对这些意见并不欣赏，便应把自己不欣赏的理由说出来，这样，在计划中便渗透了你自己的意见，随着你的意见的增多，你便能从依赖别人意见逐步转为完全自主决定。三是找一个你信赖的人做监督者，并与监督者订立双边协议，当你有良好表现时，予以奖励；当你违约时，予以惩罚。

(3) 行为禁止法。对于人格障碍者的许多不良行为，可以采取该种方法。例如，一个偏执型人格障碍的人当对一件事忍无可忍而将要发作时，你对自己默念如下指令："我必须克制住自己的反击行为，我至少要忍十分钟。我的反击行为是过分的，在这十分钟内，让我当即分析一下有什么非理性观念在作怪。"采取这种方法后不久，你就会发现，每次你认为怒不可遏的事，只要忍上几分钟，用理性观念加以分析，怒气便会随之消减。不少你认定极具威胁的事，在忍耐了几分钟后，你会发现灾难并未降临，不过是自己的一种无谓担忧罢了。

(4) 情绪调整法。人格障碍者多伴有情绪障碍。例如，戏剧型人格的情绪表达太过分，旁人无法接受。采用此法首先要做到的便是向你的亲朋好友做一番调查，听听他们对你的看法。对他人提出的看法，你应持全盘接受的态度，千万不要反驳，然后你扪心自问一下，上述情绪表现哪些是有意识的，哪些是无意识的；哪些是别人喜欢的，哪些是别人讨厌的。对别人讨厌的坚决予以改进，对别人喜欢的则在表现强度上力求适中。对无意识的表现，你将其写下来，放在醒目处，不时地自我提醒。此外，请你的好友在关键时刻提醒一下，或在事后对自己的表现做评价，然后从中体会自己情绪表达的过火之处。这样坚持下去，你的情绪表达就会越来越得体和自然了。

【感动人物】

史蒂夫·乔布斯：把每一天当做生命的终点

史蒂夫·乔布斯，美国苹果公司联合创办人和行政总裁。1976年乔布斯和朋友成立苹果电脑公司，他陪伴了苹果公司数十年的起落与复兴，深刻地改变了现代通信、娱乐乃至生活的方式。2011年乔布斯因病逝世，享年56岁。乔布斯是改变世界的天才，他凭敏锐的触觉和过人的智慧，勇于变革，不断创新，引领全球资讯科技和电子产品的潮流，把计算机和电子产品变得简约化、平民化，让电子产品变为现代人生活的一部分。同时，他鲜明的个人魅力，也为他成为21世纪最为耀眼的传奇人物奠定了基础。以下是乔布斯在2005年斯坦福大学毕业典礼上的一段演讲。

在17岁那年，我读过一句格言："如果你把每一天都当成生命里的最后一天，你将在这一天发现，原来一切皆在掌握之中。"这句话从读到之日起，就对我产生了深远的影响。在过去33年里，我每天早晨都对着镜子问自己："如果今天是我生命的最后一天，我还愿意做我今天原本应该做的事情吗？"当一连好多天答案都是否定的时候，我就知道，做出改变的时刻到了。

大约一年前，我被诊断出癌症。在早晨7：30我做了一个检查，扫描结果清楚地显示我的胰脏出现了一个肿瘤。医生告诉我，几乎可以确定这是一种不治之症，顶多还能活3至6个月。医生建议我回家，把诸事安排妥当，这是医生对临终病人的标准用语。这意味着，我得把今后10年要对子女说的话用几个月的时间说完；这意味着，我得把一切都安排妥当，尽可能减少我的家人在我身后的负担；这还意味着，向众人告别的时间到了。

我整天和那个诊断书一起生活，直到有一天早上医生给我做了一个切片检查。结果，大夫们从显微镜下观察了细胞组织之后，惊讶得集体尖叫了起来：因为那是一种非常罕见的，可以通过手术治疗的胰脏癌。

这是我最接近死亡的一次。我能够更肯定地告诉你们：没人想死，即使想去天堂的人，也是希望能够活着进去。死亡是我们每个人的人生终点站，没人能够成为例外。生命就是如此，因为死亡很可能是生命最好的造物，它是生命更迭的媒介，送走耄耋老者，给新生代让路。

现在你们还是新生代，但不久的将来你们也将逐渐老去，被送出人生的舞台。很抱歉，我说得这么富有戏剧性，但生命就是如此。

你们的时间有限，所以不要把时间浪费在重复其他人的生活上。不要被条条框框束缚，否则你就生活在他人思考的结果里。不要让他人的观点所发出的噪音淹没自己内心的声音。最为重要的是，要有遵从自己内心和直觉的勇气，它们可能已经知道你其实想成为一个什么样的人——其他事物都是次要的。

我年轻的时候，曾在一本杂志的封底看过一张清晨乡间公路的照片。照片的下面有一排字：物有所不足，智有所不明。我总是以此自省。现在，我把这句话也送给你们，希望我们随时都能想起这句话。

【自助加油站】

大学生如何优化性格

大学生的魅力

性格是一个人对现实的稳定态度和习惯化了的行为方式中所表现出来的个性心理特征。培养良好的性格，对大学生来说有着非常重要的意义。一个有自制力、主动、果断、坚毅性格的人，能够很好地安排自己的学习和生活，能够正视现实、克服困难，在工作中取得成就。相反就会影响工作、学习和生活。那么对于大学生来说，如何优化自己性格呢？

提高文化水平，加强道德修养，改造不良性格。人的性格虽有一定的稳定性，但它是可变的，只要自己下决心去改，就能产生明显的效果。性格的形成是受个体的文化水平和道德水平影响的。有文化、有道德的人，更有理智感，更能以正确的态度去对待现实生活，这有助于形成良好的性格特征。

改正认知偏差，不要总用阴暗的眼光去看待别人。由于受不良环境影响，人们常产生错误的认知，要想改变这些，必须改变自己不正确的认知，可多参加有意义的集体活动，以充分体验生活；多看些进步的书籍和伟人、哲人传记，看看他们成功史和为人处世之道，这对自己性格的改变都会有帮助。

试着去帮助别人，从中体验乐趣。不良性格的人，往往以自我为中心，不愿多与人交往，生活在自我的小天地里。要想改变这样的性格，平常可以主动去帮助别人，这样不但扩大了人际交往圈，遇到困难别人也会主动来帮助你。在这种帮助中，既能体现自身的价值，改善心情，对人的看法和态度也会随之改变，有利于性格的改善。

有意识地进行自我锻炼，自我改造。人是一个自我调节的系统，一切客观环境因素都要通过主观的自我调节起作用，每个人都在不同的程度上以不同的速度和方式塑造着自己的性格。随着一个人的认识能力的发展和相对成熟，一个人独立性和自主性的发展，其性格的发展会从被动的外部控制逐渐向自我控制转化。

培养健康情绪，保持乐观的心境。一个人偶尔心情不好，不至于影响性格，若长期心情不好，就会对性格产生影响。因此，要胸怀开朗，始终保持愉快的生活体验。当遇到挫折和失败时，从好的方面去想，“塞翁失马，安知祸福”，烦恼就会自然消失。有时心里实在苦恼，可以找一个崇拜的长者或知心朋友交谈或去做心理咨询，不要让苦闷积压在心，否则容易导致性格的畸形发展。

乐于交际，与人和谐相处。兴趣广、爱交际的人会学到更多知识，训练出多种才能，有益于性格的形成和发展。但是，与品德不良的人交往，也会沾染不良的习气。因此，要正确识别和评价周围的人和事，善意地评价别人，热情地帮助别人，长此以往，性格就能得到和谐发展。

客观地认识自己，扬长避短。不要总是用自己的劣势去和别人的优势比，这样只能迷失自己，变得更加自卑。每个人的性格特征中都有好的因素，也有不良的因素，要善于正确地自我评估，辩证地对待自己的优缺点，好的使之进一步巩固，不足的调整改善。久而久之，就能使不良性格特征得到克服和消除，良好性格特征得到培养和发展。

幸福体验之旅

体 验 篇

【心理测试】

气质测验

下面60道题，可以帮助你大致确定自己的气质类型，在回答这些问题时，给每题评分方法是：你认为很符合自己情况的记2分，比较符合的记1分，介于符合与不符合之间的记0分，比较不符合的记 -1 分，完全不符合的记 -2 分。

1. 做事力求稳妥，一般不做无把握的事。
2. 遇到可气的事就怒不可遏，想把心里话全说出来才痛快。
3. 宁可一个人干事，不愿很多人在一起。
4. 到一个新环境很快就能适应。
5. 厌恶那些强烈的刺激，如尖叫、噪音、危险镜头等。
6. 和人争吵时，总是先发制人，喜欢挑剔别人。
7. 喜欢安静的环境。
8. 我善于和人交往。
9. 羡慕那种善于克制自己感情的人。
10. 生活有规律，很少违反作息制度。
11. 在多数情况下情绪是乐观的。
12. 碰到陌生人觉得很拘束。
13. 遇到令人气愤的事，能很好地自我克制。
14. 做事总是有旺盛的精力。
15. 遇到问题总是举棋不定，优柔寡断。
16. 在人群中从不觉得过分约束。
17. 在情绪高昂的时候，觉得干什么都有趣；情绪低落的时候，又觉得什么都没有意思。
18. 当注意力集中于一事物时，别的事很难使我分心。
19. 理解问题总比别人快。
20. 碰到危险情境，常有一种极度恐怖感。
21. 对学习、工作，怀有很高的热情。
22. 能够长时间做枯燥、单调的工作。
23. 符合自己兴趣的事情，干起来劲头十足，否则就不想干。
24. 一点小事就能引起情绪波动。
25. 厌恶做那种需要耐心、细致的工作。
26. 与人交往不卑不亢。
27. 喜欢参加热烈的活动。
28. 爱看感情细腻，描写人物内心活动的文学作品。

29. 工作学习时间长了，常感到厌倦。
30. 不喜欢长时间谈论一个问题，愿意实际动手干。
31. 宁愿侃侃而谈，不愿窃窃私语。
32. 别人总是说我闷闷不乐。
33. 理解问题常比别人慢些。
34. 疲倦时只要短暂的休息就能精神抖擞，重新投入工作。
35. 心里有话宁愿自己想，不愿说出来。
36. 认准一个目标就希望尽快实现，不达目的，誓不罢休。
37. 学习、工作同样一段时间后，常比别人更疲倦。
38. 做事有些莽撞，常常不考虑后果。
39. 老师或他人讲授新知识、新技术时，总希望他讲得慢些，多重复几遍。
40. 能够很快地忘记不愉快的事情。
41. 做作业或完成一件工作总比别人花时间多。
42. 喜欢运动量大的剧烈体育运动，或者参加各种文艺活动。
43. 不能很快地把注意力从一件事转移到另一件事上去。
44. 接受一个任务后，就希望把它迅速解决。
45. 认为墨守成规比冒风险强些。
46. 能够同时注意几个事物。
47. 当我烦闷的时候，别人很难使我高兴起来。
48. 爱看情节起伏、激动人心的小说。
49. 对工作抱认真严谨、始终如一的态度。
50. 和周围人的关系总是相处不好。
51. 喜欢复习学过的知识，重复做能熟练做的工作。
52. 希望做变化大、花样多的工作。
53. 小时候会背的诗歌，我似乎比别人记得清楚。
54. 别人说我“出语伤人”，可我并不觉得这样。
55. 在体育活动中，常因反应慢而落后。
56. 反应敏捷，头脑机智。
57. 喜欢有条理而不甚麻烦的工作。
58. 兴奋的事常使我失眠。
59. 老师讲新概念，常常听不懂，但是弄懂了以后很难忘记。
60. 假如工作枯燥无味，马上就会情绪低落。

气质测验评卷方法如表 4-1 所示。

表 4-1　气质测验评卷方法

气质类型	题号得分	总分
胆汁质	题号 2 6 9 14 17 21 27 31 36 38 42 48 50 54 58	
多血质	题号 4 8 11 16 19 23 25 29 34 40 44 46 52 56 60	
黏液质	题号 1 7 10 13 18 22 26 30 33 39 43 45 49 55 57	
抑郁质	题号 3 5 12 15 20 24 28 32 35 37 41 47 51 53 59	

结论分析

1. 如果某一项或两项的得分超过20分，则为典型的该气质；如果胆汁质项超过20分，则为典型胆汁质；黏液质和抑郁质项得分都超过20分，则为典型黏液-抑郁质混合型。

2. 如果某一项或两项以上得分在20分以下，10分以上，其他各项得分较低，则为该项一般气质。例如，一般多血质；一般胆汁-多血质混合型。

3. 假若各项得分都在10分以下但某项或几项得分较其余项较高（相差5分以上），则为略倾向于该气质（或几项混合）。如略偏黏液质型；多血质-胆汁质混合型。其余类推。

【励志歌曲】

怒放的生命

作词/作曲：汪峰

曾经多少次跌倒在路上，曾经多少次折断过翅膀，如今我已不再感到彷徨，我想超越这平凡的生活，我想要怒放的生命，就像飞翔在辽阔天空，就像穿行在无边的旷野，拥有挣脱一切的力量，曾经多少次失去了方向，曾经多少次破灭了梦想，如今我已不再感到迷茫，我要我的生命得到解放，就像矗立在彩虹之巅，就像穿行在璀璨的星河，拥有超越平凡的力量。

【心理电影】

风雨哈佛路

故事梗概：丽兹是一位生长在纽约的女孩。经历人生的艰辛和辛酸后，凭借自己的努力，最终走进了最高学府——哈佛的殿堂。

金发女孩丽兹，童年在贫穷和饥饿中度过。她生在一个不幸的家庭，母亲吸毒染上了艾滋病而精神崩溃，父亲酗酒最后进入了收容所，她只好流浪街头。不久，母亲去世了。一个普通的、不奢求其他，只渴望亲情围绕的弱小女孩，当她最后的一丝希望都破灭的时候，留给她的只有伤心。如果沉沦下去，她将会和母亲的结局一样悲惨。她决心告别原有的生活，她要开始全新的生活。丽兹用真诚最终争取到参加进入中学的考试机会。她以非凡的毅力开始了刻苦的学习。从17岁到19岁，两年的时光，她学习并掌握了高中四年的课程，每门课的成绩都在A以上。1996年，她的经历、她的真诚、她的论文深深打动每一位评委，梦寐以求的哈佛大学向她敞开了双臂。

影片讨论：欣赏完这部电影，你还受到了什么启发？大家讨论一下。

【心灵图书】

因为痛，所以叫青春

内容简介：关注年轻人的痛楚、迷茫、困惑、求学、职场、人生规划、梦想实现，以“人生时钟”的独特视角告诉我们“现在还不晚，快快付诸行动，在最好的年华去实现最美好的自我价值”。

书评讨论：读完这部书，你还受到了什么启发？大家讨论一下。

【心理训练】

活动一　天生我才

活动目的

协助成员了解自己的个性特征，学习自我欣赏、自我肯定、自我悦纳。

活动步骤

1. 请成员填写下列练习表：

(1) 我最欣赏自己的外表是________________

(2) 我最欣赏自己对家人的态度是________________

(3) 我最欣赏自己对朋友的态度是________________

(4) 我最欣赏自己对求学的态度是________________

(5) 我最欣赏自己对做事的态度是________________

(6) 我最欣赏自己的性格是________________

(7) 我最欣赏自己的一件往事是________________

(8) 如果别人正在讨论你，他们十分了解你的话最有可能选用的一些词是________________

2. 在小组中交流自己所写的内容，每位成员都讲完一项后，再开始下一项。通过自我分享和聆听他人，发掘自我与他人的优点，增强自信和对人的信任。

活动总结

世界上没有完全相同的两片树叶。每个人只能做最好的自己，而不要想去做最好的别人。在现实生活中，有些人对自己很不满意，而想改变自己，如内向的人羡慕外向的人能说会道，外向的人羡慕内向的人沉稳等。天生万物，各有长短，不能强求，人的价值在于回归自我，也就是把自己最好的方面充分发挥出来。

活动二　投射练习

活动目的

帮助成员认清自己想要成为什么样的人，想要做什么事情。

活动步骤

完成下列句子：

假如我是一朵花，我希望是________________，因为________________

假如我是一棵树，我希望是________________，因为________________

假如我是一种动物，我希望是________________，因为________________

假如我是一种昆虫，我希望是________________，因为________________

假如我是一种食物，我希望是________________，因为________________

假如我是一种家具，我希望是________________，因为________________

假如我是一种乐器，我希望是________________，因为________________

假如我是一种游戏，我希望是________________，因为________________

假如我是一种记录，我希望是____________________，因为____________________

活动总结

你本身最显著的特点是什么？你自己的哪个特点让你觉得最痛恨？

【心灵感悟】

1. **给下面的故事拟题目。**

____

从前有三兄弟想知道自己的命运，于是他们便去找智者，智者听了他们的来意后说：“在遥远的天竺大国寺里，有一颗价值连城的夜明珠，如果叫你们去取，你们会怎么做呢？”大哥首先说：“我生性淡泊，夜明珠在我眼里只不过是一颗普通的珠子，所以我不会前往。”二弟挺着胸脯说：“不管有多大的艰难险阻，我一定把夜明珠取回来。”三弟则愁眉苦脸地说：“去天竺国路途遥远，诸多风险，恐怕还没取到夜明珠，人就没命了。”听完他们的回答，智者微笑着说：“你们的命运很明晓了。大哥生性淡泊，不求名利，将来自难以荣华富贵。但也正由于自己的淡泊，他会在无形中得到许多人的帮助和照顾。二弟性格坚定果断，意志刚强，不惧困难，预卜你的命运前途无量，也许会成大器。三弟性格懦弱胆怯，遇事犹豫不决，恐怕你命中注定难成大事。”

的确，人的性格在很大程度上影响着人成长。印度古谚云：“播种行为，收获习惯；播种习惯，收获性格；播种性格，收获命运。”我国古人也曾说过：“积行成习，积习成性，积性成命。”这些都说明了性格的重要性，不同的性格决定了不同的命运。

2. **写出你学完本课的感悟。**

第五课

压弹节节高——谈压力与挫折

【心灵引导】

知识目标

正确理解压力和挫折，了解大学生压力及挫折的主要来源，理解压力与挫折对人生的意义。

技能目标

会正确管理压力，有能力应对挫折。

幸福心语

苦难是人生的老师，通过苦难，走向欢乐。

——贝多芬

生活就像海洋，只有意志坚强的人，才能到达彼岸。

——马克思

人生布满了荆棘，我们想的唯一办法是从那些荆棘上迅速跨过。

——伏尔泰

幸福知识讲堂

知 识 篇

【小案例】

和压力说拜拜

某大学的大三学生晓元，坐在教室里看书时，总担心会有人坐在身后并干扰自己，有强烈的不安全感，以致他只能待在角落或者靠墙而坐，否则无法安心看书。他对同寝室一位同学放收音机的行为非常反感，有时简直难以忍受。中午睡觉时，他总担心会有收音机的声音干扰自己，以致睡不着觉，经常休息不好。但他又不好意思跟同学当面发生冲突，因为觉得为这样的小事发脾气，可能是自己的不对。晓元很长时间不能摆脱这种心理困境，很苦恼，严重影响了自己的日常生活和学习。即将毕业，晓元心中一片茫然，担心找不到理想的工作，有时后也懒得去想这个问题，怕增添烦恼。晓元学习一般，在班上成绩中游，当看到其他同学都在准备考研究生，自己也想考，但是又不能集中精力学习。自卑、缺乏自信，生活态度比较消极，认为所有的一切都糟透了。晓元家在农村，经济状况一般，认为自己有责任挑起家庭的重担，但又觉得力不从心。

晓元的心理困境主要是由各种压力造成的。现代社会的生存压力大，由此产生的一系列心理问题正受到人们的关注。而大学生这个群体，在成长、求学和就业的过程中，已经感受到了压力的来临。面对人生不同阶段的各种压力和挫折，同学们应该如何调整自己的情绪状态，以积极的心态应对压力与挫折呢？

一、压力和挫折概述

（一）压力的含义

压力这一概念最早是由加拿大著名的生理心理学家汉斯·薛利在 1936 年提出的。他认为压力是表现出某种特殊症状的一种状态，这种状态是由生理系统中因对刺激的反应所引发的非特定性变化所组成的。这意味着，压力是一种刺激，这种刺激会导致生理反应，反应症状是不确定的。

具体来看，首先，压力是指那些能使人感到紧张的事件或环境刺激。如有一份“压力很大”的工作，即将事件和刺激本身当做压力。

其次，它是指一种反应状态，即当我们意识到某种情形具有潜在威胁性的时候做出的身心反应。例如，“参加辩论赛，我觉得紧张，压力好大”。这里说话人就用压力来指代他的紧张状态，压力是他对事件的反应。这种反应常常伴随两种成分：一是心理成分，即个人的情绪、思维以及行为等主观体验，也就是所谓的“觉得紧张”；另一个是生理成分，包括呼吸急促、心跳加速、口干舌燥、胃部紧缩、手心出汗等身体反应。这些身心反应合起来称为压力状态。

最后，压力也是一个过程。这个过程既包括引起压力的刺激和压力状态，也包括了个体与环境相互影响所形成的关系状态。后者被称为情境。也就是说，压力不只是刺激或反应，还是一个过程。在这个过程中，个体不是被动地接受刺激，而是一个能通过认知、情绪、行为的策略来改变刺激物带来的冲击的主动行动者。因而我们会看到，面对同样的事件，每个人承受的压力程度却有所不同，就是因为个人对事件的解释不同，应对方式也不同。

心理学研究证明，任何生活处境的改变都会带来心理压力，压力普遍存在。当人处于明显的压力状态，伴随生活环境的变化或刺激的增加，产生了相应的心理或生理的反应状态，若不及时调节压力，控制焦虑情绪，很可能成为一个被动地接受刺激者，最后在压力的累积中，情绪失控。

【心理词典】

压 力 源

压力产生的原因叫压力源。压力源对个体具有威胁性、伤害性，并因此带来压力感受。压力源有可能是事件，也有可能是环境。不良的刺激会引起压力，愉悦的刺激也会带来压力。生活中有压力是自然的、不可避免的，但每个人感受到的压力是不同的。即使是同样的刺激，不同的人压力感也不同。个体面对压力的态度不同，其结果也不尽相同。

（二）压弹的含义

压弹是指个人面对生活逆境、创伤、悲剧、威胁及其他生活重大压力的良好适应，也是个人面对生活压力和挫折的“反弹能力”。由此，压弹是应激与应对的和谐统一，是良性应激的突出表现，可以起到激发潜能、振奋情绪，甚至增进健康的作用。这个词是从物理学借用过来的。

正如其字面意思所解，是“压”与“弹”的完美结合。用俗话讲，面对生活的挫折和逆境时，人既需要有耐挫折力，也需要有排挫折力。其中耐挫折力会使人勇于承受各种生活压力，不因一时的困境丧失斗志，放弃对自我的信念；而排挫折力则使人善于化解各种生活压力，化险为夷，转危为安。在这当中，“压”和“弹”相互促进。

压弹有四种类型：一是乐观进取型；二是逆来顺受型；三是烦躁勇进型；四是自我挫败型。压弹有一个形象的比喻：弹簧效应。压力太大，扁了，不起作用了；压力太小，弹簧不动，不起作用；压力适中，压力越大，反弹越大。压和弹良性互动，压弹节节高。这就是人们所追求的压弹境界。

（三）挫折的含义

挫折是指人们在有目的的活动中，遇到无法克服或自以为无法克服的障碍或干扰，使其需要或动机不能得到满足而产生的障碍。

挫折包括三个方面：一是挫折情境，指对人们有动机、目的的活动造成的内外障碍或干扰的情境状态或条件，构成刺激情境的可能是人或物，也可能是各种自然、社会环境；二是挫折认知，指对挫折情境的知觉、认识和评价；三是挫折反应，指个体在挫折情境下所产生的烦恼、困惑、焦虑、愤怒等负面情绪交织而成的心理感受，即挫折感。其中，挫折认知是核心因素，挫折反应的性质及程度，主要取决于挫折认知。

人的一生中不可避免地要遇到或多或少、或大或小的挫折。如早上起床上学，没想到路上遇到交通阻塞而迟到，被老师批评了一顿，这时可能会因为委屈而生气、懊恼，产生一些消极的情绪反应；期末考试，尽管做了充分的准备，但是成绩并不理想等。这些情况都会使人产生焦虑、担心、失望等情绪反应，这就是我们通常所说的遇到了挫折。

（四）挫折承受力的含义

最初使用“承受力”这一概念的是美国心理测验专家罗森茨威格。他给挫折承受力下的定义是“抵抗挫折而没有不良反应的能力”，即个体适应挫折，抗御和对付挫折的能力。

1977 年世界卫生组织提出三条精神健康标准，其中一条就是能够经受生活的挫折，及时地调适自己的情绪，不仅适应环境，而且能有效地改造环境。由此可见培养挫折承受力对精神健康的意义之大。

每个人的挫折承受力是不同的。有的人遇到一点儿轻微的挫折就会引起主观世界的烦乱，颓废沮丧，一蹶不振；有的人即使遇到重大挫折，仍意志坚定，百折不挠，顽强进取，直到最后胜利。

设想一个人去参加一个期待已久的重要晚会，可他却因交通阻塞被困在车上，无法前往，无法享受那种美好时光。时间在流逝，他的思绪从舞会转到汽车，对自己迟到考虑得越多，越感到伤心。最后交通疏通时，他是那么失望、气愤，这时他已不愿参加晚会了。

现在，设想同样是参加这一晚会被交通堵塞困在路上。但是，他决定利用这段时间为自己充分享受这个晚会做些准备，想象自己在晚会上表现出坦率、真诚、友好的姿态。这使他在晚会上真正面对朋友时更自信、更受欢迎。

同样是去晚会的路上受阻这一挫折情境，却有不同的心情、不同的感受，原因在于通过调整目标，增强了挫折承受力。前者的目标仅仅是准时参加晚会；后者改变目标，以平静、友好的心情安全到达晚会现场。

【哲理故事】

战胜自己

巴雷尼小时候因病成了残疾，母亲的心就像刀绞一样，但她还是强忍住自己的悲痛。她想，孩子现在最需要的是鼓励和帮助，而不是妈妈的眼泪。母亲来到巴雷尼的病床前，拉着他的手说：“孩子，妈妈相信你是个有志气的人，希望你能用自己的双腿，在人生的道路上勇敢地走下去！巴雷尼，你能够答应妈妈吗?”母亲的话，像铁锤一样撞击着巴雷尼的心扉，他“哇”的一声，扑到母亲怀里大哭起来。从那以后，妈妈只要一有空，就帮巴雷尼练习走路、做体操，常常累得满头大汗。有一次妈妈得了重感冒，她想做母亲的不仅要言传，还要身教。尽管发着高烧，她还是下床按计划帮助巴雷尼练习走路。黄豆般的汗水从妈妈脸上淌下来，她用干毛巾擦擦，

巴雷尼的故事

咬紧牙，硬是帮巴雷尼完成了当天的锻炼计划。

体育锻炼弥补了由于残疾给巴雷尼带来的不便。母亲的榜样作用，更是深深教育了巴雷尼，他终于经受住了命运给他的严酷打击。他刻苦学习，学习成绩一直在班上名列前茅。最后，他以优异的成绩考进了维也纳大学医学院。大学毕业后，巴雷尼以全部精力，致力于耳科神经学的研究。最后，终于登上了诺贝尔医学奖的领奖台。

人生旅途，难免会有困难、坎坷抑或是沉重的打击。面对这些，你可以伤心，你可以悔恨，但重要的是不能丧失面对它的勇气，要有勇气战胜它。

二、大学生面临的压力与挫折

（一）大学生面临的压力

大学生正处在人生观和世界观形成的关键时期，对人生和社会问题的认识往往飘忽不定，有时正确深刻，有时错误肤浅；有时客观全面，有时主观片面，反映出大学生心理初步成熟和不完善的矛盾。在他们的意识中，独立性与依赖性交织，情绪与理智同在，强烈的求知欲与相对较差的识别力并存，理想与现实脱节等等。这些都使得大学生处于一种承受心理压力和心理紧张的状态。

目前，大学生的压力主要来自于学习问题、专业发展问题、经济及连带问题、情感问题和就业问题等。

1. 学习问题

大学里的课程内容和教学方法与中学有很大的不同。中学教师的授课方式是以老师教学为主，学生处于被动接受知识状态，大学则以教师指导性讲解、学生自学为主。许多学生特别是刚进大学的新生往往缺乏必要的心理准备，在经历一段时间的学习后，便有茫然失措的感觉，进而不知道该怎么去学，从而由兴奋转为自卑、消沉，部分学生处于难以适应的境地，久而久之倍感学习压力，产生厌学心理。

2. 专业发展问题

在专业发展问题中，一类是由于高考填志愿盲目追求所谓的热门专业，进入大学后，才发现热门专业并不符合自己的兴趣爱好，学习时倍感压力，困难重重。另一类是由于高考分数没有达到自己理想专业的分数线，只能服从分配调剂到学校生源不足的冷门专业。这类学生觉得自己以后的前途暗淡，不能静下来学习。这两类同学中有的就会屈服于现状，极度冷淡自己不喜欢的专业，在学习上得过且过，毫无钻研精神。

3. 经济及连带问题

目前，因家庭困难造成学生经济紧张而陷入困境的学生在学校占有相当大的比例。经济的窘迫，使这些学生心理负担十分沉重，他们感到苦闷和压抑。甚至有少部分同学忘记了他们肩上的重任，忘记了父母的艰辛，经受不住物质上的诱惑，为了爱慕虚荣，产生了失范行为，甚至走上犯罪的道路，极个别的学生还有轻生的念头。这种现象在大学生群体中不但存在，而且问题严重性有进一步增加的趋势。

4. 情感问题

远离家乡和父母的大学生总会有一种孤独感，一旦出现人际关系不和谐，或发生其他冲突，这种孤独感就会进一步加剧，从而产生心理焦虑和压力。有的学生因为语言表达能力差，使得他们害怕与他人交往沟通思想感情，把自己的内心世界和情感封闭起来；还有的是因为性格上的不合群，他们在同学中不被理解而被排斥，其中一部分人独往独来，不和他人接触；也有的是因为失恋、单相思困扰而产生苦闷、惆怅、失望、悔恨、愤怒等情绪。

5. 社会、亲朋好友、父母的期望

当代大学生面临的来自社会、亲朋好友、父母的压力和压力不容忽视。大学生之间普遍存在着攀比的心理，外貌、能力、前途等各个方面差异都会导致大学生心理的波动。尤其是前途的差异更甚。加之有来自社会舆论的压力，亲朋好友的攀比、家长的期望，有的学生不能正确看待，就会产生心理失衡。

6. 就业问题

如今的大学生面临毕业分配制度的重大变革，人才市场激烈的竞争。大学毕业很可能找不到工作或者称心如意的工作，残酷的现实令部分大学生忧心忡忡。有的毕业生期望值过高，不能正确评价自己，我行我素，与社会需求产生明显的反差，难以找准自己的定位；有的毕业生心情烦躁、精神不振、自卑恐慌、无所适从。

【心理词典】

马斯洛需求层次理论

马斯洛把需求分成生理需求、安全需求、社交需求、尊重需求和自我实现需求五类，依次由较低层次到较高层次，如图 5-1 所示。

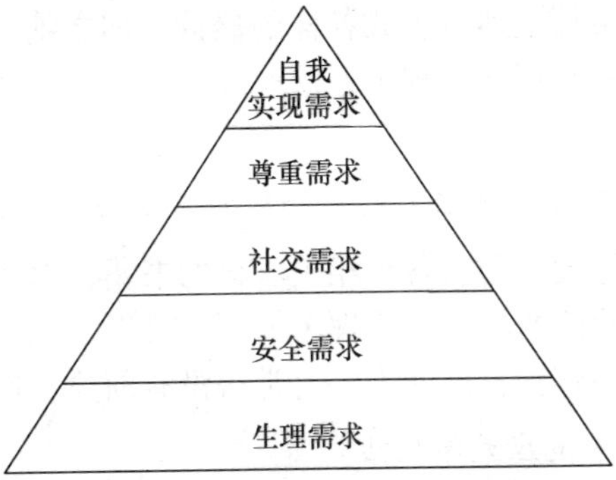

图 5-1　马斯洛需求层次理论

生理需求：生理需求是人类的第一层次需求，指能满足个体生存所必需的一切需求，如食物、衣服、性欲等。对食物、水、空气和住房等需求都是生理需求，这类需求的级别最低，人们在转向较高层次的需求之前，总是尽力满足这类需求。

安全需求：安全需求是人类的第二层次需求，指能满足个体免于身体与心理危害恐惧的一切需要。安全需求包括对人身安全、生活稳定以及免遭痛苦、威胁或疾病等的需求。和生理需求一样，属于必需的需求。

社交需求：社交的需求也叫归属与爱的需求，是指个人渴望得到家庭、团体、朋友、同事的关怀、爱护和理解，是对友情、信任、温暖、爱情的需要。社交需求比生理和安全需求更细微、更难捉摸。它与个人性格、经历、生活区域、民族、生活习惯、宗教信仰等都有关系，这种需要是难以察觉、无法度量的。

尊重需求：尊重需求是人类的第四层次需求，指能满足他人对自己的认可及自己对自己认可的一切需求，如名誉、地位、尊严、自信、自尊、自豪等。尊重需求既包括对成就或自我价值的个人感觉，也包括他人对自己的认可与尊重。

自我实现需求：自我实现需求是人类最高层次需求，指满足个体把各种潜能都发挥出来的一种需求。自我实现需求的目标是自我实现，或是发挥潜能。达到自我实现境界的人，接受自己也接受他人。解决问题能力增强，自觉性提高，善于独立处事，要求不受打扰地独处。要满足这种尽量发挥自己才能的需求，个体应该已在某个时刻部分地满足了其他的需求。当然自我实现的人可能过分关注这种最高层次的需求的满足，以至于自觉或不自觉地放弃满足较低层次的需求。

其中，底部的三种需求可称为缺乏型需求，只有满足了这些需求，个体才能感到基本上舒适。顶部的两种需要可称之为成长型需要，因为它们主要是为了个体的成长与发展。

马斯洛认为各层次需求之间有以下关系：一般来说，这五种需求像阶梯一样，从低到高。低一层次的需求获得满足后，就会向高一层次的需求发展；这五种需求不是每个人都能满足的，越是靠近顶部的成长型需求，满足的百分比越少；同一时期，个体可能同时存在多种需求，因为人的行为往往是受多种需求支配的。每个时期总有一种需求占支配地位。

（二）大学生遭遇的挫折

由于大学生正处在人生的花季，大学生们潜心追逐美好的未来。然而，未来并不都是充满着诗情画意，很多学生都遭遇过各式各样的挫折，加之绝大部分大学生涉世未深，挫折承受力有限，导致他们的心理上出现了不同程度的波动。大学生遭遇的常见挫折主要包括以下几类。

1. 不适当的学习方法不能满足强烈的求知欲的需要而产生的挫折感

进入大学后，他们希望大量阅读各种相关学科的书籍，努力学好专业知识。但是，大学生刚经过由高中向大学阶段的转变，心理上一下子难以适应大学的学习方法，导致学业成绩不太理想。因而，他们感到自己能力差，觉得没有前途，产生挫折感。

2. 身心有某些疾患，不适应大学生活

身心疾患是指身体和心理上的缺陷。例如，相当多的身体外形不佳的大学生，他们心理压力大，难以克服自卑的心理，较长时间不适应大学生活中频繁的人际交往，容易产生挫折感。

3. 家庭原因给物质生活和精神生活带来的烦恼、挫折

这里的家庭原因是：一方面指家庭经济条件困境，给孩子物质生活带来不便，造成挫折；另一方面是指父母感情不和或者父母双方离异后重建仍然不和谐的家庭，孩子们得不到父母的恰当的关心和爱护，他们产生被遗弃感、自卑感，精神上有较大压力，从而产生挫折感。

4. 脱离现实条件的" 时尚性追求" 造成的挫折感

受社会风气的影响，大学生们盲目地追求高消费，赶时髦。但是他们中有不少人来自

偏远农村，家庭经济条件不是很好，与那些家庭经济条件较好的同学相比，他们很容易产生自卑心理，各方面得不到满足后，便导致挫折感的产生。

5. 交往性挫折

交往性挫折包括人际关系受挫和异性交往中的误区两种情况。人际交往受挫是由于大学生希望找到知心朋友，但又难于找到知心朋友而带来的挫折。大学生的性意识处于觉醒和发展阶段，他们都强烈希望与异性接触，但大学生的人生观还处在变化之中，对与异性交往缺乏正确的认识，有时就会陷入异性交往的误区。当自己的爱情表白不被他人接受时，自尊心会受到伤害，从而陷入不能自拔的境地，进而导致精神不振，难以逾越这道精神障碍而感受挫折。

三、大学生如何面对压力与挫折

人生的道路上遭遇压力和挫折都是不可避免的，因此每个人都应自觉地同困难做斗争，增强自身的压弹能力，提高对挫折的承受力，那么大学生该如何面对压力与挫折呢？

（一）正确地看待压力与挫折

要培养大学生承受压力与挫折的能力，大学生首先要学会正确地看待压力与挫折，要认识到人生的道路并不平坦，困难是不可避免的，许多著名的科学家、文学家、政治家都是在逆境和坎坷中磨砺出来的。大学生们在生活和学习中应做好充分的心理准备，随时准备迎接各种困难和失败。有了准备，就不会在困难面前惊慌失措，就能够冷静地分析挫折原因，总结教训，继续前进。

其次，要正确地看待压力与挫折的作用。二者都具有两重性，既有消极的一面，也有积极的一面。它们可以激发人的进取心，促使人为改变逆境而奋斗，磨炼人的性格和意志，提高创造力。所以不要视挫折如猛兽，变换一下思维的角度和方式，从其他方面来审视和评价所遇到的压力与挫折。并且，这样做还有助于摆脱困境。

最后，在遭遇失败之后要认真地总结教训。有的大学生在失败之后总把原因归于某些外在因素，如考试不及格后强调运气不好，题目太偏，老师的评分不够合理等。有的大学生则往往把成败归因于自身的能力，失败后过多地自责，以至于自卑。这两类同学，不管是归于外因还是归于内因，都是过分强调了内外因中的不可控因素，这样就难以战胜困难。所以，在遇到压力与挫折后，一定要冷静地分析自己的目标、方法、努力程度以及外在的阻力和助力情况，找出困难的真实原因，做出切合实际的归因。只有正视压力与挫折、认真吸取教训，才能将“失败”变为“成功之母”，使挫折向积极的方面转化。

（二）正确地看待自我，对自己充满信心

大学生应该客观地认识和评价自己，既不抬高自己也不贬低自己，对自己的态度体验也要符合实际，既不自卑也不自傲。自傲会使制定的目标高于自己的实际水平从而导致受挫；自卑会使自己缺乏面对困难的勇气，惧怕困难、逃避困难，或者陷入困境中不可自拔。正确地看待自己，必要时可请好友帮助自己找出自己的优点和缺点，充分地利用自己的长处，对自己充满信心。大学生应学会自信，毛泽东主席诗曰：“自信人生三百年，会

当击水三千里。”这种自信的人生态度值得我们学习。

（三）运用适当的心理防卫机制

心理防卫机制是一种心理适应性反应，是个体处在挫折与冲突情境时解脱烦恼、减轻紧张以恢复情绪平衡与稳定的适应性倾向。当个体面临压力与挫折时，出于人的自我保护本能，会自发地唤起心理防卫机制，缓解心理挫折，为寻找战胜挫折的方法提供时机。心理防卫机制对于个体抵御外来伤害、减轻内心不安有一定作用，但是心理防卫机制的作用有积极与消极之别。积极的心理防卫机制能使人表现出自信、进取的倾向，有助于战胜挫折；而消极的心理防卫机制大多表现出退缩、逃避倾向，虽能暂时缓解内心冲突，但从长远看却易导致个体无法或不愿面对现实，不思进取，甚至引发心理疾病。尽管心理防卫机制往往是在无意识中运用的，但我们可以通过学习来了解并运用一些较为合理的心理防卫机制，以提高挫折耐受性。

（四）养成良好的生活习惯和制度

提高承受压力与挫折耐受性实际上主要是发挥意志的作用，但意志的作用也不是绝对的，许多时候它并不能控制住人的信念尤其是难以控制住人的复杂情绪。但是意志能够控制一个人的行为，所以我们可以通过意志对行为的支配来达到对认识和情绪的控制。当面临压力与挫折时，我们不妨运用意志有意识地让自己做出合理的行为，通过这种合理的行为来影响情绪，使自己缓解甚至改变压力与挫折所带来的消极反应。而且我们还要通过长期的努力来形成良好的行为习惯。

1. 科学地休息

休息并不是浪费生命，相反，科学地休息能使人保持充沛的精力，增强对挫折的承受力。许多大学生只重视学习等他们认为有必要的活动，却忽视休息。若不是有学校规章制度的约束，他们可能会经常地熬通宵。岂不知人如果缺乏休息，时间长了就会疲劳，疲劳会降低身体对疾病的抵抗力，而且还会降低人对焦虑、紧张等消极情绪的抵抗力。所以，防止疲劳有助于缓解挫折所带来的不良反应。最佳的做法是：经常休息，而且是在你感到疲劳之前就休息。课间打个盹、中午小睡一会儿，都很有好处。要防止疲劳，而不是等疲劳之后再去消除疲劳。

2. 学会放松

放松是一种自由、平静和让人振奋的活动，它可以改变挫折所带来的不适感。放松是一种在体力和脑力上使紧张感得以化解的技巧，它可以使人的身心恢复到正常状态。

3. 合理地进行锻炼

体育锻炼可以使身体更加健康、情绪更加积极、思维更加敏捷，从而增强对挫折的抵抗力。许多调查表明，运动可以减少冠心病、高血压、糖尿病等的发病率，还可以消除生活的枯燥及情绪低落、头脑紧张等与压力和挫折有关的不适感。

幸福能力培养

技　能　篇

【百度知道】

Q：我来自偏远农村，家庭条件和学习基础都远不如班上的很多同学，这使我倍感压力，我该怎么办？

A：由于文化差异、经济差异和教育基础差异，同学们进入大学后都会遇到不同程度的生活适应、学业适应问题。

第一，正确认识自我，克服自卑心理。人的出身是不能选择的，但自己的发展掌握在自己手中，家庭的贫困并不代表个人的落后，相反，它恰是磨炼你意志和素质的基石。正确认识自己是塑造完美人生的第一步，尺有所短，寸有所长，不要用别人的优点去比自己的短处。学会纵向比较自己，看到自己的进步与成长。

第二，运用国家政策和学校措施，缓解经济压力。国家和学校有很多帮助贫困生的政策和措施，为的是帮助家庭困难的优秀学生很好地发展，不妨借助这些政策，帮助个人成长。

第三，开放自己心态，融入集体生活。人际交往中要对不同文化背景下的行为差异有包容之心，你想要别人怎么对你，你就要怎么对别人。踊跃参与集体活动，找到适合自己发挥的领域，建立归属感。

第四，找准学习方法，确实努力上进。三人行，必有吾师，可以虚心向周围同学、学长、辅导员、老师请教，形成良好的学习习惯，这样才能事半功倍。

【幸福处方】

压力管理的途径与方法

1. 善于整体规划

"一切尽在掌握"，这种感觉本身就能很好地缓解压力。有选择地而不是被动地接受所能面临的各种事情，或许使人感到轻松很多。最好的办法就是根据事情的轻重缓急列出清单，既能有一个整体规划，将看似无序的一堆问题分解成若干具体的小事，一件件应付起来就容易多了。完成一件，就在清单上划去一件，这样做带来的成就感足以鼓舞你将这一做法继续下去。

2. 困惑时及早倾诉

我们在感到困惑、棘手或难过的时候，可以毫不掩饰地寻求朋友的帮助。当事情变得非常困难或身陷焦虑的时候，向朋友吐露诉说，仅仅是倾诉本身，也能使人获得释放，或许还会得到好的建议。

3. 尽量保持乐观

我们要深信，事情总能朝着所期望的方向发展。所以，总是以最乐观的心情想象最好的结果。需要做的所有事都已经在进展当中，即使遇到麻烦，也一定会以最快的速度重新调整状态。

4. 从不耽搁延迟

能在今天办完的事一定不能拖到明天，能在当时办完的事不要拖到数个小时之后。因为很多事情搁着未做，本身就能造成巨大的心理压力。

5. 每天都做深呼吸

日常的深呼吸能将感觉到的压力水平减半：挺直后背，两肩放松，由鼻将空气深深地吸入肺部，集中精力感受空气渗透每个细胞，然后全力将空气呼出，想象体内的压力也随着气流一起排到体外。

6. 经常幻想美好前景

用渡过这次难关以后的美好前景来鼓励自己。“一个月以后，我还会为这事而懊悔吗?”“一周以后，我还会为错过了这次会议而自责吗?”“5 分钟以后，我还会为同学刚才给我难堪而恼火吗?”这种将情景推向将来的假设，一定能让眼前的压力逐渐释放。

7. 知道适时说“不”

当我们感到力所不能及时，要会坚定地说“不”。“我很想帮你，但我手头还有另外的事要办。”在分身无术或无能为力时，不要一味逞能。在拒绝别人的时候，不一定要把原因解释得一清二楚。

8. 拥有自己的娱乐方式

适时安排出一定的时间尽情去做和工作无关而又一直想做的事。娱乐方式各种各样，但效果却非常相似：让自己释放压力，领略到生活中美好的、值得享受的内容，从而恢复对生活和工作的激情和热爱。

9. 合理宣泄

当感到压力让自己很累时，我们可以选择一些合理的宣泄方式，如打篮球、跑步、对着天空大声叫（要注意不要在公共场合）等。

【感动人物】

刘伟——扬起飞翔的翅膀

他没有双臂，但能用双脚弹奏出美妙的钢琴曲。他从没有抱怨命运的不公，总说自己要精彩地活着。他便是“断臂王子”——刘伟。

1997 年，10 岁的刘伟因触电意外失去双臂。但是，失去双臂的刘伟没有放弃，没有绝望，刘伟开始重新做回自己。

在医院做康复的那段时间，刘伟遇到了一位同样失去双手的病人，他叫刘京生。他能自己吃饭、刷牙、写字，而且事业上也非常成功，他教了刘伟很多。刘伟开始向刘京生学习，半年以后，刘伟已经能够自己用脚刷牙、吃饭、写字。

两年之后，刘伟回到了自己原来的班里，到了期末考试，刘伟仍然拿到了全班前三名的好成绩。“从那个时候起，我开始努力学习了。任何事情我只要想学，都能学得很快，做得比别人好。”

12 岁时，刘伟开始学习游泳，并且进入了北京残疾人游泳队。两年之后，他就在全国残疾人游泳锦标赛上获得了两金一银。刘伟对母亲许下承诺：在2008年的残奥会上拿一枚金牌回来。

然而，命运仍然是那么的无情，在为奥运会努力做准备时，高强度的体能消耗导致了免疫力的下降，刘伟患上了过敏性紫癜。刘伟说："只能放弃，不能为了比赛，命都不要了吧。"

19岁时，高考临近，刘伟的成绩并不差，但是他的内心却有了疑虑，"内心有激烈的冲突，到底要不要上大学？"刘伟最终没有参加高考，而是最终选择了音乐之路。

刘伟开始用脚来学习练琴，可以想象这需要付出多大的努力，要知道很多正常人用手练了很多年都不一定会有起色。为了能够有收获，刘伟每天练琴时间超过7小时。"没有手，用脚一样能弹钢琴。"刘伟说。

2010年在"中国达人秀"的现场，刘伟空着袖管走了上来，坐到钢琴前。那首《梦中的婚礼》响了起来。曲子结束，全场起立鼓掌。当评委高晓松问他这一切是怎么做到的时候，刘伟说了一句："我觉得我的人生中只有两条路，要么赶紧死，要么精彩地活着。"

2012年2月3日晚，"感动中国2011年度颁奖盛典"在中央电视台隆重举行，刘伟走上颁奖台，评委会对他的颁奖词是："当命运的绳索无情地缚住双臂，当别人的目光叹息生命的悲哀，他依然固执地为梦想插上翅膀，用双脚在琴键上写下——相信自己。那变幻的旋律，正是他努力飞翔的轨迹。"

【自助加油站】

怎样实现压弹

压弹技能对每个人来说都很重要，它是人们实现人生目标获取幸福的必要条件。怎样实现压弹境界，怎样维护我们的心理健康，达到人格完善？培养四种能力，可以使你实现压弹。

1. 主观幸福感。就是幸福在我心里。无论外人怎么评论我，我自己看得起自己。没有主观幸福感的人，自己看不起自己，他们不是为自己活着，而是为别人活着。

2. 乐观人格。就是看问题总是能从积极的正面角度归因、解释。人格这种稳定的认知情感行为的状态，可能是与生俱来的，也可能是后天开发的。所以，要不断地培养自己的乐观性格，获取积极心态的力量。

3. 幽默化解。幽默是一种创新，是一种智慧，是一种人格状态，但更重要的幽默是潜能开发。所以，当我们看别人表现幽默的时候，你觉得开心。但你有没有想过，你自己也可以变得幽默起来。大量研究证明，幽默对人的身心健康，对提高人的免疫力，有巨大的帮助。

4. 主动求助技巧。该求人就求人，求人是门艺术。谋事在人，成事在天。你自己不先帮助自己，你自己不先求人，上帝怎么来帮助你呢？所以，主动求助是门技巧。

以上的四大技巧可以帮助你开发自身的压弹技能，最终让你心灵旺盛。所谓的心灵旺盛是指个人创造或维持主观幸福感的能力。心灵旺盛的人会在任何情况下都对生活感到满意，都会感到生活有目标有意义，会感到自己有化解压力的能力，会悦纳自己的一切。

幸福体验之旅

体 验 篇

【心理测试】

测测你的心理压力

你的心理压力到底有多大？请根据过去一个月内的情况选择答案。

1. 觉得手上事情太多，无法应付。
   a. 从未发生　　b. 偶尔发生　　c. 常发生
2. 觉得时间不够，所以要争分夺秒，如过马路闯红灯，走路和说话的节奏很快。
   a. 从未发生　　b. 偶尔发生　　c. 常发生
3. 觉得没有时间消遣，终日记挂着工作学习。
   a. 从未发生　　b. 偶尔发生　　c. 常发生
4. 遇到挫败时易发脾气。
   a. 从未发生　　b. 偶尔发生　　c. 常发生
5. 担心别人对自己工作学习表现的评价。
   a. 从未发生　　b. 偶尔发生　　c. 常发生
6. 觉得老师和同学都不欣赏自己。
   a. 从未发生　　b. 偶尔发生　　c. 常发生
7. 担心自己的经济状况。
   a. 从未发生　　b. 偶尔发生　　c. 常发生
8. 有头痛、胃痛、背痛的毛病，难以治愈。
   a. 从未发生　　b. 偶尔发生　　c. 常发生
9. 需要借助烟酒、药物、零食等抑制不安的情绪。
   a. 从未发生　　b. 偶尔发生　　c. 常发生
10. 需要借助安眠药帮助入睡。
    a. 从未发生　　b. 偶尔发生　　c. 常发生
11. 与家人、朋友、同学相处令你发脾气。
    a. 从未发生　　b. 偶尔发生　　c. 常发生
12. 与人交谈时，打断对方的话题。
    a. 从未发生　　b. 偶尔发生　　c. 常发生
13. 上床后觉得思潮起伏，牵挂很多的事情，难以入睡。
    a. 从未发生　　b. 偶尔发生　　c. 常发生
14. 太多事情要处理，不能每件事做到尽善尽美。
    a. 从未发生　　b. 偶尔发生　　c. 常发生

15. 空闲时轻松一下也会觉得内疚。

a. 从未发生　　b. 偶尔发生　　c. 常发生

16. 做事急躁、任性，之后感到内疚。

a. 从未发生　　b. 偶尔发生　　c. 常发生

17. 觉得自己不应该享乐。

a. 从未发生　　b. 偶尔发生　　c. 常发生

评分方法

选 a 得 0 分，选 b 得 1 分，选 c 得 2 分。

结论分析

0 到 11 分： 精神压力程度偏低，但可能表示你缺乏刺激，比较简单沉闷，个人做事动力不高。

12 分到 15 分： 精神压力程度适中，虽然某些时候感到压力较大，仍可应付。

16 分及以上： 精神压力偏高，应反省压力来源和寻找一下解决的办法。

【励志歌曲】

阳光总在风雨后

作词/作曲：陈佳明

人生路上甜苦和喜忧，愿意与你分担所有，难免曾经跌到和等候，要勇敢地抬头。谁愿藏躲在避风的港口，宁有波涛汹涌的自由，愿是你心中灯塔的守候，在迷雾中让你看透。阳光总在风雨后，乌云上有晴空，珍惜所有的感动，每一份希望在你手中。阳光总在风雨后，请相信有彩虹，风风雨雨都接受，我一直会在你的左右。

【心理电影】

肖申克的救赎

故事梗概： 银行家安迪被指控枪杀了妻子及其情人，被判无期徒刑，关在鲨堡监狱里。老犯人瑞德是监狱中的“权威人物”，只要你付得起钱，他几乎有办法搞到任何你想要的东西。一个月后，安迪请瑞德帮他搞的第一件东西是一把小石锤。

由于安迪精通财务制度方面的知识，他开始为越来越多的狱警处理税务问题，同时他也逐步成为监狱长洗黑钱的重要工具。

一个年轻犯人的到来打破了安迪平静的狱中生活：这个犯人以前在另一所监狱服刑时听说过安迪的案子，他知道谁是真凶。但当安迪向监狱长提出要求重新审理此案时却遭到了断然拒绝，并受到了单独禁闭两个月的严重惩罚。为了防止安迪获释，监狱长甚至不惜设计害死了知情人。

面对残酷的现实，安迪决定要自我救赎。一天夜里，风雨交加，安迪越狱成功。原来 20 年来，安迪每天都在用那把小石锤挖洞，最终他打通了通往监狱外的自由之路。影片最后瑞德获释了，他在橡树下找到了现金，两个老朋友终于在墨西哥阳光明媚的海滨重逢了。

影片讨论：欣赏完这部电影，你还受到了什么启发？大家讨论一下。

【心灵图书】

少有人走的路　心智成熟的旅程

内容简介：这是一本通俗的心理学著作。人生苦难重重，人生的道路不可能一帆风顺，各种各样的问题、压力、麻烦、痛苦会不时困扰人们，而大部分人会不自觉地选择抱怨、逃避或绝望放弃，而规避问题和逃避痛苦的趋向，往往是心理疾病的根源。作者首先阐述的观点是无论遇到怎样的人生困难或痛苦，都要勇于直面，敢于担当，这样才能使心灵得到成长，获得心理健康，逐步走向心智成熟。而自律是解决人生问题的首要工具，也是消除人生痛苦的重要手段。

书评讨论：读完这本书，你还受到了什么启发？大家讨论一下。

【心理训练】

活动一　压力问题脑力激荡

活动目的

认识压力的本质与种类，发挥团体力量探讨解决问题的有效办法与途径。

活动步骤

1. 成员各自填写生活中的种种压力，并写出最常出现的负面思考。
2. 分组列出压力最大的三个事件，讨论有效适应和应对的方法。
3. 各组代表报告讨论结果。

活动总结

全体成员对各组的讨论进行评选，办法最多的组可以获“优胜奖”，办法最实用的组获得“实用奖”，以及“幽默奖”、“有趣奖”、“认真奖”、“好主意奖”。通过活动帮助成员选择在生活中最适合运用的应对方法，拓展思路，群策群力。

活动二　自我减压催眠练习

活动目的

通过自我催眠，学会在压力的环境下迅速放松。

活动步骤

1. 从现在开始，坐在椅子上，调整自己的身体，让自己感觉坐起来很舒适，双腿自然放置，双手自然放置在双腿上，不要紧握双手或交叉。

2. 闭上双眼，做三次深呼吸。吸气吸到不能再吸为止，然后憋气，想象刚刚吸入的氧气从胸部开始向全身散发，顺序从胸部到头部，然后从胸部顺着身体向下，到腹部、臀部、大腿小腿和脚部，然后慢慢吐气，直到完全吐完。

3. 三次深呼吸之后，继续闭眼保持深长的缓慢呼吸，想象自己变成了一台扫描仪，扫描自己整个身体，扫描到哪里就让哪里放松。顺序是头盖骨、眼睛和周围的肌肉、颈部、双肩、双臂、双手，然后是胸部、脊椎、腹部、腰部、臀部、大腿、小腿、脚部。

4. 扫描完之后，想象你身体里的每个毛孔好像都张开了，吸进清凉的气体，慢慢地感觉非常清爽，然后想象这些清凉的气体都变成了能量，让你觉得全身充满力量，精神抖擞。然后就静静地感觉它，无论身体出现什么感觉都是好的。

5. 想象过去的某段美好时光，或取得比较好的成绩的一次考试，并心里默念“我很棒，我一定行”。

6. 睁开双眼，你会感觉全身轻松、舒服、心情愉快、充满活力，眼睛比平时明亮。如果睡着了醒来，可能比平时睡一天还舒服。

活动总结

自我催眠是一种很好的放松和缓解压力的工具。它能使我们身心平静，给予我们一段宝贵的暂停时间。

【心灵感悟】

1. **给下面的故事拟题目。**

____

15 世纪中叶的一个夏天，航海家哥伦布从海地岛海域向西班牙胜利返航。经历了惊涛骇浪的船员都在甲板上默默祈祷：上帝呀，请让这和煦的阳光一直陪伴我们返回到西班牙吧。但船队刚离开海地岛不久，天气就骤然变得十分恶劣了。天空布满乌云，远方电闪雷鸣，巨大的风浪从远方的海上向船队扑来。这是哥伦布在航海中遭遇的最大的一次风暴，有几艘船已经被排浪打翻，沉入了大海的深处。船长悲壮地告诉哥伦布说：“我们将永远不能踏上陆地了。”哥伦布知道，或许就要船毁人亡了，他对船长说：“我们可以消失，但资料却一定要留下来。”哥伦布钻进船舱，在疯狂颠簸的船舱里，迅速地把最为珍贵的资料缩写在几面纸上，卷好，塞进一个玻璃瓶里加以密封后，将玻璃瓶抛进了波涛汹涌的茫茫大海。“有一天，这些资料一定会漂到西班牙的海滩上！”哥伦布自信而肯定地说。

“绝不可能！”船长说，“它可能会葬身鱼腹，也可能被海浪击碎，或许会深埋海底。”

哥伦布自信地说：“或许一年两年，也许几个世纪，但它一定会漂到西班牙去，这是我的信念。上帝可以辜负生命，却绝不会辜负生命坚持的信念。”

幸运的是，哥伦布和他的大部分船只在这次空前的海上风暴里死里逃生。回到西班牙后，哥伦布和船长不停地派人在海滩上寻找那个漂流瓶，但直到哥伦布离开这个世界时，漂流瓶也没有找到。

1856 年，大海终于把那个漂流瓶冲到了西班牙的比斯开湾，而此时，距哥伦布遭遇的那场海上风暴，已经整整过去了三个多世纪。

不要对我们的信念产生怀疑，虽然有时候梦想显得遥不可及，但是它至少给了我们前行的方向。正因为有了这信念的指引，我们才能在一次又一次的磨难中依然坚守住脚下的一方土地，正如哥伦布所说的：“上帝可以辜负生命，却绝不会辜负生命坚持的信念。”

2. **写出你学完本课的感悟。**

第六课

注入积极基因——谈心态管理

【心灵引导】

知识目标

了解积极心理学、积极心理以及积极心理对获取幸福的重要性，掌握培养积极心理的方法。

技能目标

能够自主地调节自我心态，朝着健康积极的方向发展。

幸福心语

如果人是乐观的，一切都有抵抗，一切都能抵抗，一切都会增强抵抗力。

——瞿秋白

当生活像一首歌那样轻快流畅时，笑颜常开乃易事；而在一切事都不妙时仍能微笑的人，才活得有价值。

——威尔科克斯

你明白，人的一生既不是人们想象的那么好，也不是那么坏。

——莫泊桑

幸福知识讲堂

知　识　篇

【小案例】

让暴风雨来得更猛烈些

林微是一名大二的学生，刚进大学时的她在同学和老师眼里是一个活泼可爱的女生，学习成绩也很优秀，脸上总是洋溢着自信的笑容，和同学们相处得也相当融洽。然而，期末考试的意外失手，彻底改变了一切，那个自信可爱的小女生像消失了一样，班级活动也很少能看见她。因为考试失利，林微开始怀疑自己的学习能力，她开始躲避老师和同学们对她的关心，变得消极而自卑。

因为一次考试的失误，心态发生了重大的变化，从乐观自信变成了消极悲观，这反映出林微心理素质并不过硬。实际上，在学习和生活中遇到一点打击，是对大学生培养积极心态的最佳考验。大学生应该培养自己积极乐观的心态，对自己的生活要充满信心，理解生活并非完美无缺，周围的人也不是十全十美，要学会容忍社会、他人和自己的不足或过失，只有这样才能避免产生悲观情绪，从而对未来充满信心，获得幸福。同学们，当遇到困难时，为自己注入积极的基因吧，这是生命赐予我们最好的礼物。

一、积极心理概述

（一）积极心理学的含义

积极心理学是20世纪末首先在美国兴起的一场心理学运动，发起者是美国当代著名心理学家赛里格曼。积极心理学倡导人类要用一种积极的心态来对人的许多心理现象做出新的解读，并以此来激发每个人自身所固有的某些实际的或潜在的积极品质和积极力量，从而使每个人都能顺利地走向属于自己的幸福彼岸。因此，积极心理学主张以人的积极力量、善良和美德为研究对象，强调心理学不仅要帮助处于某种“逆境条件下的人们知道如何求得生存和发展，更要帮助那些处于正常境况下的人们学会怎样建立起高质量的个人生活与社会生活”。

积极心理学从关注人类的疾病和弱点转向关注人类的优秀品质，它有三个层面的含义：第一，从主观体验上看，它关心人的积极的主观体验，主要探讨人类的幸福感、满意感、快乐感，建构未来的乐观主义态度和对生活的忠诚；第二，对个人成长而言，积极的心理学主要提供积极的心理特征，如爱的能力、工作的能力、积极地看待世界的方法、创造的勇气、积极的人际关系、审美体验、宽容和智慧灵性等；第三，积极的心理品质包括一个人的社会性，作为公民的美德、利他行为、对待别人的宽容和职业道德、社会责任感，成为一个健康的家庭成员。

积极心理学自称是心理学的一种纯粹的变化，一种从研究生活中最不幸的事件到研究生命中最幸福的事件的变化。积极心理学明确指出了自己研究的三个主题：首先是积极情绪体验，其次是积极人格特质的研究，最后是积极组织系统的研究。

（二）健康人格观

积极心理学认为健康人格观包括以下7点。

（1）心理健康的人能够控制他们的生活、行为，把握自己的命运，而不被意外的、不能控制的、无意识的力量所驱使。

（2）心理健康的人了解他们自己的实际情况。他们能意识到自己的优点和缺点，而且一般说来，他们是容忍并认可它们的，他们并不着意伪装自己，尽管他们能够扮演社会的角色，以适应别人或情境的需要，但是他们并不把这些角色同他们的真实自我混淆起来。

（3）心理健康的人坚定地立足于现在。心理健康的人并不生活在过去之中，他们能较快地摆脱失败和冲突的阴影，坚定地面向未来和立足于现实。不少理论家强调朝向未来的目的对于健康人格的重要性，但他们并没有怂恿我们用未来代替现在。

（4）心理健康的人强调增加紧张而不是降低紧张的重要性。增加紧张是通过接触日益增多的感觉和形象的方式进行的，心理健康的人并不渴望安静和稳定，而是渴望生活的挑战和刺激，渴望新的目标和新的经验。

（5）心理健康的人能给予爱也能接受爱。把自己奉献给工作，并乐于承担义务，关心他人。他们的情绪生活成熟健全，能耐受挫折和失败，经常保持愉快的体验，他们的生活充满了活力和幸福。

（6）心理健康的人有独处和自主的需要。他们不依赖于别人求得安全感与满足，他们依赖的是自己，他们需要有独处的时机去思考问题和解决问题，他们对自然和社会环境的看法有相对的独立性和自主性，而不过分考虑他人的意愿，因此对待严重的打击、挫折显示出相对的镇静态度。

（7）心理健康者的人际关系积极稳妥，他们有良好的社会适应能力，既承认自己，又尊重别人，能体谅他人的痛苦，并用各种办法来帮助他人，具有同人类共祸福的意识。

【心理词典】

乐观特质

乐观作为一种积极的稳定的人格特质，是积极心理学研究的重要内容。而乐观特质则作为一种高度收益的心理特质，往往与较高的自尊、主观幸福感、生活满意度和生理健康联系在一起，并有助于促进心理机能的发展，更加有效地应对压力。乐观的个体更能适应环境，而且乐观还可以促进身体健康。总之，乐观可以增加人的心理资源，使人相信结果会更好。

（三）积极心理的重要意义

处于大学阶段的学生，在自我心态管理方面主要依靠自我教育。自我教育主要是培养大学生的道德意识，能够自我管理、自我要求、自我鼓励、自我控制。积极心理将有利于提高大学生进行自觉的行为控制，积极客观地认知自我，形成良好的道德品质。

（1）积极心理有利于培养大学生形成一种积极向上、快乐的心理。积极心理学以主观幸福感为核心，以人们获得快乐幸福为终极目标的心态。积极心态强调每个人都应该主动地去选择快乐，学会建构自己的快乐机制，从生活中体验快乐，建立一种积极的行为。

（2）积极心理有利于促进大学生积极地认知自我。认知自己就是对自己进行全面的分析，了解和认识自己。只有对自身有了清晰的认识，才能为改善和提高自身各个方面做好准备。积极心理学强调人类在关注人的各种问题时，强调对问题做出积极的解释或者从问题的积极方面去看待、去分析、去解决问题。引用积极心理学的观点有利于大学生积极客观地认知自我，了解自己的长处和不足，并扬长避短，有意识地寻求自我提高，对自己进行准确定位。

（3）有利于大学生创新心理意识的培养。积极心理学研究的另一个重要方面就是创新意识。创新意味着要突破传统的观念，超出思维定势的束缚。然而，创新不仅需要智力因素，也需要非智力因素，积极心理有利于积极创新心理、积极人格品质等非智力因素的形成。因此，用积极心理中的创新观点，可以培养大学生的创新人格，使他们具有远大的理想、坚定的信念、坚强的意志和浓厚的兴趣等。

二、关于积极心理的若干理论

积极心理学中主要涉及的三个理论是：情绪 ABC 理论、主观幸福感和自我决定理论，这三个理论构成了积极心理学的框架。

（一）情绪 ABC 理论

情绪 ABC 理论由美国心理学家艾利斯提出，其基本观点就是：人的情绪不是由某一诱发性事件的本身所引起，而是由经历了这一事件的人对这一事件的解释和评价所引起的。

在 ABC 理论模式中，A 是指诱发事件（Activating events）；B 是指个体在遇到诱发事件之后相应而生的信念（Beliefs），即他对这一事件的看法、解释和评价；C 是指特定情景下，个体的情绪及行为的结果（Consequence）。

通常人们会认为，人的情绪的行为反应是直接由诱发事件 A 引起的，即 A 引起 C。

ABC 理论则指出，诱发事件 A 只是引起情绪及行为反应的间接原因，而人们对诱发事件所持的信念、看法、解释 B 才是引起人的情绪及行为反应的更直接的原因。也就是说由于所持的信念不同，同样的一件事情发生在不同的两个人身上会导致截然不同的两种情绪反应（如图 6-1 所示）。

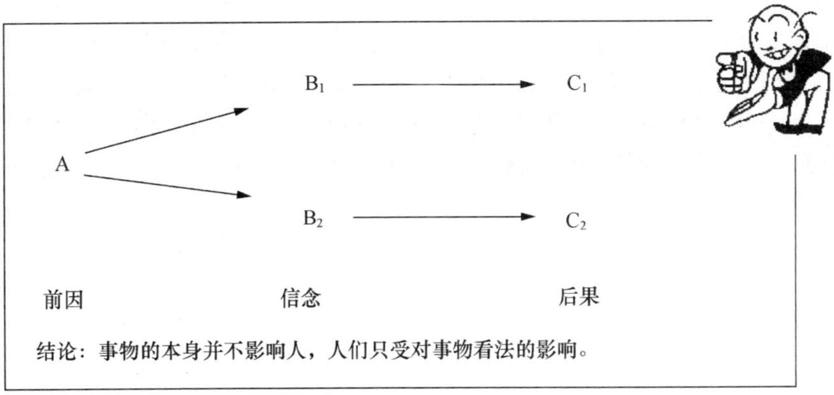

图 6-1　情绪 ABC 理论

例如：两个人一起在街上闲逛，迎面碰到他们的领导，但对方没有与他们打招呼，径直走过去了。这两个人中的一个对此是这样想的："他可能正在想别的事情，没有注意到我们。即使是看到我们而没理睬，也可能有什么特殊的原因。"而另一个人却可能有不同的想法："是不是上次顶撞了他一句，他就故意不理我了，下一步可能就要故意找我的岔儿了。"

两种不同的想法就会导致两种不同的情绪和行为反应。前者可能觉得无所谓，该干什么仍继续干自己的；而后者可能忧心忡忡，以至无法冷静下来干好自己的工作。从这个简单的例子中可以看出，人的情绪及行为反应与人们对事物的想法、看法有直接关系。在这些想法和看法背后，有着人们对一类事物的共同看法，这就是信念。这两个人的信念，前者在合理情绪疗法中称之为合理的信念，而后者则被称之为不合理的信念。合理的信念会引起人们对事物适当、适度的情绪和行为反应；而不合理的信念则相反，往往会导致不适当的情绪和行为反应。当人们坚持某些不合理的信念，长期处于不良的情绪状态之中时，最终将导致情绪障碍的产生。

从情绪 ABC 理论中我们可以得知，事物本身并不影响人，人们只受对事物看法的影响。因此，在受到情绪困扰的时候，我们可以通过调节自己的认知来调节情绪，通过改变对事物的看法，来达到调节情绪的作用。当你不能改变自己所处的环境的时候，试着改变一下自己的心态，也许"既来之，则安之"是另一种释然，这样也许能到达另外更高的高度。

（二）主观幸福感理论

主观幸福感是指评价者根据自定的标准，对其生活质量的整体性评估，是衡量个体生活质量的重要综合性指标，对自身生活良好的评价是幸福人生不可忽视的重要内容。当今大学生是社会重要的组成部分，也是推动社会进步的生力军。但是，现在大学生受到了社会各个方面的压力，使大学生心理出现越来越多的问题。大学生智力水平较高、思维能力较强、情感丰富、内心体验细腻，人生观、世界观逐渐成熟，但是由于学习压力、人际关系、人生目标、就业形势等因素的影响，他们经常出现较大的情绪波动。对大学生主观幸福感及其影响因素、培养幸福感的措施的研究，将为大学生的心理健康提供很好的理论依据。

主观幸福感反映某一社会群体中个体生活质量的重要心理参数。此外还有一些社会心理学概念与生活质量有间接关系，他们是自尊、抑郁等，但唯有生活的满意度和幸福感最终明确了个体生活质量的基线。当然，个体所感受到的幸福感无疑是最重要的因素，与上述的概念有密切关系。关于幸福感的结构，主要包括生活满意度、积极情感和消极情感三部分。生活满意度是个体对生活总体质量的认知评价；积极情感和消极情感是指个体生活中的情感体验。幸福感应理解为具有较多的积极情感、较少的消极情感和更高的生活满意度，重视自己的主观评价。

（三）自我决定理论

自我决定理论是由美国心理学家德西和瑞安等人在 20 世纪 80 年代提出的一种关于人类自我决定行为的动机过程理论。

该理论认为人是积极的有机体，具有先天的心理成长和发展的潜能。自我决定就是一种关于经验选择的潜能，是在充分认识个人需要和环境信息的基础上，个体对行动所做出的自由的选择。自我决定的潜能可以引导人们从事感兴趣的、有益于能力发展的行为，这种对自我决定的追求就构成了人类行为的内部动机。经过几十年的研究，自我决定论已逐渐形成了一套较完善的关于人类动机和人格的理论体系，并广泛应用于管理、教育、咨询等各实践领域。

作为一种新的动机理论，自我决定理论强调人类行为的自我决定程度，将动机按自我决定程度的高低视作一个连续体，其基础是有机辩证元理论，认为社会环境可以通过支持自主、胜任、关系三种基本心理需求的满足来增强人类的内部动机，促进外部动机的内化，保证人类健康成长。自我决定理论虽然具有一定的局限性，但它体现了动机研究的趋向，为众多的动机理论的整合提供了基础。

三、大学生如何培养积极心态

大学生处于人生的关键阶段，拥有健康积极的心态，对于大学生面对今后人生的诸多挑战具有重要意义，大学生要具有积极心态，就要做到以下三点。

（1）加强心理认知调节，确立奋发进取的积极心态。个体心理认知调节的核心原则是直面现实、正视自我、合理预期、知足而乐，以此转换思维方式和心态模式，避免走入心理“怪圈”和“象牙塔”。要学会自我调适、自我激励，读立志之书、交阳光之友、做有德之人，树立奋发进取的人生观、价值观，不断矫正既有的成功观、财富观，通过营造自我“小环境”增强内在精神动力。

（2）加强心理情感调节，确立理性平和的健康心态。同心理认知一样，心理情感同样存在正确与错误之分，情感缺失、错位、扭曲，容易导致感情用事、情感过激。情感疏导和调节的根本目标是理性、平和、克制、自律，其中，最现实的方法是“换位思考”。换位思考是一种意识，也是一种能力，凡事站在对方的角度思考，爱自己、爱他人、爱社会，“己欲立而立人”、“己所不欲勿施于人”，如此，经过不断实践，理性平和的健康心态就会逐渐确立起来。

（3）加强心理品性调节，确立开放包容的乐观心态。确立开放包容的社会心态，最根本的原则是笃定“和而不同”、“求同存异”信条，最根本的途径是多行、多见、多闻，与人沟通，遇事商量，取人之长补己之短，这样就会放大心胸、处之泰然。逆境之时不自卑自弃、怨天尤人，顺境之时不狂妄自大、目空一切，尊重他人、理解差异，这样开放、包容的心态最终就会确立起来。

【哲理故事】

有鲜花的地方就有希望

两个士兵

第二次世界大战刚刚结束的时候，德国到处是一片废墟。有两个美国人访问了一家住在地下室的德国居民。离开那里之后，两人在路上谈起访问的感受。

甲问道：“你看他们能重建家园吗?”

乙说：“一定能。”

甲又问：“为什么回答这么肯定呢?”

乙反问道：“你看到他们在黑暗的地下室的桌子上放着什么吗?”

甲说："一瓶鲜花。"

乙于是说："任何一个民族，处于这样困苦灾难的境地，还没有忘记鲜花，那他们一定能够在这片废墟上重建家园。"

有鲜花的地方就有希望。一个人在遭遇困难之时，仍能保持一颗平和的心、开朗乐观的精神状态，他的斗志又怎么会消沉呢？好态度是快乐的源泉，也是希望降临的曙光。

幸福能力培养

技　能　篇

【百度知道】

Q：上大学后，我觉得身边的同学都很优秀，要么是学习成绩非常优秀，要么是有艺术特长，相比之下我真的是太过于普通了。时间长了，我觉得在大学里找不到自己的方向，心态也变得越来越悲观，我该怎么办呢？

A：刚刚步入大学校园的学生，在自我认知方面常常会因为外界的影响而出现偏差，尤其是与优秀同学进行比较后，一些同学便出现了否定自我的心态。实际上，尺有所短、寸有所长，任何人身上都既有缺点也有优点。大学生应该正确、客观地认识自我，培养自己的乐观精神，充分地发挥自己的特长，展示自己的个人魅力。

乐观精神，从本质上说是一个人思想修养、综合素质的体现。有人说，它与人的秉性脾气有关，这大抵也是对的，但恐怕并不占很大的比重。重要的是后天的修炼与培养。英国有一位科学家，年轻时性格内向，搞研究几经挫折，一度郁郁寡欢，甚至想改弦易辙。他的导师训斥他：像你这样怎么能开启你的智慧之门，要振作起来。后来他有意识地培养自己的乐观精神，面对困难不气馁，遭受挫折不沮丧，反而愈"战"愈勇，终于取得了突出的成就。由此可见，乐观精神从锻炼中来。只要平时多读些书，注意加强思想上的修养，注意综合素质的提高，乐观、豁达的精神就会逐步形成。

提倡乐观精神，还贵在保持清醒的头脑。时下有些人以为，乐观一点，就是糊涂一点，凡事别那么认真。这其实是一种误解。"难得糊涂"一说，有其好的一面。它是说对于那些无谓纠纷、名利之争、闲言碎语等，要看轻一点、糊涂一点，并非是指对现实生活中面临的困难、问题、压力等采取无所谓的态度。我们提倡乐观，不是盲目乐观，而是强调在诸多的困难、压力面前，要有一种乐观、豁达的精神，并在这种精神指导下，冷静地分析问题，寻求解决问题、克服困难的办法与条件。这种精神与郁闷的心情相对立，和无所作为的态度截然相反，是一种积极进取的精神，是一种一往无前、勇于战胜困难、夺取胜利的精神。

【幸福处方】

培养积极心态箴言

培养积极的心态，可以使我们的生活按照自己的想法发展，没有积极心态就无法成就大事。我们应该练习控制心态，并且力求拥有积极的心态。下面这些方法值得我们借鉴。

1. 切断和我们过去失败经验有关的所有关系，清除干净我们脑海中的那些与积极心态背道而驰的所有不良因素。

2. 找出我们一生中最希望得到的东西，并立即着手去得到它，去追寻我们的目标。

3. 确定我们需要的资源之后，便制订如何得到这些资源的计划，然而所订的计划必须不要太满，也不要不足，别认为自己要求得太少，记住，贪婪是失败的最主要因素。

4. 每天说或做一些使他人感到舒服的话或事，我们可以利用电话、明信片，或一些简单的善意动作达到此目的。例如，给他人一本励志的书，就是为他带来一些可使他的生命充满奇迹的东西。日行一善，可永远保持无忧无虑的心情。

5. 我们要了解这一点，即打倒我们的不是挫折，而是我们面对挫折时所持的心态。训练自己在每次不如意的处境中都能发现挫折中积极的一面。

6. 务必使自己养成精益求精的习惯，以爱心和热情发挥我们的这项习惯，如果能使这种习惯变成一种嗜好，那是最好不过的了。如果不能的话，至少我们应该记住：懒散的心态，很快就会变成消极心态。

7. 当我们找不到解决问题的答案时，不妨帮助他人解决问题，并从中寻找我们所需要的答案。在帮助别人解决问题的同时，我们也正在洞察解决自己的问题的方法。

8. 彻底“盘点”一次我们的财产，会发现自己所拥有的最有价值的财产就是健全的思想，有了它我们就可以决定自己的命运。

9. 与我们曾经以不合理态度冒犯过的人联络，并向他致上最诚挚的歉意，这项任务越困难，我们就越能在完成道歉时，摆脱掉内心的消极心态。

10. 我们在这个世界上到底能占有多少空间，与我们为他人利益所提供服务的质量，以及提供服务时所产生的心态成正比。

11. 改掉我们的坏习惯，连续一个月每天减少一项恶习，并在一周结束时反省一下成果。如果我们需要顾问或帮助，可以大胆地说出，切勿让我们的自尊心使自己却步。

12. 要知道自怜是独立精神的毁灭者，请相信，我们自己才是唯一可以随时依靠的人。

13. 把我们一生中所发生的所有事件都看做是为激励我们上进而发生的，即使是最悲伤的经验，也会为我们带来更多的财产。

14. 放弃想要控制别人的念头，在这个念头摧毁我们之前先摧毁它，把我们的精力转为控制我们自己。

15. 把我们的全部思想用来做我们想做的事，不要留半点思维空间给那些胡思乱想的念头。

16. 向每天的生活索取合理的回报，而不要光等着回报跑到我们的手中，我们会因为得到许多我们所希望的东西而感到惊讶——虽然我们可能一直都没有察觉到。

17. 以适合我们生理和心理的方式生活，别浪费时间，以免落于他人之后。

18. 除非有人愿意以足够的证据，证明他的建议具有一定的可靠性，否则别接受任何人的建议，我们将会因谨慎而避免被误导，或被当成傻瓜。

19. 一定要了解人的力量并非全部来自物质。

20. 使自己多多活动以保持自己的健康状态，生理上的疾病很容易造成心理的失调，让你的身体和你的思想一样保持活动，以维持积极的行动。

21. 增加自己的耐性，并以开阔的心胸包容所有事物，同时也应与不同种族和不同信仰的人多接触，学习接受他人，不要一味地要求他人照着我们的意思行事。

22. 你应承认，“爱”是你生理和心理疾病的最佳药物，爱会改变并且调适我们体内的化学元素，以使它们有助于我们表现出积极的心态，爱也会扩展我们的包容力。接受爱的最好方法就是付出我们自己的爱。

23. 以相同或更多的价值回报给我们好处的人。“报酬增加律”最后还会给我们带来好处，而且可能会为我们带来所有我们应得到的东西。

24. 记住，当我们付出之后，必然会得到等价或更高价值的东西。抱着这种念头，可使我们驱除对年老的恐惧。

25. 要相信，我们可以为所有的问题找到适当的解决方法，但也要注意，我们所找到的解决方法未必都是我们想要的。

26. 参考别人的例子提醒自己，任何不利情况都是可以克服的。虽然爱迪生只接受过3个月的正规教育，但他却是最伟大的发明家。虽然海伦·凯勒失去了视觉、听觉和说话的能力，但她却鼓舞了无数人。明确目标的力量必然胜过任何限制。

27. 对于善意的批评应采取接受的态度，而不应产生消极的反应，利用这种机会做一番反省，并找出应该改善的地方，不要害怕批评，我们应勇敢地面对它。

28. 和其他献身于成功原则的人组成智囊团，讨论我们的进程，并从更宽广的经验中获取好处，但以积极面作为基础进行讨论。

29. 搞清楚愿望、希望、欲望以及强烈欲望与达到目标之间的差别，其中只有强烈的欲望会给我们驱动力，而且只有积极心态才能供给产生驱动力所需的燃料。

30. 避免任何具有负面意义的说话方式，尤其应根除吹毛求疵、闲言闲语或中伤他人名誉的行为，这些行为会使我们的思想朝消极面发展。

31. 锻炼我们的思想，使它能够引导我们的命运朝着我们希望的方向发展，把握住“报酬”信封里的每项利益，并将它们据为己有。

32. 随时随地都应表现出真实的自己，没有人会相信骗子的。

33. 相信无穷智慧的存在，它会使我们产生为掌握思想和引导思想而奋斗所需要的所有力量。

只要你调适好自己的思想，我们的心态便会随时处于一种积极的心态中。

【感动人物】

海伦·凯勒的一生

20世纪，有一个不可思议的独特生命以其无以比拟的勇敢品性感动了全世界，她便是海伦·凯勒。

海伦·凯勒生于美国亚拉巴马州，刚出生时，她跟其他的婴儿一样耳聪目明。然而，在她只有19个月大时，一场突如其来的重病给她的生理造成了伴随一生的缺憾，此后她丧失了听、看以及说的能力。

1887 年，安妮·沙利文成为海伦的家庭教师。随后的五十多年的时间里，安妮·沙利文和海伦朝夕相处。安妮陪着小海伦做游戏，在游戏的过程中想方设法尝试着教她懂得什么是词汇，什么是句子，同时努力教她懂得每个词汇都有一个或多个含义。日复一日，在老师倾尽全力及无比耐心地教育指导下，海伦不断丰富了自己的词汇量和知识内容，还读懂了大量的书籍和报纸，她的视野拓宽了，性格也变得开朗起来。

经过几十年如一日的勤奋努力，海伦先后学习且超越常人地掌握了法语、德语、拉丁语、希腊语。作为一个聋盲者，海伦能够熟练运用五门语言，她的成功成为了“教育史上最伟大的成就”。

海伦不但在生活上得到安妮老师的悉心照料，而且在为人处世的哲理上，也受老师的谆谆教诲和以身作则。她的耳边和心里时常萦绕着老师的一段话：“要成为一个众人瞩目且钦佩称道的强者，一定要经受比常人更多的苦难历练。一个人从顺利通达中得到的教益少，从艰难困苦中得到的教益多，也更深刻。”海伦把老师的这些人生道理都时时牢记在心。

1955 年，海伦取得优异的成绩，顺利完成了她在哈佛大学的学业，且被授予哈佛大学的荣誉学位。海伦·凯勒成为历史上首位获此殊荣的残疾女士。

上学不仅使她成为一个知识丰富的学者，也铸就了她美好的心灵。海伦一边嗜书如命，一边还喜欢骑马、游泳、划船，酷爱戏剧表演艺术。在她的著作“如果给我三天光明”一文中，海伦深情地表达了她对沙利文老师的爱：“如果给我三天光明，我第一眼想要看到的就是我亲爱的老师。”

1968 年，88 岁高龄的海伦去世，她极富传奇色彩的人生旅程画上了句号。

虽然这位受人们敬仰的作家和教育家已经悄然远去，然而海伦的名字却成为坚韧意志的不朽象征，她颇富传奇色彩的人生已然成为激发人们征服命运的最强大的精神力量。海伦的许多脍炙人口的经典话语早已深深浸透人心，化成能量极大的催人奋发有为的精神力量，鼓舞无数人勇敢向前挺进。她积极乐观的人生态度，值得人们经久品味。

【自助加油站】

塑造乐观心态

乐观的心态并非是与生俱来的，它是人在经历过挫折后，在悲观的情绪后才悟出来的一种心态。生活在纷繁复杂环境下的大学生，拥有乐观心态对促进其身心健康，积极面对以后的工作和生活是必不可少的。

人在一生中经历各种各样的困难和挫折是不可避免的，遇到挫折情境不必抱怨。因为挫折是一把双刃剑：一方面，它能使人失望、痛苦，甚至从此一蹶不振或引起粗暴的消极对抗行为，导致矛盾激化，还可能使某些意志薄弱者因此失去对生活的希望，造成严重后果；另一方面，它能给人以教益，使犯错误者猛醒，认识错误，接受教训，改弦更撤；它能磨炼人的意志，激励人奋发努力，从逆境中奋起。作为大学生，要认识挫折的两面性，积极应对挫折，把挫折当做增长自己人生的经验，增强自信心，使自己变得更加成熟的一种条件。

人为万物之灵，这是因为人具有思维能力，即人所独有的极其复杂、丰富的主观内心世界，而它的核心就是人生观和世界观。如果有了正确的人生观和世界观，一个人就能对社会、对人生、对世界上的万事万物持正确的认识，能采取适当的态度和行为反应；就能使人站得高，看得远，做到冷静而稳妥地处理各种问题。作为当代的大学生，树立正确的人生观成为维护自我心理健康，培养乐观心态的第一要义。大学生应该有远大的志向和明确的学习目标，同时，要时刻用积极心理暗示自己，用乐观的心态面对一切困难；以积极的眼光看待周围的事物，看待他人和自己。

乐观是一种心态，更是一种素质、一种智慧，它是走向成功必不可少的一种品质。现在的大学生要提醒自己从这一刻开始，永远保持乐观的心态。不管以后遇到任何困境，我们都应该积极去面对。

幸福体验之旅

体验篇

【心理测试】

你是否有乐观的心态

你的生活态度积极吗？实事求是地勾出下列最符合你情况的句子。

1. 我发现保持乐观心态很难。
   a. 从不　b. 偶尔　c. 经常　d. 总是
2. 我觉得生活抛弃了我。
   a. 从不　b. 偶尔　c. 经常　d. 总是
3. 遇到厄运时，我向厄运屈服。
   a. 从不　b. 偶尔　c. 经常　d. 总是
4. 我会使自己情绪低落。
   a. 从不　b. 偶尔　c. 经常　d. 总是
5. 我容易想到最坏的方面。
   a. 从不　b. 偶尔　c. 经常　d. 总是
6. 我以消极的语气与人交谈。
   a. 从不　b. 偶尔　c. 经常　d. 总是
7. 我觉得自己没有价值。
   a. 从不　b. 偶尔　c. 经常　d. 总是
8. 我对别人感到失望。
   a. 从不　b. 偶尔　c. 经常　d. 总是
9. 我觉得世界充满危机。
   a. 从不　b. 偶尔　c. 经常　d. 总是
10. 我容易回忆痛苦的往事。
   a. 从不　b. 偶尔　c. 经常　d. 总是

11. 面对赞美我会局促不安。
a. 从不 b. 偶尔 c. 经常 d. 总是

12. 我觉得自己一无是处。
a. 从不 b. 偶尔 c. 经常 d. 总是

13. 我会被坏心情淹没。
a. 从不 b. 偶尔 c. 经常 d. 总是

14. 我容易愤怒。
a. 从不 b. 偶尔 c. 经常 d. 总是

15. 我无法实现我的人生理想。
a. 从不 b. 偶尔 c. 经常 d. 总是

16. 我容易忧虑不安。
a. 从不 b. 偶尔 c. 经常 d. 总是

17. 人们说我是个悲观主义者。
a. 从不 b. 偶尔 c. 经常 d. 总是

18. 我很难自得其乐。
a. 从不 b. 偶尔 c. 经常 d. 总是

19. 我缺乏自信。
a. 从不 b. 偶尔 c. 经常 d. 总是

20. 我做事没有动力。
a. 从不 b. 偶尔 c. 经常 d. 总是

21. 我的生命没有意义，缺乏目标。
a. 从不 b. 偶尔 c. 经常 d. 总是

22. 我没有舒适、安逸的生活环境。
a. 从不 b. 偶尔 c. 经常 d. 总是

23. 我觉得身体不适。
a. 从不 b. 偶尔 c. 经常 d. 总是

24. 没有人支持我。
a. 从不 b. 偶尔 c. 经常 d. 总是

25. 我的生活方式充满压力。
a. 从不 b. 偶尔 c. 经常 d. 总是

26. 我无法控制自己的生活。
a. 从不 b. 偶尔 c. 经常 d. 总是

27. 我的爱情生活不尽如人意。
a. 从不 b. 偶尔 c. 经常 d. 总是

28. 我不满意我的工作。
a. 从不 b. 偶尔 c. 经常 d. 总是

29. 我缺乏成就感。
a. 从不 b. 偶尔 c. 经常 d. 总是

30. 失败会带给我很大的打击。
a. 从不 b. 偶尔 c. 经常 d. 总是

31. 我的危机一个接着一个。

a. 从不　　b. 偶尔　　c. 经常　　d. 总是

32. 我对于自己所处的年龄段不满意。

a. 从不　　b. 偶尔　　c. 经常　　d. 总是

评分方法

选 a 得 1 分，选 b 得 2 分，选 c 得 3 分，选 d 得 4 分。最后将你的得分相加，看看你目前的积极性程度有多少。将你的得分相加，然后阅读结论分析。要注意记下自己最积极和最消极的方面，这样你就能有针对性地改善你的弱点。

结论分析

32 分到 64 分：你的生活态度非常积极，基于这个基础，你将获得幸福美满的人生。

65 分到 95 分：你的积极性一般，但通过一些帮助和学习，你将改善自己的思维方式，获得更美满的生活。

96 分到 128 分：你的生活态度令人担忧。但通过一些帮助和学习，你可以获得有益的心理策略，帮助你建立积极的生活态度。

【励志歌曲】

我的未来不是梦

作词：陈乐融　作曲：翁孝良

你是不是像我在太阳下低头，流着汗水默默辛苦地工作，你是不是像我就算受了冷漠，也不放弃自己想要的生活，你是不是像我整天忙着追求，追求一种意想不到的温柔，你是不是像我曾经茫然失措，一次一次徘徊在十字街头。因为我不在乎别人怎么说，我从来没有忘记我，对自己的承诺对爱的执着。我知道我的未来不是梦，我认真地过每一分钟，我的未来不是梦，我的心跟着希望在动，我的未来不是梦，我认真地过每一分钟，我的未来不是梦，我的心跟着希望在动，跟着希望在动。

【心理电影】

美丽人生

故事梗概：1939 年，第二次世界大战的阴云笼罩着整个意大利。乐观开朗的犹太青年圭多和朋友驾车来到城里，途中邂逅了美丽的女教师多拉，两人互生情愫。几经磨难，两人结为夫妻。但好景不长，就在他们的儿子生日那天，圭多和儿子被强行带到了纳粹集中营，原因是他们是犹太人。多拉没有犹太血统，但为了和丈夫儿子在一起，也登上了通往集中营的火车。

在集中营里他们被分开关押。圭多为了不让儿子幼小的心灵受到伤害，就“欺骗”他说这是为他的生日而举办的一场游戏，游戏规则是不能哭不能闹不能想妈妈，率先得到 1000 个积分的孩子就可以得到一辆真坦克，儿子信以为真。圭多还要想方设法向妻子报平安。圭多为了儿子的安危，自己惨死在德军的枪口之下。

影片的最后，孩子从集中营出来时，一切都结束了，美军打败了德军。一辆坦克出现在孩子的眼前，他坐着坦克找到了妈妈。那时的他不知道是父亲给了他一个美好的回忆，是父亲的牺牲赐与了他今生最大的恩典，是父亲给了他美丽的人生。美丽人生，不是没有苦难，而是苦难下还能美丽生活。

影片讨论：欣赏完这部电影，你还受到了什么启发？大家讨论一下。

【心灵图书】

积极心态的力量

内容简介：本书详细说明了一个人拥有积极心态的重要性与拥有积极心态后人生的变化。生活并不全是甜蜜和光明，大部分的生活都存在着各种各样的困难、痛苦和失败。书中讲述了生活的真相，也提出了解决方法。

书评讨论：读完这本书，你还受到了什么启发？大家讨论一下。

【心理训练】

活动一　命运之牌

活动目的

1. 让学生学会接纳自己，懂得珍惜现在所拥有的资源，感知幸福。

2. 让学生懂得“命运掌握在自己手中”。

活动步骤

1. 主持人指导语：由于受到出生环境等各种因素的限制，每个人的命运是不同的。有的同学可能对自己的家庭环境不满意，有的同学可能对自己的长相不满意，也有的同学可能对目前的自己不满意……

人能够获得第二次生命，每个人的命运可以重新选择。我手中有很多纸牌，每张牌就是命运的一种重新安排，它所包含的资料就是你新的生活资料，从现在起，你就是牌上的这个人。设想一下你处在这种情况下的命运，现在看看自己目前的处境、位置与假设的第二次人生选择的处境相比，有什么不同？

2. 把纸牌放在一个盒子里，让同学们随机抽取一张，不得更换。

3. 全班同学交流全新的“自己”，并询问是否满意牌上的“自己”。生命只有一次，你该怎样面对已经拥有的生活？

附：纸牌的内容

(1) 自己不幸患了癌症，家里没有钱治疗。

(2) 因家中意外发生火灾，脸部被大火烧伤，留下了一个很难看的伤疤。

(3) 家中父母离异，经济困难，读书条件很差。

(4) 出生在本部一个贫困山区里，父母无力供养自己读书。

(5) 自己的父母不幸患有重病，治疗花费了很多钱，家庭经济紧张。

(6) 父母下岗，家庭经济困难，不能支付目前的学习费用。

(7) 与周围的同学人际关系很紧张，很不受大家的欢迎。

(8) 自己患有小儿麻痹症，生活很不方便。

(9) 自己小时候因中耳炎治疗不好而变聋。

(10) 自己一家三口挤在一个10多平方米的老房子里，食宿条件比较艰苦。
(11) 自己的一只眼睛因意外事故而失明。
(12) 自己的一条腿因在一次车祸中受伤严重被截肢。
(13) 自己在一个条件很差的普通学校里读书。
(14) 自己相貌普通，在班级里不引人注意，学习等各方面都一般。
(15) 学习成绩优秀，但人缘很差，不受老师和同学欢迎。
(16) 自己的妈妈对自己太唠叨，对自己管得太多，让自己不舒服。
(17) 以前家里很富有，现在却因意外事故而陷入经济拮据状态。
(18) 出生在一个普通的工人家庭。
(19) 自己目前的学习成绩很差，经常被一些同学看不起。
(20) 自己患有口吃，常被同学模仿而引起大家的嘲笑。
(21) 因自己太胖，大家经常以此开涮，并且给自己起不太好听的绰号。
(22) 自己身高低于同龄人平均身高20厘米。
(23) 自己学习成绩在班级最后，努力用功后效果仍然不明显。
(24) 自己除了学习外，其他业余爱好基本没有。
(25) 自己是个塌鼻子，影响了容貌。
(26) 自己患有先天性心脏病，很容易疲劳。
(27) 自己在学校创新大赛上获得一等奖。
(28) 自己被评为十佳“校园明星”。
(29) 自己出生在一个贫困山区的农民家庭里。
(30) 自己的家人去东南亚旅游时因海啸而不幸遇难。
(31) 走路时因不小心而被车撞，头部严重受伤。
(32) 自己的父母对自己要求很严，很专制，很不自由。
(33) 家庭经济条件好，但父母对自己缺乏关爱，不喜欢自己。
(34) 自己经常受到别人的欺负，心里很郁闷。

注意事项

1. 若有同学对自己抽取的纸牌不满意要求更换，主持人可准备更差的纸牌，让图片显示比原牌更糟糕的生活，询问是否愿意更换。在游戏过程中，有的同学可能不太严肃认真，主持人要及时给予提醒。

2. 对于纸牌的内容，这里只给出了一些参考。主持人在使用时可根据学生的实际情况自己设计一些内容。之所以设计的内容大都是不尽如人意的，主要是想让学生意识到，虽然我们每个人都无法选择我们的出身、我们的家庭，或许我们对目前的环境不一定很满意，但无论如何，我们都应该珍惜自己的境遇。

3. 由于这个游戏的内容中有可能真地涉及学生的伤心处，如家庭离异的学生、身体外貌略有欠缺的学生，所以主持人在游戏之前应该先跟一些同学座谈沟通，取得学生的同意。游戏之前，主持人要强调为游戏可能会给学生带来的负面效应表示歉意。

活动总结

实际上，现实生活中有很多条件很糟糕的生活。无论对自己目前的命运处境多么不满意，你都不是最糟糕的。抱怨不解决问题，因为不论是苦是甜、是喜是忧、是成功还是失败，都是我们自身的真实情况。最好的做法就是接纳目前的命运，珍惜自己拥有的生活，活在当下，用今天的努力去开创自己的明天。

活动二　我要积极心态

活动目的

1. 让学生体验自己是否有意识地把握机会和表达愿望。

2. 理解“机会面前人人平等”，使学生学会把握机会，不留遗憾，从而积极地面对人生。

活动步骤

1. 全班同学围坐成一圈，由主持人出示精美礼物，适度地描述并提问：谁想得到这份礼物？想得到礼物的人请举手。

2. 主持人从举手的同学中，选择6位入围者。

3. 6位入围者走到圈中央，面对主持人一排坐好，在6位入围者中自愿产生1名裁判。

4. 裁判产生后，主持人把权力交给他，5位入围者分别向裁判陈述自己希望获得礼物的理由，最后由裁判客观地决定礼物归谁所有。

5. 礼物送出后，主持人请裁判、礼物获得者和4位入围者谈谈自己的感受。

活动讨论

1. 在这个游戏中，你的注意力集中了吗？

2. 评价一个人注意力集中与不集中的优点和缺点。

3. 在哪种情况下自己的注意力会不集中？

4. 如何提高注意力？

活动总结

积极心态是由人的正面的性格因素所构成的，如信心、正直、希望、乐观、勇气、进取心、慷慨、耐性、机智、亲切以及丰富的常识。它会修饰你说的每句话，并且决定你的情绪感受，它还会对你的思想产生影响。积极心态是一种主动的生活态度，它对任何事都有足够的控制能力，从而反映了一个人的胸襟和魅力。积极的心态会感染人，给人以力量。

【心灵感悟】

1. 给下面的故事拟题目。

____

一个少妇去投河自尽，被正在河中划船的老艄公救上了船。

老艄公问：“你年纪轻轻的，为何寻短见？”

少妇哭诉道：“我结婚两年，丈夫就遗弃了我，接着孩子又不幸病死。您说，我活着还有什么乐趣？”

老艄公又问：“两年前你是怎么过的？”

少妇说：“那时候的我自由自在，无忧无虑。”

“那时有丈夫和孩子吗？”

“没有。”

“那么，你不过是被命运之船送回到了两年前，现在你又自由自在，无忧无虑了。”

少妇听了老艄公的话，心里顿时敞亮了，便告别老艄公，高高兴兴地跳上了对岸。

美国著名的心理学家威廉·詹姆斯说："我们这一代人最重大的发现是人能改变心态，从而改变自己的一生。"的确，人生的成功或失败、幸福或坎坷、快乐或悲伤，有相当一部分是由人自己的心态造成的。

我们有时可以跨越前进路上的一切障碍，却无法摧毁那道厚厚的心墙。人的心态是随时随地可以转化的。一个人心里想的是快乐的事，他就会变得快乐；心里想的是伤心的事，心情就会变得灰暗。

2. 写出你学完本课的感悟。

第七课

守住一颗淡定的心——谈情绪管理

【心灵引导】

知识目标

理解情绪及情绪的意义，了解自身的情绪特点，掌握情绪调节的方法。

技能目标

能够自主调控情绪，保持良好的情绪状态。

幸福心语

每个人体内都有人所共知的最有助于身体健康的力量，那就是良好的情绪的力量。

——约翰·辛德勒

一种美好的心情，比十服良药更能解除生理上的疲惫和痛楚。

——马克思

对消极的情绪有一个明确的了解，就可以消除它。

——霍华德

幸福知识讲堂

知　识　篇

【小案例】

我的情绪我做主

张欣是一名高职大学生，她自幼受到比较严格的教育，也养成了对自己高要求的习惯。自打升入大学以来，张欣就有要升本深造的愿望。可是就在升本考试前的一个多月前她便紧张不安、心烦意乱，并且晚上经常整晚地失眠，学习效率明显下降。父母和同学给予了她关心和安慰，但这种焦虑的状况并没有改善，反而愈演愈烈，并且严重影响了她的情绪，以至她经常会啼哭和发脾气，有时候早上不愿意起床，开始有意地逃避考试这件事情。父母做了大量的教育和说服工作，但收效甚微。当张欣情绪平静的时候，会对自己的这种现状深深自责，并会因对父母乱发脾气而对父母认错，但当情绪失控时，就会变得十分暴躁，甚至有几次已经有自残的行为。妈妈看到自己心爱的女儿变成这样，由起初的关心变成埋怨，转而又变成了害怕和担心，害怕女儿这样下去身心会受到极大的影响。为此，妈妈带女儿跑遍了市里的几个主要医院，也服用了不少药物，虽然焦虑有所缓解，但情绪仍旧变化不定，对读书依然抗拒。

张欣表现出来的考试焦虑是一种不良的情绪，这是长期以来内外因共同造成的结果。情绪是人类对各种认知对象的一种内心感受或态度体验，常伴随着人们一定的生理变化和面部表情，有时比较微弱，有时非常强烈，有时非常短暂，有时很持久，它能影响人的整个精神活动。大学生由于心理还不够成熟，因此常常会产生情绪上的各种波动。同学们该如何掌控自己的情绪呢？让我们走进幸福知识讲堂，一起解开控制情绪的密码吧。

一、情绪概述

（一）情绪的含义

所谓情绪是指个体受到某种刺激后所产生的一种身心激动状态。情绪状态的发生每个人都能够体验，但是对其所引起的生理变化与行为却较难加以控制。人们处于某种情绪状态时，个人是可以感觉得到的，而且这种情绪状态是主观的。因为喜、怒、哀、乐等不同的情绪体验，只有当事人才能真正地感受到，别人固然可以通过察言观色去揣摩当事人的情绪，但并不能直接地了解和感受。情绪经验的产生，虽然与个人的认知有关，但是在情绪状态下所伴随的生理变化与行为反应，却是当事人无法控制的。情绪每个人都会有，心理学上把情绪分为四大类：喜，怒，哀，乐。再把它们细分还有很多，基本涵盖了我们身上发生的所有情绪反应。

【心理词典】

潜 意 识

潜意识由心理学家弗洛伊德在其《精神分析学》理论中首先提出，是指潜藏在我们一般意识底下的一股神秘力量，是相对于“意识”的一种思想。潜意识，也就是人类原本具备却忘了使用的能力，这种能力我们称为“潜力”，也就是存在但却未被开发与利用的能力。潜能的动力深藏在我们的深层意识当中，也就是我们的潜意识。

（二）情绪的产生

在日常生活中，我们随时随地都会对个体自身、他人及周围环境是否符合自身的期望与需要作出评价，产生内心态度体验，出现肯定或者否定的情绪反应。

1. 情绪为刺激所引起

情绪不是自发的，而是由刺激所引发的。引起情绪的刺激，可以是外在环境因素，也可以是内在因素；可以是具体可见的，也可以是隐而不显的。

外部环境中的人、事、物及其运动变化都能引发个体的情绪反应，如扑鼻的花香、和煦的阳光会使人觉得心旷神怡，而喧哗、拥挤的场所则令人烦躁不安。不过，相同的外部刺激，未必引发不同个体相同的情绪状态。一般说来，刺激符合人的需要就会引起积极的情绪，反之则引起消极情绪，与己无关则不引发情绪，呈中性状态。

个体内在因素及其变化也可以诱发不同的情绪状态。内在因素包括生理因素和心理因素两方面。生理因素如激素分泌及其改变、疾病等，都可以成为内在刺激而影响情绪。心理因素包括记忆、回忆、联想、想象等心理活动，会令活动个体产生不同的情绪，想到值得高兴的事会使人兴奋不已，而想起伤心事，甚至可以令人泪流满面，“境由心造”即指不同的心理活动引发不同的情绪反应。

2. 情绪内容是主观意识经验

由刺激诱发的情绪状态，个人可以在内心深处感觉体验，所感觉体验的内容是个人的、内在的、主观的。相同的刺激未必引起相同的情绪反应，其原因在于，在诱发情绪的刺激与当事者的情绪反应中间，还存在着当事者认知因素的影响和制约。如小孩在家玩火，感觉刺激、好玩，表现出愉悦的情绪反应，但家长则表现出紧张、害怕，采取制止、惩罚行动。这是因为小孩还不能认识到火灾的危险，而大人则深知其可怕的后果。可见，主观的情绪反应不仅与刺激相关，还与个体的经验、知识等心理因素相关。

【心理词典】

淡 定

淡定是指有泰山崩于前而面不改色的镇定程度，遇事沉稳中又积极果断，老练里却又重视有佳，胜不骄，败不馁；淡定形容一种勇气。淡定，是一种思想境界，是一种心态，是生活的一种状态。我们每个人都需要这种心态，在生活中才会处之泰然，宠辱不惊，不会太过兴奋而忘乎所以，也不会太过悲伤而痛不欲生。

（三）情绪的分类

由于分类标准不同，情绪分类的结果不同。目前心理学上多采取以下几种分类法。

1. 基本的情绪

就人类的情绪表现而言，古代人将情绪分为七种，把“喜、怒、忧、思、悲、恐、惊”称为七情。类似的分类法至今仍沿用。达尔文在观察不同文化、不同种族的人之后，认为喜、怒、哀、惧等基本情绪的面部表情，各种族间具有一致性。现代心理学一般认为快乐、愤怒、悲哀、恐惧四种情绪表现是人类情绪的基本形式。

快乐是指需要或期望得到满足，期待的紧张感同时解除而产生的情绪体验。根据追求目标的意义，追求行动过程的努力程度，以及实现目的的方式与状态，快乐又可分为满意、欣慰、愉快、欢乐、狂喜等几个等级。

悲哀是指由于喜爱的对象被损坏或失去，或者是期望破灭所诱发的情绪体验。根据对象与期望的重要性和价值大小不同，悲哀可分为失望、遗憾、难过、悲伤、悲痛等几个等级。

愤怒是指由于种种原因，个人愿望受阻或受到威胁、攻击、羞辱等使个体的活动受到挫折，尊严受到伤害时产生的情绪体验。根据其程度，愤怒也可细分为不满意、生气、怒、激愤、狂怒等几个等级。

恐惧是指在主观感受到的危险情境下，个体产生的一种情绪反应。根据主观感受和危险情境的程度差异，恐惧可分为惊奇、害怕、恐慌、恐怖等几个等级。

2. 情绪状态

按照情绪发生的强度、速度与持续时间的长短，可将情绪分为心境、激情、应激三类。

心境，是一种比较微弱、缓和而持久的情绪状态。心境不是对某一特定对象的体验，而是一种非定向的弥散性体验，是能够影响个体整体心理活动的背景性情绪状态。“我最近心情不好”的“心情”一词就是指心境。心境具有弥散性，当一个人处于某种心境中，往往以同样的情绪状态看待其他事物。心境持续时间较长，可以是几个小时，也可以是数周、数月。心境的体验平和，不具爆发性，生理反应和行为表现往往不明显，不易为外人发现，有时甚至当事人也不甚明了。

引起心境的原因并无特殊之处，凡是诱发情绪的刺激，皆可诱发心境。类似的刺激可诱发类似的心境，所谓睹物思人，即是谓此。由于心境具有背景性特征，影响时间长，因此发现调控消极、颓废、沮丧的心境，营造良好、积极、上进的心境是心理卫生的重要任务之一。

激情是一种强烈的、爆发式的、短暂的情绪状态。如狂喜、暴怒、悲痛欲绝、惊慌失措等都属于激情表现。激情的情境性十分明显，往往由强烈的刺激所诱发，突然爆发，持续的时间往往不长。

激情的爆发往往由对个体有重大意义的强烈刺激所诱发，或者内心出现强烈对立的冲突，过度的抑制或兴奋等。现实生活中，亲人突然亡故、信仰的突然幻灭、极度的喜悦都屡屡导演一幕幕激情剧。激情爆发时，其生理反应和行为表现十分明显，且不为当事人的理智所控制，如咬牙切齿、拍案掷物、捶胸顿足等，有时还会出现肌肉痉挛、意识狭窄，甚至出现短暂的意识丧失。

应激是出乎意料的紧张或威胁性情境出现时，个体急速产生的高度紧张的情绪状态。在应激情绪体验产生的同时，身体会自动出现一种类似于“国家战争总动员”的反应现象，以使个体进入应急状态以应对面临的困境。因此应激状态有其积极一面，即使个体调动潜力、激化器官功能、增强反应能力，是一种特殊的自我防护机制，如所谓的“急中生智”。但应激也有消极一面，即使个体意识范围缩小、认知能力下降、行为慌乱。室内火灾时，人们拼命拥向房门逃生，结果该拉开的门由于拥挤而拉不开，酿成惨剧，就是典型的应激反应。

应激往往由突发的、出乎意料的或者需要通过较大的努力才能实现目的情境所诱发。如运动员参加国际比赛、突发的自然灾害、大学入学考试、结婚、离婚、生育后代等都可引发应激反应；一系列小的刺激积累也可诱发应激反应。应激反应能力可以通过心理训练改善提高。如严格的军事训练可以提高军人在真实战斗中的应激能力。突发灾害的应激训练是国民心理素质训练的重要内容。

3. 情绪和情感

在描述人类的感情活动时，情绪和情感两词经常被使用，有时还互相替换。情绪和情感同属于不同于认知和意志活动的感情性心理活动，是对同一过程、同一活动的两个不同层面的描述。情绪是指感性活动的过程和感受体验本身，情感是对感性过程的感受和体验。

一般来看，情感经常被用来描述社会性高级感情，具有稳定而深刻社会含义的感情反应叫做情感。个体对刺激所蕴涵的社会意义的体验往往用情感一词描述，属于人类高层次的需要满足而出现的内心体验。情感的具体内容可分为道德感、美感、理智感等高级社会感情。

（四）情绪的表达

情绪的表达是指个体将其情绪经验，经由行为表露于外，从而显现其心理感受，实现与环境交流沟通的目的。每当我们与他人交往时，不管是否面对面，个体之间都在不断地表达着情绪，也同时注意并理解着对方的表情、姿势等背后的情绪状态。所以情绪经验具有双向性质，即情绪表达具有沟通对象，情绪表达的主体及其对象，必须对情绪表达的方式、内容、意义达成共识，才能达到沟通、理解、交流的目的。学习理解人类情绪表达方式，对疏泄调控不良情绪，建立良好的人际关系十分重要。

情绪的表达方式可大致分为语言表达和非语言表达两类。文学语言艺术是人类最常见的表达人类情绪的手段，语言往往间接表达情绪，深受文化教育的影响，个体差异明显，不易通过研究发现情绪心理原则，因此心理学界不太关注语言情绪表达研究。

人类非语言情绪表达的方式包括面部表情、姿势语言、语音语调等方面。面部表情即情绪活动所伴随的面部肌肉活动，是人类情绪表达的主要方式之一。面部表情一方面表露出当事人此时此刻的心理状态，另一方面也是他人了解当事人心理状态的有效途径。出生后四个月的婴儿，其面部肌肉活动可表现出快乐、厌恶、愤怒、痛苦、惊奇等不同情绪。三岁左右的幼儿能通过他人的面部表情了解当事人所表达的愉快、愤怒与悲哀三种情绪。在面部表情中，不同部位的动作表达出不同的情绪，悲哀情绪显现在眼睛，快乐与厌恶表现于嘴部，惊愕的表情由前额显示，而愤怒的情绪则表现在整个面部。在面部表情中，眼、眉、嘴等的变化最能够表示一个人的情绪：高兴时嘴角后伸、上唇提升、双眉展开、两眼闪光，所谓笑容满面；悲哀时头部低垂、嘴角下歪、双眉紧锁、目中含泪，所谓哭丧着脸；轻蔑时耸耸鼻子、双目斜视，所谓嗤之以鼻。面部动作表达的情绪具有双向沟通作用。一个人表现出眉飞色舞或愁眉紧锁都明显地暴露其内在情绪状态，他人可以通过察言观色而了解他的情绪。

姿势语言是指由身体的各种动作表达情绪，由于身体的姿势及动作有类似于语言的作用，故称为姿势语言。广义的姿势语言包括面部表情，狭义的姿势语言只包括身体与四肢所实现的情绪表达。与面部表情一样，姿势语言既表达当事人的情绪，也是他人识别当事人内心状态的有效途径。为人鼓掌代表赞赏、兴奋，被礼赞者则据此引为同道。

由姿势语言可引出日常生活交往中的人际距离与个人空间问题。由于交往双方有情感亲疏之别，在交往中表现为二人身体距离的差异，与亲疏程度不相符的过分的靠近则被视为一种心理安全的威胁，会导致自觉拉开距离的动作。

个体对经由姿势语言表达的情绪往往并不自知，不为当事人的意识所控制。在心理咨询与辅导中，面谈是最佳的方式，就是因为这一方式的情绪沟通交流最全面。

二、大学生的情绪特征

（一）影响大学生情绪活动的因素

大学生心理活动特点，受制于快速发育的身体和心理活动本身。身体的发育、成长成熟自然地促进心理成熟，包括情绪的发展与成熟，另一方面也给心理活动带来新的课题和问题。这种生理对心理的影响、促进及制约必然在情绪方面体现出来。在心理方面，大学生时期面临着角色转换、社会适应、自我意识确立等心理压力，是心理成熟、社会成熟的关键时期，问题多、挑战多，也影响并在情绪方面表现出有别于少年儿童和成人的情绪特点。

（二）大学生情绪活动的特点

1. 大学生情绪活动趋向丰富，高级社会情感逐渐成熟

大学生时期的重要心理变化是自我意识的不断发展，各种社会的高层次需要不断出现且强度逐渐增加，这一发展在情绪上表现为情绪活动的对象、内容增多，大学生出现较多地自我体验，自我尊重需要强烈，自卑、自负情绪活动明显。

大学生新出现的感情活动之一是爱情活动，恋爱活动及其伴随的深刻情绪体验是大学生必经的课程。大学时期的恋爱一方面是性生理心理成熟的表现，另一方面也是大学生个体寻求和确立自我同一性过程的一部分。研究表明，大学生较早或频繁的恋情可能对其社交发展产生消极影响。对大学生的一项调查显示，恋爱中的大学生比未卷入恋情的列举出的朋友人数要少些，而那些恋爱成功或已婚的大学生列举的最少。一对大学生的恋情愈深，他们就愈少尊重朋友的意见，对私人事务也越少暴露，对亲人也是如此。

道德感及其对立面罪过感、集体感、爱国感、利他主义、理智感、美感等高级情感活动在大学时期开始对其生活产生明显的影响，左右其情绪反应。如大学生部分确立了道德、正义观念，当出现与之不符的行为、甚至是观念时，他们通常会感到自己犯有过错，感到痛苦，可以出现严厉的自我谴责，情绪体验极端痛苦。

大学时期社会情感的发展决定大学时期情感教育的重要性。学校、家庭以及全社会都应关注情绪教育的内容、方式与意义，采取有针对性的措施培养大学生良好的高级社会情感。

2. 大学生情绪活动具有冲动性特点

“热血青年”、“血气方刚”、“初生牛犊不畏虎”等都是形容青年人活动特点的成语，

所描述的正是大学生冲动性情绪活动的特点。大学生对某种具体的体验特别强烈，富于激情，“喜怒形于色”。由于大学生对新事物比较敏感，加上精力旺盛，虽然具有一定的理智和自我控制能力，但做事情往往不计后果，其冲动的情绪活动一旦失控，往往造成可怕的结果。例如集体斗殴、离家出走、因感情挫折而自杀等都与大学生情绪的冲动性相关。

情绪冲动特点表明大学生情绪活动程度强烈，但另一方面，强烈情绪活动在大学生身上容易事过境迁，激情不能始终一贯地保持下去，而且其是非好恶标准也不稳定，情绪活动随标准的改变而改变。今天可能对某个人物崇拜得五体投地，明日又可能恨之入骨，情感活动具有双极性，常常会从一个极端走向另一个极端。

3. 大学生情绪活动易于心境化

少年儿童的情绪受制于外部刺激，情绪活动随外部刺激消失或转移而变化。大学生情绪活动一旦被刺激激发，即使刺激消失，虽然情绪状态会有所缓和，其持续影响时间延长，会转化为心境，对大学生其后的其他活动产生持续的影响。大学生的许多不良情绪，如焦虑、抑郁、自卑等都具有这种心境化的特点。

情绪心境化，使大学生情绪活动的隐蔽性提高，不易为外人所察觉。情绪心境化是大学生自我调控能力不断增强的结果，使大学生的行为表现出复杂性一面：明明对某件事很在意，却表现出无所谓的态度；明明对某个异性很爱慕，却偏偏表现出庄重、回避的姿态；明明讨厌某人，却可以强装笑脸等。不过大学生情绪的隐蔽性还未达到成人的水平。

大学生情绪心境化还与大学生想象丰富的思维特点相关。大学生富于理想，遇事爱幻想，由刺激引发的情绪反应易受当事人想象的影响，想象对情绪反应的程度、持续时间都起着催化剂的作用。大学生常会陷入某种想象性的情绪状态，而难以被另外一种情绪所取代。

大学生情绪活动的特点由大学生所处的特定时期的心理生理活动特点所决定，这些特点是理解大学生情绪活动的钥匙，并影响到大学生情绪障碍的表现。

（三）大学生常见情绪障碍

1. 紧张状态

紧张状态是人或有机体在某种环境刺激的作用下所产生的一种适应环境的反应状态。如果某个刺激或情境需要人作出较大的努力去进行适应，甚至超出一个人所能负担的适应能力，这时就会出现紧张状态。无论是在动机冲突、挫折情境，还是其他因素下的紧张状态，都要伴随某种情绪反应。因此，人们对于紧张状态体验所进行的描述往往把它同某种情绪状态，特别是消极情绪状态密切联系起来。这样，紧张状态从某种意义上说也是一种情绪状态。

伴随紧张状态出现的情绪多属于消极情绪，如愤怒、憎恨、忧愁、悲伤、焦虑、痛苦等，这些情绪一方面是有机体适应环境的一种必要的反应，可以动员机体的潜能，重新适应变化了的环境。另一方面，这种消极情绪对人的身心健康又会产生十分不利的影响，导致心理失衡或造成生理机能的失调；如果非常强烈或持续出现则会引起人的心理或生理的病变。例如，在狂怒或恐怖等强烈的激情状态下，就会出现意识范围狭窄、判断力减弱、失去理智和自制力，同时出现一系列生理和行为改变，如表现出哭笑、战栗、惊叫、逃跑、姿势反常或动作软弱无力及脸色苍白、心率改变、血压上升、瞳孔缩小、呼吸频率改变、消化腺活动受抑制等。强烈的或持续的消极情绪状态，常常会使人的神经系统机能严重失调，导致各种神经官能症；或者影响各种生理功能，导致身心疾病，如心律不齐、高血压、冠心病、胃肠溃疡、支气管哮喘和过度换气综合症等。

2. 抑郁

抑郁是一种复合性负性情绪。在令人忧伤或悲痛的情境中，每个人都有过抑郁的体验，是日常生活的一部分，正常人常以温和的方式体验抑郁情绪。与一般的悲伤不同，抑郁的体验和反应比单一的负性情绪更为强烈、持久，带给人的痛苦更大。抑郁除包括悲伤外，还合并产生痛苦、愤怒、自罪感、羞愧等情绪，这种复合性是导致更强烈负性体验及长期持续的原因。大学生抑郁情绪比较常见，并且具有多种形式，有时属于一般的情绪反应，有时属于神经症类，有时则属于严重精神疾病类。

【哲理故事】

钉子的故事

一个坏脾气的男孩，他父亲给了他一袋钉子，并且告诉他，每当他发脾气的时候就钉一个钉子在后院的围栏上。第一天，这个男孩钉下了三十七根钉子。慢慢地，男孩每天钉钉子的数量减少了，他发现控制自己的脾气要比钉下那些钉子容易。于是，有一天，这个男孩觉得自己再也不会失去耐性，乱发脾气了。他把这件事情告诉了父亲。父亲又说，现在开始每当你能控制自己脾气的时候，就拔出一根钉子。一天天过去了，最后男孩告诉他的父亲，他终于把所有钉子给拔出来了。

父亲握着他的手，来到后院说："你做得很好，我的好孩子！但是看看那些围栏上的洞，这些围栏将永远不能恢复到从前的样子。你生气的时候说的话就像这些钉子一样留下疤痕。如果你拿刀子捅别人一刀，不管你说了多少次对不起，那个伤口将永远存在。话语的伤痛就像真实的伤痛一样令人无法承受。"

3. 焦虑

焦虑是由几种情绪混合而成的负性情绪体验，指一种对未来某种可能发生的可怕情境即时的不愉快情绪体验。因为预期到某种可怕的情境将会发生，又感到自己无法采取有效的措施加以预防和解决，从而感到害怕、提心吊胆、忧心忡忡、紧张不安、烦躁、易激惹，伴手足心出汗、坐卧不安、失眠、食欲不振、疲倦乏力等生理症状。和恐惧不同，焦虑没有值得害怕的明确对象和内容，但总有大祸临头的感觉和压力，心理上出现紧张的期待情绪反应，但当事人又说不出究竟害怕、担心什么，不能明确表述最终会发生什么灾难和不幸。

4. 自卑

自卑感是因对自己评价过低而产生的压抑、羞愧情绪体验，是自我意识中自我情绪体验形式之一。自卑感的出现可能有真正的生理心理缺陷基础，也可能仅仅是出于想象。自卑的人自我评价过低，评价不符合自身实际情况，因而会轻视自己，或者看不起自己，对自己没有信心，在社会生活中表现出胆怯、退缩，担心不被他人尊重，对他人的评价异常敏感，为了避免受到进一步的心理伤害，尽量不与人接触，把自己封闭起来。

大学生在某方面的实际状态与个人自我期望不相符合时，自卑感最易出现。学习成绩一向很好的学生可能会因一次考试失利而一蹶不振，自认为漂亮的姑娘可能因为别人议论自己的缺陷而饮泣。一个十八岁的大学生，因自觉与人对视时表情不自然，怕被人发现而瞧不起自己，从此不敢与人对视，最严重时不得不休学，回绝一切与熟人，尤其是同龄异性的接触机会，求助于心理医生后才解决问题。

5. 激情状态

激情状态又称情感爆发、情感风暴，是指在外在或者内在精神因素刺激下突然发作的、爆发性的情感异常，当事人完全失去控制而表现出极端的情绪。如出现叫喊吵骂、打人毁物、捶胸顿足、号啕大哭；或者是兴高采烈，狂笑不已；或者满地打滚，横蛮粗暴。这类情绪状态的特点是来得快，来得猛，而持续时间较短暂。

突然的、强烈而短暂的激情状态，可伴有一定程度的意识障碍，当事人不能意识到由此而可能产生的冲动性行为的后果，因而不能自行控制。在一般情况下，这类行为是不会出现的。激情状态可伴有冲动性行为，甚至可能残暴行凶。冲动行为也可以指向自己，导致激情性自杀，即因为某种爆发性负性情绪体验而采取自杀行为。如失恋、失学等事件都可诱发当事人爆发性负性情绪体验，由于情绪冲动十分强烈，失去理智控制而出现自杀行为。冲动型自杀往往事发突然，毫无迹象可循，很难预防。冲动型自杀也有另一种情境，即当事人想以死亡来报复、惩罚某个关系密切的人。激情型自杀属于冲动性情绪体验的继发表现，大学生情绪冲动性的特性增加了大学生激情型自杀的可能性。因此，疏泄调控大学生激情状态对预防激情型自杀意义重大。当大学生面临重大的心理丧失时，家长、老师和朋友都应积极引导激情状态缓和，预防不幸事件发生。

三、大学生情绪的控制与调节

（一）情绪疏泄法

情绪疏泄法是指在大学生处于较激烈的情绪状态时，允许大学生直接或者间接表达其情绪体验与反应。简单而言，即高兴就笑，伤心就哭，“男儿有泪不轻弹”不符合情绪调控的疏泄方法，不值得提倡。坦率地表达内心强烈的情绪，如愤怒、苦闷、抑郁情绪，心情会舒畅些，压力会小些，与情绪体验同步产生的生理改变将较快地恢复正常。

情绪疏泄法可以分为直接疏泄法与间接疏泄法。直接疏泄法是在刺激引发情绪反应之后，即时表达自己的内心感受，如遭遇到不公平对待，可以马上提出来，被人伤害后，直接告诉对方自己很生气，要求赔礼道歉。间接疏泄法是在脱离引发强烈情绪的情境之后，向与情境无关的人表达当时的内心感受，发泄自己的愤怒、悲痛等体验。

情绪疏泄法也有“度”的问题，不能把合理的情绪疏泄理解为激烈的情绪发泄。情绪发泄是指在激情状态下，由于自我控制能力不强，以暴力或其他不恰当的方式发泄情绪，其后果往往很严重，不利于问题的解决，反而会引发新的问题。如大学生之间发生矛盾，可能会出手打架伤人，即时的痛快招来事后的痛悔。所以情绪疏泄原则和方法都强调其合理性，而不是一味地发泄情绪。大学生应该学会克制、宽容、忍让，情绪的发泄不得损害其他人的利益。

（二）活动转移法

活动转移法是指在处于情绪困境时，暂时将问题放下，转而从事所喜爱的活动以转变情绪体验的性质，达到调控情绪的目的。事实证明，音乐是调控情绪的最佳方式之一。欢快有力的节奏会使情绪消沉者振奋，轻松优美的旋律会让紧张不安者松弛。大学生可以学习乐器和音乐创作，把内心的体验转化成心灵的曲调，并从中体验成功。

体育活动也是转移调控情绪的良好方法。当情绪状态不佳时，游山玩水、打球下棋都是极好的情绪调控手段，体育活动既可以松弛紧张情绪，又可以消耗体力，使消沉者活跃，激愤者平静，实现平衡情绪的目的。

（三）认知调控法

情绪反应产生于主体认识到刺激的意义和价值之后，对相同的刺激，不同的评价将会引起不同的情绪反应。所以可以用调整、改变认知的方法调控情绪反应和行为。例如，之所以出现考试紧张，是因为我们认为考试很重要，考不好会被人看不起，担心不及格、补考等可怕的后果。这时我们可以通过自我言语暗示放松紧张情绪，如果认为考差一点关系不大，紧张情绪就会缓解。

可见，认知调控方法是指当个人出现不适度、不恰当的情绪反应时，理智地分析和评价所处的情境，分析形势，理清思路，冷静地做出应对。认知调控的关键是控制与即时情绪反应同时出现的认知和想象。如当人非常愤怒时，常会作出过激行为，如果此时能够告诫自己冷静分析一下动怒的原因、可能的解决办法，可使过分的反应平静，找到恰当的方式解决问题。

认知调控方法在实际应用时可分为以下两步：首先分析刺激的性质与程度。人类情绪反应是进化选择的结果，有利于种族的生存与发展，是驱动我们应付环境、即刻反应的本能冲动，虽然伴有认知过程和结果，但即刻的认知往往笼统、模糊，其诱发的反应往往强烈。冷静分析问题所在，可以即时调控过度的情绪反应。其次是寻找多种解决问题的方案，比较选择后择优而行。情绪引发的即刻反应往往是冲动性本能反应，有时可以帮助我们脱离险境，如室内失火时脱门而出以避险；有时则会导致灾难性后果，如高层建筑失火时从窗户往下跳。很多问题都有多种可能的解决方案，寻找最佳方法至关重要，而冷静思考是前提。

认知调控方法的原理在于认知对情绪有整合作用。认知和情绪分属于大脑不同部位控制，控制情绪的大脑是较原始的部分，控制认知的大脑是在情绪中枢之上发展起来的新皮质部分。情绪大脑控制的情绪反应速度快，但内容较原始；皮质控制的认知反应稍迟于情绪反应，但其内容更显理智，能够整合情绪反应。

（四）寻求帮助法

当大学生陷入较严重的情绪障碍时，有必要向社会支持系统寻求帮助。每个大学生都应该建立自己的社会支持系统，有能够在心理方面给予自己支持、帮助的社会网络，如亲人、朋友，或者是专业的社会工作者、心理医生。社会支持系统的存在有多方面的意义：一是倾诉的对象，苦恼的人将苦恼向他人倾诉之后，会有轻松解脱的感觉，大学生应该经常利用这种情绪调控手段；二是提供新的看问题的视角和思路，帮助当事人走出个人习惯的思维模式，重新评价困境，寻找新的出路；三是社会工作者和心理医生可以提供专业意见、建议，运用心理学手段和方法帮助大学生更有效地解除情绪障碍。

幸福能力培养

技　能　篇

【百度知道】

Q：我感觉到自己情绪常常起伏波动，这很影响我的学习和日常生活，我该怎么办？

A：人的情绪是可以通过很多种途径加以调节和控制的。这里介绍几种调节和控制自己不良情绪的常用方法。

方法一：情绪宣泄。适当的情绪宣泄是指当个人处于较激烈的情绪状态时，用社会允许或接受的方式直接或间接地表达自己的情绪体验。如哭泣、打沙袋、跑步等。

方法二：活动转移。当个人陷入情绪困境时，暂时将问题放置一边，而从事自己所喜爱或擅长的活动，以达到调整情绪的目的。如心理学研究发现，音乐、书法、体育等都是调整情绪最好的方法。

方法三：认知调整。当个人出现不适度、不适当的情绪反应时，理智地分析和评价所处的情境，冷静地作出反应。正如著名教育家卡耐基所言："决定我们幸福与不幸，快乐与痛苦，不在于我们有什么、我们正在做什么，而在于我们怎么想。"

方法四：利用社会支持网络。当个人陷入情绪困扰时，充分地利用已有的社会支持网络，如主动地进行心理咨询，或找朋友、亲人倾诉等，就是一种积极地解决问题的有效措施。

【幸福处方】

如何激励自我走出抑郁

我们在生活中遭到抑郁心理的侵袭时，应如何面对和克服呢？

首先，把头脑中的消极想法写在纸上，然后用积极的思想代替它，把它从纸上消灭。消极思想包括：缺乏根据的推理、以点带面的看法、对问题过度引申、对问题事件夸大和缩小，与自己进行消极性的联系，如"如果这样……肯定就会那样"；"他不喜欢我，别人也不会喜欢我"；"我到哪里都一样"；"我处处不如别人"；"这事情根本就解决不了了"；"我的前途没有希望了"；"事情全是我的错"等。

其次，找出这些引起不合理的思想后，用理性批判它们的荒谬和歪曲的推理，用积极思想取代它。例如，人无完人各有所长；失败乃成功之母；世界上没有解决不了的问题；他不爱我，说明还没找到爱我的人；我要发挥我自己的特长和优势；命运掌握在我自己手里；我只要努力肯定会行；苦难是人生最好的老师；我要活出自我不在乎别人评价；我还没挖掘出我的潜力；事情虽然出了，但不全怪我，允许自己犯错误；还有不如我的呢；不好的人终究是少数……

可以这样提醒自己：我这样判断没有根据；我有时候看问题确实偏激；我要接受现实；我要吸取教训；让别人看看，我绝不是弱者。

最后，对不合理的思想要反复和自己辩论，反复批评就会动摇这种思想，最后铲除它，走出抑郁心理。

【感动人物】

普通人的不普通选择

徐本禹，一个普通得不能再普通的小伙子，出生在山东聊城一个贫寒农家。大学期间，他端过盘子，扛过书架，做过家教，也受到过许多好心人的帮助。“我一直告诉自己，别人给我一口饭，我一定要还别人一碗肉！”大学四年，徐本禹用自己的奖学金和生活补助资助了 5 名贫困学生。

做家教时偶然看到一篇对贵州“岩洞小学”的报道，这改变了徐本禹的人生轨迹。2002 年暑假，他和 4 名志愿者来到了岩洞小学。虽然只停留了 23 天，返回母校后，他却常常接到来自岩洞小学的信。

2003 年，在得知考研成绩的当晚，徐本禹第一次失眠了。“当时成绩很好，是可以公费读研的。”当得知学校不能为他保留研究生入学资格时，徐本禹作出了一个重要的决定—放弃读研，去岩洞小学当一名支教老师。“年轻的时候应该做自己想做的事情。”徐本禹说。让他惊喜的是，母校决定破例为他保留两年研究生资格，支持他去做一名全日制志愿者教师。“母校对我的培养和帮助，我无以回报，只有用实际行动承担起大学生的社会责任，像一滴小小的水珠，把阳光反射给别人。”毕业时，他这样表白自己的心迹。

2003 年 7 月，徐本禹和同伴们顺利到达了大方县猫场镇狗吊岩村。这里不仅物质条件十分艰苦，而且是一个没有电、不通车、不通电话和邮路，寄封信也要跋涉 18 公里崎岖山路的信息孤岛；一日三餐一成不变的苞谷渣和酸菜汤，缺油少盐，难以下咽，不时还有苍蝇掉进碗里；成堆的跳蚤和臭虫不停地往身上爬，咬得人浑身疙瘩，无法入睡……

伙伴们一个接一个病倒了，继而一个接一个离去了。到 8 月 1 日，徐本禹发现，大山里就只剩下自己一个外乡人了。

文化差异造成的心理隔膜和话语障碍使徐本禹难以融入当地的环境。他觉得自己就像一只无助的蚕蛹，被孤独和寂寞紧紧包裹着。对从小吃惯了苦的徐本禹来讲，艰苦的生活并非不能忍受，而内心的孤独和寂寞才真正令他痛苦万分。

支教工作也远比他预计的困难。岩洞里的教室非常昏暗，上课时，老师的讲课声、学生的说话声交织在一起，在岩洞中共鸣，显得十分嘈杂。他每周要上 6 天课，每天上课时间 8 个小时。除了教语文、数学外，还要教英语、体育、音乐等。学生基础极差，对外部世界全然无知。

随着时间的流逝，这个岩洞中的小学因徐本禹的到来开始迅速发生变化。孩子们可以听懂普通话了，甚至可以用半生不熟的普通话与人交流了。来上学的学生也多了起来，原来只有 140 人，现在超过了 250 人。孩子们的学习成绩也有了明显提高，作文的篇幅长了，语句顺了，错别字也少了很多。数学参加全县统考，最高分原来只有 83 分，现在提高到 99.5 分。更让他开心的是孩子们有了越来越强烈的求知渴望，只要他走上讲台，一双双清澈透亮的眼睛就一眨不眨地望着他。

2005 年 8 月 8 日，徐本禹的支教生活正式结束。这一天，孩子们流着眼泪，唱歌送别徐老师，“我走之前，学生把亲手采摘的野花送给了我，很多很多，我抱也没有抱完。”

徐本禹说，如果青春再来一次，他还是会这样选择。

【自助加油站】

领悟淡定

淡定是一种境界，是一种超然世外的意识。只有修养达到一定阶段，才能产生并拥有。

淡定要有海纳百川、有容乃大的胸怀，也要有壁立千仞、无欲则刚的度量，更要有沉着冷静、泰然自若的应变能力。

淡定首先是豁达。豁达首先是思想通达，想通了，才豁达。这就需要讲道理而不认死理。小道理服从大道理，软道理服从硬道理，旧道理服从新道理。坚持对的放弃错的，校正过的创造新的。从教条主义、经验主义以及传统观念和习惯思维的桎梏中走出去。豁达也是伦理的通达。少私心，才通达。这就需要树立正确的人生观、价值观、名利观，履行社会责任和法律义务。知荣辱，重诚信，保操守。从拜金主义、享乐主义、极端个人主义的囚笼中走出去。豁达需要顾全大局、健全人格。

淡定是一种真，更是一种善；淡定是一种美，更是一种崇高；淡定是一种成熟，更是一种升华；淡定是一种形象显现，更是一种身心和谐。淡定需要时间和实践的积淀和净化，是一种拨云见日，是一种豁然开朗！

幸福体验之旅

体　验　篇

【心理测试】

焦虑自评量表

你的情绪是稳定的吗？如果你希望知道结果，不妨完成下面的题目。

1. 我有能力克服各种困难。
   a. 是的　　b. 不一定　　c. 不是的
2. 猛兽即使是关在铁笼里，我见了也会惴惴不安。
   a. 是的　　b. 不一定　　c. 不是的
3. 如果我能到一个新环境，我要
   a. 把生活安排得和从前不一样　　b. 不确定　　c. 和从前相仿
4. 整个一生中，我一直觉得我能达到所预期的目标。
   a. 是的　　b. 不一定　　c. 不是的.
5. 我在小学时敬佩的老师，到现在仍然令我敬佩。
   a. 是的　　b. 不一定　　c. 不是的

6. 不知为什么，有些人总是回避我或冷淡我。

a. 是的　　b. 不一定　　c. 不是的

7. 我虽善意待人，却常常得不到好报。

a. 是的　　b. 不一定　　c. 不是的

8. 在大街上，我常常避开我所不愿意打招呼的人。

a. 极少如此　　b. 偶尔如此　　c. 有时如此

9. 当我聚精会神地欣赏音乐时，如果有人在旁高谈阔论，我会

a. 仍能专心听音乐　　b. 介于a和c之间　　c. 不能专心并感到恼怒

10. 我不论到什么地方，都能清楚地辨别方向。

a. 是的　　b. 不一定　　c. 不是的

11. 我热爱我所学的知识。

a. 是的　　b. 不一定　　c. 不是的

12. 生动的梦境常常干扰我的睡眠。

a. 经常如此　　b. 偶尔如此　　c 从不如此

13. 季节气候的变化一般不影响我的情绪。

a. 是的　　b. 介于a与c之间　　c. 不是的

评分方法

评分方法如表7-1所示。

表7-1　评分表

1	a. 2分	b. 1分	c. 0分
2	a. 0分	b. 1分	c. 2分
3	a. 0分	b. 1分	c. 2分
4	a. 2分	b. 1分	c. 0分
5	a. 2分	b. 1分	c. 0分
6	a. 0分	b. 1分	c. 2分
7	a. 0分	b. 1分	c. 2分
8	a. 2分	b. 1分	c. 0分
9	a. 2分	b. 1分	c. 0分
10	a. 2分	b. 1分	c. 0分
11	a. 2分	b. 1分	c. 0分
12	a. 0分	b. 1分	c. 2分
13	a. 2分	b. 1分	c. 0分

结论分析

17分到26分：情绪稳定。你的情绪稳定，性格成熟，能面对现实；通常能以沉着的态度应付现实中出现的各种问题；行动充满魅力，有勇气，有维护脱节的精神。

13分到16分：情绪基本稳定。你的情绪有变化，但不大，能沉着应付现实中出现的一般性问题。然而在大事面前，有时会急躁不安，不免受环境影响。

0到12分：情绪激动。你情绪较易激动，容易产生烦恼；不容易应付生活中遇到的各种阻挠和挫折；容易受环境支配而心神动摇；不能面对现实，常常急躁不安，身心疲乏，甚至失眠等。要注意控制和调节自己的心境，使自己的情绪保持稳定。

【励志歌曲】

追　梦

作词：陈大力　作曲：陈大力/陈秀男

把所有的梦用热情点燃，青春岁月熊熊烈火燃烧在风中。把你的名字刻在星星上，每个黑夜抬头仰望温暖我胸膛。我要选择我的路，我不会害怕风和雨。只要有你的鼓励不会犹豫。我要向你说抱歉，我希望你能够了解。只要追到我的梦，一定回来。追追追，我追过狂风追过我自己。不会退缩没有后悔，有梦就去追。追追追，我追过时间追过天与地。有梦的明天，那就是我的未来！

【心理电影】

心灵捕手

故事梗概：讲述了一个关于心灵互动与救赎的故事。一位麻省理工学院的数学教授，在他系上的公布栏写下一道他觉得十分困难的题目，希望他的学生能解开答案，可是却无人能解。后来一个年轻的清洁工威尔在下课打扫时，发现了这道数学题并轻易地解开这个难题。威尔聪明绝顶却叛逆不羁，甚至到处打架滋事，并被少年法庭宣判送进少年观护所。数学教授有心培养这位个性不羁的天才，要求他定期研究数学和接受心理辅导。数学难题难不倒威尔，但他对心理辅导特别抗拒，直至遇到一位事业不太成功的心理辅导专家桑恩教授，情况发生了改变。在桑恩的努力下，两人由最初的对峙转化成互相启发的友谊，威尔打开了心扉，走出了孤独的阴影，实现了自我。

影片讨论：欣赏完这部电影，你还受到了什么启发呢？大家讨论一下。

【心灵图书】

幸福的方法

内容简介：本书用充满智慧的语言、科学实证的方法、自助成功的案例和巧妙创新的编排，让人们把积极心理学应用到日常生活之中。

书评讨论：读完这部书，你还受到了什么启发呢？大家讨论一下。

【心理训练】

活动一　心灵按摩

活动目的

体验幽默在问题解决中的强大作用，更可以训练你的幽默和乐观的情绪。

活动步骤

1. 游戏的内容是要你学动物园里动物的叫声。

你姓氏汉语拼音的第一字母决定你要学的动物是什么：A—F，狮子；G—L，海豹；M—R，猩猩；S—Z，热带鸟。

2. 选择一个伙伴，彼此盯着看，目光不能转移，同时用嘴大声学动物叫，至少10秒钟。

活动总结

这个游戏尽管开始时会感到不舒服，很可能结束时已是笑声满堂。你是否注意到好玩和幽默的情绪会有助于你在这个游戏中创造性的发挥？可能会使你灵机一动，模仿出种种出人意料的叫声，获得满堂喝彩，或者逗得大家捧腹大笑。而在游戏中，感到尴尬的心理却会使你羞于开口。假如你有幽默感，学动物叫就更容易开口。正性乐观的情绪是创造力的催化剂。因此，在最困难的时候，不要忘记幽默可以使你保持乐观。

活动二　倾诉

活动目的

1. 促使成员发泄情绪。
2. 协助有困扰的个体澄清问题症结。

活动步骤

1. 成员围成半圆形，给每人一张白纸。
2. 写出目前所遭遇的三件不如意的事情，并写出愿意倾诉的对象。
3. 找自愿出场的一位成员（倾诉者），请他站在小组的中央。请他告诉成员，愿意倾诉的对象。在小组成员中寻找一位与他最相似的愿意倾诉的对象。
4. 倾诉者从三件不如意的事情中选择一件尽情倾诉他的苦衷。被倾诉者设身处地扮演他所当的角色。旁观者可自动地轮流站在被倾诉者的背后，说他所不敢吐露的感受。
5. 每人轮流寻找。

活动总结

成员说出心里话之后，心情会十分舒畅，愉悦的精神状态会带动整个团体氛围。同时让其他成员在被倾诉者后面说他不敢吐露的感受，也能达到宣泄倾诉者不良情绪的目的。

【心灵感悟】

1. **给下面的故事拟题目。**

____

少年与钓鱼老人

一位年轻人在岸边钓鱼，坐在他旁边的一个老人也在守望着一根长长的鱼竿。

一段时间过去了，奇怪的是，老人不时地就能钓到一条银光闪闪的鱼，可是年轻人的浮标却没有动静。年轻人迷惑不解地问老人："我们钓鱼的地方相同，您也没有用什么特别的诱饵，为什么我就毫无所获呢？"

老人微笑着说："这就是你们年轻人的通病，喜欢浮躁，情绪不稳定，动不动就烦乱不安。我钓鱼的时候，常常达到了浑然忘我的地步，我只是静静地守候，不像你会时不时地动动鱼竿，叹息一两声。我这边的鱼根本就感觉不到我的存在，所以，它们咬我的鱼饵，而你的举动和心态只会把鱼吓走，当然就钓不到鱼了。"

2. **写出你学完本课的感悟。**

第八课

心想事成的秘密——谈学习与意志管理

【心灵引导】

知识目标

了解大学生学习活动的基本特点及提高学习效率的方法，理解意志对大学生的重要性，掌握意志力与大学生学习之间的关系。

技能目标

会调适学习心理障碍，拥有良好的学习心理状态，掌握培养意志力的方法。

幸福心语

节约时间，也就是使一个人的有限的生命，更加有效，而也就等于延长了人的寿命。

——鲁迅

能约束自己的人，最有威信。

——塞涅卡

一个人若没有果断的品质，他就永远不能算是一个独立的人……他不过是一个任由环境摆布的玩偶。

——约翰·福斯特

幸福知识讲堂

知　识　篇

【小案例】

这样的无聊你有吗？

李一，大一新生，入学近半个学期了，仍感到大学生活似乎还未开始。上课听不进去老师讲课，对专业不感兴趣；课外很无聊，靠看小说、打游戏或闲聊打发时光。李一读了大学后，发现一下子没了目标，又听别人说将来找工作主要靠"关系"，所以便认为学习好坏无关紧要。李一觉得凭着自己的智力，期末考试是可以通过的，但很不甘心，难道就这样度过大学生涯吗？他很苦恼，有时感到焦虑。

实际上，在大学校园里，与李一有类似心理的大学生并不少见。很多大学生由于自控能力不强，离开了高中时代老师与父母的敦促，便对学习产生了倦怠的心理，这对大学生今后成才十分不利。大学生应该充分利用大学校园里丰富的知识资源，严格要求自己，培养坚定的学习意志力，只有这样才能为今后人生之路打好坚实的基础。接下来让我们一起走进幸福知识讲堂，掌握学习与意志的重要性。

一、大学生学习心理概述

（一）关于学习

1. 学习的含义

学习的概念有广义与狭义之分。从广义上讲，学习是人和动物在生活过程中通过实践训练而获得的由经验引起的相对持久的适应性的心理变化，即有机体以经验方式引起的对环境相对持久的适应性的心理变化。在这个定义中，体现了四个论点：

（1）学习是动物和人共有的心理现象，虽然人的学习是相当复杂的，与动物的学习有本质区别，但不能否认动物也会学习。

（2）学习不是本能活动，而是后天习得的。

（3）任何水平的学习都将引起适应性的行为变化，不仅是外显行为的变化（有时并不显著），也有内隐行为或内部过程的变化，即个体内部经验的改组和重建，这种变化不是短暂的而是长久的。

（4）不能把个体一切变化都归结为学习，只有通过学习活动产生的变化才是学习。

2. 学习活动的构成要素

学习者。人和许多动物都能从事学习。对于人来说，人有感官，其作用是接受外界的信息或刺激；人有中枢活动系统，其作用是加工从感官中接收来的信息并贮存；人有效应器官，其作用是根据中枢的指令作出相应的反应。

刺激环境。刺激学习者感官的事件统称刺激环境。单一的事件常称为刺激。作用于学习者的刺激既有外部环境的，也有来自体内的，如在学习动作技能时，来自肌肉运动的刺激十分重要。

反应。由刺激作用和随后的神经活动引起的行动或动作称为反应。反应既可以强化也可以消退。

3. 学习的类别

学习是一种极其复杂的现象，不仅范围广，形式也多种多样。对学习活动进行分类，有利于认识不同学习类型的特点及其规律，便于提高学习的效果。由于心理学家们对学习所持的观点不同，对学习分类的角度不同，其分类也不尽一致。

根据学习内容和结果来分，学习可以分为以下四种。

（1）语言文学和科学知识的学习。知识是人类对客观事物的属性、联系和关系的反映，是人类社会经验的主要组成部分，是人类进行交际、生活、生产的主要工具，是人类学习的主要内容之一，是学习过程有别于其他类型的学习。知识的学习是学生学习中的一种主要而特殊的学习。

（2）技能和熟练的学习（主要指运动的、动作的技能学习）。技能是一种有规则的行动方式，是人们顺利地完成行动所不可缺少的调节因素。它是人类经验的重要组成部分，它和知识不同，技能的学习不仅要解决知与不知的矛盾，还要解决做什么和怎样做的问题，要解决会与不会、熟练与不熟练的问题。所以，技能的学习也有其特殊性。

（3）心智的、以思维活动为主的能力学习。能力是直接影响人们顺利而有效地完成学习和其他各种活动任务的个性心理特征，它是在掌握各种智力技能过程中形成并发展起来的更为概括的一种本领。学生学习的目标，不仅要掌握一定的文化科学知识和技能，更重要的是在学习知识与技能的过程中培养、发展分析问题和解决问题的能力，并发展其具有一定水平的创造力。因此，具有高度概括特征的认识能力，是学生学习的又一重要类型。

（4）行为准则、习惯和道德品质的学习。行为准则也称社会行为规范，是人类社会生活中各种人与人之间关系的反映，是用以调节人的社会行为的工具。不同的社会，人的社会行为规范不同。在阶级社会中，不同阶级的行为规范和道德标准不一样。这也是社会经验的一个重要组成部分。这是一项更为复杂的学习，不仅有认识问题，更有行为和习惯问题。言行是否一致，是学习的重要标准。因此，它是学生学习的一种极为重要的类型。

根据学习过程、活动方式和学习材料的简繁程度的分类，在美国最流行的是加涅的分类，他开始把学习分为八类，它们是：信号学习；刺激—反应学习；连锁学习；词语联想学习；辨别学习；概念学习；原理的（规则的）学习；解决问题的学习。以后又把前四类合成一类，1971 年又把它们改分为六类：连锁学习；辨别学习；具体概念的学习；定义概念的学习；规则的学习；解决问题的学习。

【心理词典】

学习疲劳

疲劳是人体由于高强度或长时间地持续进行某一项行为活动，生理机能渐渐减退，主观感受疲乏无力，而导致行为能力减弱，效率降低，错误率增加的状态。学习疲劳是指一定的紧张程度或连续时间的学习，而引起学生生理和心理方面产生变化，从而使学习效率下降，甚至处于不能学习的状态。学习实际上是一种极其繁重的脑力劳动，其剧烈程度丝毫也不低于体力劳动。如果不合理地安排学习，长期学习负担过重，用脑过度，可使疲劳积累成为过度疲劳，就会造成大脑的机能损伤。

（二）大学生的学习心理特点

1. 大学生学习的特殊性

大学生学习是学习的一种特殊形式。学习是大学生的主要任务，大学生正处于智力发展的高峰期，记忆力、观察力、思考力、逻辑思维能力与创造性都有很大的发展。大学生学习既不同于儿童的学习，也不同于成人的学习。大学生学习既有一定的专业性、目的性和探索性，又有深刻的社会意义，表现出广泛的兴趣和各种各样的学习方法。大学生学习有其特殊性：其一，大学生的学习是一种特殊的认识活动，是掌握前人积累的文化、科学知识，即间接的知识，在学习中会有发现与创造，但其主要内容还是学习前人积累的知识与经验；二是大学生的学习是在教师的指导下，有目的、有计划、有组织地进行的，是以掌握系统的科学知识为前提的；三是学生的学习是在较短时间内接受前人的知识与经验，重要的是间接经验的学习与掌握，学生的实践活动是服从于学习目的的；四是大学生的学习不但要掌握知识经验与技能，还要发展智能，培养品德及促进健康个性的发展，形成科学的世界观。

2. 自我选择性

中小学生的学习是在教师指导下进行的，这种学习具有强制性。在大学生阶段，学习虽然也有一定的强制性，但是与中小学相比要少得多。首先，大多数大学生所学的专业是自我选择的，是他们所感兴趣的。其次，大学生除了要学习基础知识外，还要掌握各种专门知识，成为某学科的专门人才。这就要求大学生必须善于自觉地、主动地学习。同时，大学生根据自己的兴趣和爱好，选择某些选修课，独立地阅读各种书籍，制订学习计划，采用适合自己的有效的学习方法，也体现出较大的自主性。因而，大学教师应认识到大学生的这一学习特点，给学生以充分自主机会和条件，成为大学生学习的合作者。有的学生虽进入大学，但仍然采用中学的学习方法，任何知识都希望教师来“喂”，不善于自主学习，这显然不能适应大学学习，甚至影响学习效果。

3. 专业性

大学学习的专业性十分明显。大学生的学习实际上是专业学习，从入学开始就有了职业定向，再经过几年的学习，大学生逐步成为基础知识扎实、专业知识结构合理、能力强、创造性高、品行高尚的德智体全面发展的高级专门人才。大学生的知识结构、智能结构和各种素质结构，都深深地打上了专业的烙印。大学生要正确处理“博”与“专”的问题，做到“博”与“专”的统一。“博”指学习知识的广度，而“专”指学习知识的深度。“博”是学习成才的基本条件，而“专”是对人才的基本要求。

4. 多样性

大学生的学习形式是多种多样的，虽然课堂教学还是大学学习的主要途径，但大学生可以依靠多种渠道来获得知识。大学生与中学生相比，自习时间较多，而且大学的实践性教学活动占有很大的比重，这就要求大学生不仅要认真听课，而且要通过自学、讨论，听学术讲座、参加第二课堂等活动来获取知识，加强实验、实习、社会实践和科研等实践性的环节，这些都是增长知识和才干的重要途径。

（三）大学生几种有效的学习方法

1. 整体与部分学习法

整体学习法是指将学习材料作为一个整体来学习。学习过程中，将材料从头至尾反复学习，以获得对材料的总体印象和了解，并进而了解一些较为具体的内容。部分学习法是指将学习材料分成几个部分或几个具体的概念，每次集中学习其中一部分或一个具体概念。对每个具体的部分或概念要根据其难易程度的不同，具体安排学习时间或次数。

这两种方法使用起来各有利弊。整体法使人较易把握学习材料的全貌，但对具体的材料内容就可能掌握不好；而部分法则能使学习者较好地掌握每一个具体部分，但却难以对材料形成一个总体印象，从而使具体学习的各部分内容不能很好地融会贯通起来。要使这两种方法最好地发挥作用，可以将二者结合起来使用，采取整体—部分—整体的方法。具体方法是，首先，采用整体法，对所学材料有一个大概的了解，在头脑中形成一个较为清晰的轮廓。其次，采用部分法，对学习材料实行“各个击破”，并重点学习那些较难或较重要的问题。最后，再采用整体法，将已仔细学习过的材料作为一个整体重新复习一遍，让各部分的具体内容前后联系起来，在头脑中形成一个更为清晰全面的印象。实践证明，二者相互结合的方法比分别采用某一种方法更有效。

2. 集中与分散学习法

集中学习法是指较长时间地进行学习活动，学习的次数相对少一些。一次学习时间的长短则取决于所学习的材料的性质及其他因素。一般来讲，比较复杂难懂的材料，用集中法较为合适，这样可以保证学习者在一定时间内集中注意力，有利于理解并掌握那些抽象难懂的材料。但集中学习的时间不宜过长，否则容易引起学习者的疲劳，使学习效率下降。至于多长时间为宜，要视个人的体力与脑力情况而定。

分散学习法与集中法不同，它是指将学习时间分成几个阶段，每学习一段时间就稍事休息。实验证明，假如分散学习的时间不是太短，这种方法是较为有效的。至于每次分散学习的时间多久为宜，也要视学习材料的性质以及个人的具体情况而定。

3. 过度学习

所谓过度学习是指对知识达到勉强可以回忆的地步后，继续进行学习。也就是说，在对知识技能全部学会以后再继续学习一段时间，以达到巩固学习成果的目的。

美国心理学家克鲁格曾做过一项实验，他让被试者识记一组序列词汇。第一组学习到全部能回答时就停止学习，第二组则继续学习，进行 50% 的过度学习，第三组则进行 100% 的过度学习。实验结果表明，过度学习对材料的保持率起着很重要的作用。过度学习越多，保持率越高。但有一点也要注意，过度学习超过 50% 之后，对内容的记忆效果有下降的趋势。因此，并非过度学习越多，学习效果越好，它有一个限度，在这个限度之内，过度学习的学习效果较好。一般来讲，中等程度的过度学习效果较佳。

4. 迁移学习

迁移学习就是指先前的学习或训练的内容对后来的类似学习或训练内容的影响。在迁移学习中，也有正迁移与负迁移之分。在应用迁移学习的方法时，要尽可能地促进正迁移，而避开负迁移。心理学家埃利斯的研究表明，迁移的条件是：对刺激（信息）的反应如果相同时迁移量就大，反之则小。迁移量取决于刺激和反应的类似程度。另外，学习时间的间隔也会影响迁移的效果。

为了获得迁移学习的成功，在平时的学习中就要注意掌握最基本的知识，这样就可以形成基本知识对一些具体知识与应用的正迁移。另外，还要注意使新学习材料与原有知识由“近”至“远”的安排，即使新学习的材料先尽可能接近原有的知识，然后逐渐扩展到新知识的范围，这样有助于形成正迁移。

5. 自学的方法

完全靠自己探索的自学与在教师指导下的自学的特点略有不同。大学生在校期间主要以后一种形式的自学为主，而毕业走上工作岗位后则主要以前一种方式为主。一个人的工作时间要比在校时间长得多，为了帮助大学生在今后的工作中更顺利地进一步自学本专业的知识，这里介绍一下完全靠自己自学的方法。在校的自学与之并无本质上的区别，所以，尚在校学习的大学生也可以从下面的介绍中了解自学的基本规律，用以指导自己的学习。

自学的首要任务是确定自学的目标。自学者可以问自己：“我为什么要自学？是为了跟上本专业的发展，还是为了进一步拓宽自己的知识面，以适应各种工作需要？或者是从自己的长远和全面的利益出发进一步学习本专业的知识，以适应社会潮流。”自学的目标有许多，只有明确了自学目标之后，才能根据既定的目标选择自学的内容和具体方法。在确定了自学目标之后，下一步该做的就是制订较为详细的自学计划，明确自学内容、进程以及具体的学习时间安排等，这对自学者同样是很重要的。自学过程中，也要注意自学方法的选择。科学的学习方法将使自学达到事半功倍的效果。自学并不排除寻求老师的指点，在老师的指点下，自学者可以少走一些弯路。另外，自学者也应在可能的情况下寻求学习伙伴，这样，彼此就可以互相帮助，互相促进，提高自学的效果。还有一点也十分重要，那就是自学贵在坚持。自学可能不如在校学习那么轻松自由，它可能会受到各种因素的干扰，这当中也包括自学者自身的懒惰等因素。为使自学达到预定的目的，就必须约束自己，以一定的毅力来坚持自学。另外，自学中还应注意多思考，并尽可能使自学与工作相结合，这样才能达到自学的真正目的。

二、大学生意志力的培养

（一）意志的含义

意志是指人自觉地确定目的，并根据目的调节支配自身的行动，克服困难，去实现预定目标的心理过程。意志是人的意识能动性的集中体现，是人类特有的心理现象。意志在人主动变革现实的行动中表现出来，对心理状态和外在行为有发动、坚持、制止和改变的控制调节作用。

意志过程包括两个阶段：一是制订行动计划的阶段，这一阶段表现为动机的取舍和调整，克服动机冲突，确定行动目标，选择有效的方法和策略制订切实可行的行动计划；二是执行决策计划阶段，这一阶段表现为克服内外困难，冲破种种阻力，执行决定，并根据失败挫折不断总结经验教训，调整计划，坚持行动，最终实现计划，达到目标。

意志一定表现在动机冲突之中，以高级动机战胜低级动机，是意志坚强的表现。意志主要表现在克服内部障碍上，能否克服内部障碍而实现目标是意志是否坚强的表现。

（二）意志力的含义

意志力是指人们为达到既定目的而自觉努力的程度或坚强的意志品质。意志品质是一个人在生活中形成的比较稳定的意志特征，是个性的重要组成部分。人的意志力不是与生俱来的，而是在社会实践活动中逐渐培养锻炼出来的。

【哲理故事】

家传宝箭

春秋时期，一位将军带他的儿子出征打仗。为了把还是马前卒的儿子培养成大将之才，父亲决定给他个锻炼的机会。

于是，在又一阵号角吹响、战鼓雷鸣时，父亲唤过儿子，郑重其事地交给他一个箭囊，然后指着囊中露出一截的箭说："这是你做卫国大将军的祖父传下来的，可谓是家袭宝箭。把它佩戴在身边，你就会力量无穷、百战百胜，但是切忌一点，千万不可以把它抽出来，以免影响它的神力。"

家传宝箭

儿子接过箭囊一看，整个囊都由厚厚的牛皮打制而成，还镶着幽幽泛光的铜边儿，再看那露出一截的箭尾，分明是用人人惊羡的上等孔雀羽制作的。儿子喜出望外，连忙把箭囊佩戴在腰间，顿时，他感觉一阵威气袭来，整个人都为之一震。

果然，佩戴着家传宝箭的儿子英勇非凡、所向无敌，把敌人打得落花流水。当听到鸣金收兵的号角吹响时，意气风发的儿子禁不住得胜的豪气，托起那个箭囊细细地抚摸着。忽然，他的好奇心来了，非常想看看到底是什么样的奇异宝箭能够让人如此虎虎生威。于是，他慢慢地抽出了宝箭。但是骤然间，他惊呆了：一支断箭！箭囊里装着的竟然是一支折断的箭，而且分明就是最普通、最常见的那种箭！

"天哪，原来我一直挎着一支断箭打仗！"儿子傻了似的喃喃自语着。他想起了刚才与敌方主帅誓死拼杀的场面，立刻犹如失去支柱的房子一般，轰然坍塌了。

将军父亲站在城楼上看得清楚，不由得深深叹息道：

"孺子不可教也！不相信自己的意志，你永远也做不成将军！"

意志和信念是一个人有所成就的前提，但这前提是：它们必须从自己内心而起，倘若寄托在他人或它物上，非但愚蠢而且极其脆弱。

（三）大学生意志力培养的方法

自觉确定目标。上大学之前，很多人的目标是明确的，那就是刻苦努力，考取大学。但是上了大学以后，有的人错误地认为大学就是"由你玩世界"，或目标模糊、或失去目标、或自制力不够，致使学习、工作效率下降，这是缺乏良好意志品质的突出表现。因此，高职大学生意志力的培养首先是要自觉确定目标，既要规划好自己三年的大学学习计划，也要规划好自己的职业生涯，尽早在职业选择方面做出明确抉择。

自觉实现目标。要制订切实可行的行动计划，自觉调节自己的行为，不断克服内外困难，冲破种种阻力，执行决定，并根据不断变化的各种社会因素调整计划，坚持行动，最终实现计划，达到目标。

积极应对挫折。挫折对意志力的培养具有积极作用，挫折的双重性决定了挫折能够磨炼人的意志，使人更加成熟、自信和坚强。大学生要通过树立正确的挫折观和强化积极的挫折防卫机制，掌握一些自我心理调适方法、寻求社会支持和心理咨询等途径和方法，不断提高自己的意志力。

（四）学习和掌握一些自我心理调适方法，主动寻求社会支持和心理咨询的帮助

学习和掌握一些自我心理调适方法可以有效地化解因挫折而产生的焦虑、紧张等不良情绪，从而提高挫折承受力。常用的自我心理调适方法有自我暗示法、放松调节法、想象脱敏法、想象调节法和呼吸调节法等。

提高挫折的承受力，还应建立和谐的人际关系，营造自己的情感社会支持系统。当人遇到挫折时，一般都伴有强烈的情绪反应，处于焦虑和痛苦之中。这时，如果有几个好朋友或者亲友能够给以安慰、关心、支持、鼓励和信任，将有效地缓解心理压力和降低情绪反应，从而增强了对挫折的承受力。所以，大学生在遇到挫折时，不应将自己封闭起来，而应尽快找自己的好朋友和家人进行沟通，寻求他们的支持和帮助。

当一个人受到挫折后陷入不良情绪中不能自拔时，还可以寻求心理咨询师的系统专业的疏导帮助。通过心理咨询，受挫者在心理咨询师的引导下，校正主观认识，发挥内在潜力，消除心理障碍，明确前进方向，化解不良情绪和行为反应，最终获得心理上的成长，提高挫折承受力。

意志力教育。意志力是人所独具的心理现象。通过意志力的教育使大学生认识到意志在成才中的重要作用，帮助大学生确定明确的目标，提高意志行为水平，增强心理承受力，具备自觉、果断、坚持与自制的意志品质。意志力是人格中的重要组成因素，对人的一生有着重大影响。人们要获得成功必须要有意志力作保证。早在2 400多年前的孟子就曾说过："天将降大任于斯人也，必先苦其心志，劳其筋骨，饿其体肤，空乏其身，行拂乱其所为，所以动心忍性，曾益其所不能。"这段话生动地说明了意志力的重要性。要想实现自己的理想，达到自己的目的，需要具有火热的感情、坚强的意志、勇敢顽强的精神，克服前进道路上的一切困难。这样，就没有什么不可能的。

三、意志力与大学生学习

（一）意志在学习中的重要作用

意志是人为了达到一定的目的，自觉地组织自己的行动，并与克服困难相联系的心理过程。意志具有目的性、调控性、战胜困难和自觉性等基本特征，是人在实践活动和学习活动中积极主动性的表现。积极的意志品质，如自觉性、目的性、独立性、果断性、坚定性、坚韧性、毅力、恒心、自制性、纪律性、英勇性、果敢性等优良的意志品质，能给人以力量、鼓舞人的斗志，使人具有勇敢顽强的精神，战胜前进道路上的一切艰难险阻，不达目的誓不罢休。所以坚强的意志是人们搞好工作和学习不可缺少的心理品质。

顽强的意志是提高工作和学习效率的一个重要的心理条件。意志活动在克服困难的过程中，全面动员个体的知识、技能、能力、情绪和体力来战胜困难，达到预期目的。意志活动常常表现出个体的体力和脑力活动的紧张性。由于紧张性使个体保持着充沛的精力和体力，充分调动和发挥各种智力因素和非智力因素协同作用，从而提高了人的工作和学习的效率。

（二）学习意志薄弱的原因

当代大学生为什么容易出现意志薄弱呢？从成长历程来看，原因主要存在于家庭、学校和个体自身三个方面。

1. 意志品质欠佳

个人成长的家庭环境要负主要责任。现在的大学生大多数是独生子女，在家庭中处于中心地位，父母、祖父母的关怀集于一身，加之物质生活条件日益改善，家长舍不得让孩子受任何艰苦，于是，很容易就忽略了孩子的意志培养。

2. 除了家庭的原因之外，大学生对自身的意志薄弱也负有责任

首先是依赖心理，总指望能有人来帮自己做、帮自己想，自己就可以少出力、少费脑筋。其次是侥幸心理，认为求学期间也没有什么大不了的事，只要学习成绩交待得过去就行了，加上自我感觉个人的智力、家庭的条件都还不错，前途大约不成问题。再次，是有畏难心理，只想成功，不想失败，只想稳稳当当、舒舒服服，不愿面对挑战与磨炼。因此也就缺乏勇气去追求较高的目标，或者对成功只停留在幻想当中，如同人们常说的：常立志，但不能立长志。最后，当不少大学生逐渐认识到自己的意志品质不佳，妨碍了自己进一步发展时，却苦于没有好的办法帮助自己消除各种意志障碍。因为“冰冻三尺，非一日之寒”，长期以来形成的依赖、被动、盲从、畏缩、动摇、放任等习惯，要把他们转变成独立、主动、自觉、进取、坚定和自制，并非可以一蹴而就。要达到这个目标，必须经过思想观念的彻底转变以及行为方式的重新建立。

（三）培养学习意志的方法

人的意志力不是与生俱来的，而是后天在社会生活过程中逐渐形成的。

1. 从解决学习上的小问题开始锻炼自己的意志

培养意志应该从小事做起，不要以为是小事就不屑注意，恰恰是小事能反映一个人的意志，高尔基曾说过：“哪怕是对自己的一点小小的克制，也会使人变得刚强有力！”大学生处于掌握知识阶段，可以从解决学习上的一些小问题开始锻炼自己的意志。如遇到一道较难的题目的时候先克制想放弃的念头，反复思考解决的方法，或给自己下死命令不完成就不能离开教室等，从小事做起，从现在做起并持之以恒，这样才能培养自己的意志品质。

2. 完成一些有一定挑战性而又力所能及的学习任务

任务过于简单，过于容易，激不起克服困难的力量，没有锻炼意志的价值；而过于困难，无论如何努力也无法成功，则打击了自己的自信心，同样锻炼不了意志。为了培养锻炼意志，应有意识地去完成一些力所能及而又有一定的难度的任务。

3. 积极参加实习活动

高职大学生除了要学好书本上的知识以外，还要增强动手能力，提高自身的技能水平。在学校组织的实习活动中，大学生应该充分把握这来之不易的机会，主动积极地多从工厂技师身上学习技术，遇到不懂的问题，应该及时向老师和技师请教。在工厂实习毕竟不如学校环境安逸，可能会吃一些苦，大学生不应该畏惧这些困难，而是应该迎难而上，在坚定的意志指引下，出色地完成实习任务。

4. 坚持参加体育锻炼

体育锻炼是锻炼意志品质的好方法，如长跑，如果没有一定的意志力是很难坚持跑下来的。爬山、游泳、足球、俯卧撑、跳绳、篮球、围棋等，都对培养人的意志力有良好的效果。

幸福能力培养

技 能 篇

【百度知道】

Q：我学习一直很用功，但考试成绩却总是不如那些看起来不怎么学习，还参加社团、学生会工作的同学，我该怎么办？

A：学习成绩落后可能有智力方面不如人的因素，也有非智力方面（如动机、兴趣、态度、方法等）不如人的因素，另外，考试成绩也常受到偶然性因素的影响，有可能没有全面反映我们学习所得。因此，有不少同学虽然看似花在学习上的时间较少，但他/她可能因为学习效率高、善于抓住重点、考试发挥好等原因而成绩比较好。所以，我们不能过度计较成绩上的高低，要以自己是否掌握了要掌握的专业知识和技能为重，而且还要提醒自己：努力不一定成绩好，不努力成绩一定好不了！

【幸福处方】

培养意志力的方法

第一，每天都要让自己做一件自己不愿意做的事。先做自己不愿意做的事，再做自己愿意做的事。

第二，把每一件小事做好，做完美。

第三，每天坚持体育锻炼，不论气候环境多么恶劣。

第四，每天要坚持读一篇文章，长此以往地坚持下来，你会发现自己可以轻而易举地形成一些良好的习惯。

第五，每天坚持早睡早起。早睡早起不仅对个人的身体十分有益处，而且是培养持之以恒毅力的法宝。

第六，每天坚持向十个以上的人微笑和赞扬。微笑和赞扬才是全世界最有魅力的一张通行证。

第七，自我肯定也非常重要。要经常对自己说：我是一个有意志力的人，我能圆满地完成自己每天的任务，获得应有的成长。我能控制我的情绪和欲望，让自己的心态朝着积极的方向发展。

科学地进行意志品质的培养，树立远大的理想，确立明确的人生目标，提高耐挫力，这对于大学生的健康成长有着深远的意义。

【感动人物】

比尔·盖茨——竭尽全力的坚持

比尔·盖茨，美国微软公司的董事长。《福布斯》2012年美国富豪排行榜发布，比尔·盖茨第19次蝉联美国首富桂冠。以下是他的一个成长故事：

20世纪60年代的一天，在美国西雅图的一所著名教堂里，有一位德高望重的牧师——戴尔·泰勒，他向教会学校一个班的学生们讲了这样的故事：有一年冬天，猎人带着猎狗去打猎。猎人一枪击中了一只兔子的后腿，受伤的兔子拼命地逃生，猎狗在其后穷追不舍。可是追了一阵子，兔子跑得越来越远了。猎狗知道实在追不上了，只好悻悻地回到猎人身边。猎人气急败坏地说："你真没用，连一只受伤的兔子都追不到！"

猎狗听了很不服气地辩解道："我已经尽力而为了呀！"

兔子带着枪伤成功地逃生回家后，兄弟们都围过来惊讶地问它："那只猎狗很凶呀，你又带了伤，是怎么甩掉它的呢？"

兔子说："它是尽力而为，我是竭尽全力呀！它没追上我，最多挨一顿骂，而我若不竭尽全力地跑，可就没命了呀！"

泰勒牧师讲完故事之后，又向全班郑重其事地承诺：谁要是能背出《圣经·马太福音》中第五章到第七章的全部内容，他就邀请谁去西雅图的"太空针"高塔餐厅参加免费聚餐会。

《圣经·马太福音》中第五章到第七章的全部内容有几万字，而且不押韵，要背诵其全文无疑有相当大的难度。尽管参加免费聚餐会是许多学生梦寐以求的事情，但是几乎所有的人都浅尝辄止，望而却步了。

几天后，班上一个11岁的男孩，胸有成竹地站在泰勒牧师的面前，从头到尾按要求背了下来，竟然一字不落，没出一点差错，到了最后，简直成了声情并茂的朗诵。

泰勒牧师比别人更清楚，就是在成年的信徒中，能背诵这些篇幅的人也是罕见的，何况是一个孩子。泰勒牧师在赞叹男孩那惊人记忆力的同时，不禁好奇地问："你为什么能背下这么长的文字呢？"

男孩不假思索地回答道："我竭尽全力。"

16年后，那个男孩成了世界著名软件公司的董事长。他就是比尔·盖茨。

泰勒牧师讲的故事和比尔·盖茨的成功背诵对人很有启示：每个人都有极大的潜能。正如心理学家所指出的，一般人的潜能只开发了2%～8%左右，像爱因斯坦那样伟大的科学家，也只开发了12%左右。一个人如果开发了50%的潜能，就可以背诵400本教科书，可以学完十几所大学的课程，还可以掌握二十来种不同国家的语言。这就是说，我们还有90%的潜能处于沉睡状态。谁要想创造奇迹，仅仅做到尽力而为还不够，必须竭尽全力才行。

【自助加油站】

学会时间管理

大学时代是年轻人学会做人处事的一个重要成长阶段，能否有效地实施自我管理，对于能否实现人生理想有着重要的影响。

时间是人类最宝贵的财富，大学生该如何节省时间，有效率地使用时间呢？以下是几个建议。

1. 知道时间是如何花掉的

挑一个星期，每天记录下每30分钟做的事情，然后做一个分类（例如：读书、和朋友聊天、社团活动等）和统计，看看自己什么方面花了太多的时间。凡事想要进步，必须先理解现状。

2. 学会使用时间碎片和“死时间”

如果你做了上面的时间统计，你一定发现每天有很多时间流失掉了，如等车、排队、走路、搭车等，可以用来背单字、打电话、温习功课等。这样时间碎片便被合理地利用起来，在有效的时间内最大效率地利用了时间。

3. 将事情排好优先次序

每天早晨把一天该做的事排好优先次序，按照这个次序来做，并要求自己这天把最重要的三件事做完。

4. 运用二八原则

人如果利用最高效的时间，只要20%的投入就能产生80%的效率。相对来说，如果使用最低效的时间，80%的时间投入只能产生20%效率。一天头脑最清楚的时候，应该放在最需要专心的工作上。与朋友、家人在一起的时间，相对来说，不需要头脑那么清楚。所以，我们要把握一天中20%的最高效时间，专门用于最困难的科目和最需要思考的学习上。

5. 时间管理与目标管理是不可分割的

每个小目标的完成，会让你清楚地知道你与大目标的远近，你每日的行动承诺是你的压力和激励，而且行动承诺都必须结合你的长远目标。所以，要想有计划地工作和生活，需要你管理好自己的时间。

幸福体验之旅

体 验 篇

【心理测试】

学习动力自我诊断测试

这是一份关于大学生学习动力的自我诊断量表，一共有20个问题，请根据自己的实际情况，逐一对每个问题做“是”或“否”的回答。

1. 如果别人不督促你，你极少主动地学习。

2. 你一读书就觉得疲劳与厌烦，只想睡觉。

3. 当你读书时，需要很长的时间才能提起精神。

4. 除了老师指定的作业外，你不想再多看书。

5. 在学习中遇到不懂的知识，你根本不想设法弄懂它。

6. 你常想：自己不用花太多的时间，成绩也会超过别人。

7. 你迫切希望自己在短时间内就能大幅度提高自己的学习成绩。

8. 你常为短时间内成绩没能提高而烦恼不已。

9. 为了及时完成某项作业，你宁愿废寝忘食、通宵达旦。

10. 为了把功课学好，你放弃了许多你感兴趣的活动，如体育锻炼、看电影与郊游等。

11. 你觉得读书没意思，想去找个工作做。

12. 你常认为课本上的基础知识没啥好学的，只有看高深的理论、读大部头作品才带劲。

13. 你平时只在喜欢的科目上狠下工夫，对不喜欢的科目则放任自流。

14. 你花在课外读物上的时间比花在教科书上的时间要多得多。

15. 你把自己的时间平均分配在各科上。

16. 你给自己定下的学习目标，多数因做不到而不得不放弃。

17. 你几乎毫不费力就实现了你的学习目标。

18. 你总是同时为实现好几个学习目标而忙得焦头烂额。

19. 为了应付每天的学习任务，你已经感到力不从心。

20. 为了实现一个大目标，你不再给自己制定循序渐进的小目标。

评分方法

上述20道题目可分成4组，它们分别测查你在四个方面的困扰程度：1～5题测查你的学习动机是不是太弱；6～10题测查你的学习动机是不是太强；11～15题测查你的学习兴趣是否存在困扰；16～20题测查你在学习目标上是否存在困扰。

假如你对某组（每组5题）中大多数题目持认同的态度，则一般说明你在相应的学习欲望上存在一些不够正确的认识，或存在一定程度的困扰。

从总体上讲，假设选“是”记1分，选“否”记0分，将各题得分相加，算出总分。

结论分析

0到5分：说明学习动机上有少许问题，必要时可调整。

6分到10分：说明学习动机上有一定的问题和困扰，可调整。

14分到20分：说明学习动机上有严重的问题和困扰，须调整。

【励志歌曲】

飞得更高

作词/作曲：汪峰

生命就像一条大河，时而宁静时而疯狂，现实就像一把枷锁，把我捆住无法挣脱。这谜一样的生活锋利如刀，一次次将我重伤，我知道我要的那种幸福，就在那片更高的天空。我要飞得更高，飞得更高，狂风一样舞蹈，挣脱怀抱，我要飞得更高，飞得更高，翅膀卷起风暴，心生呼啸，飞得更高。一直在飞一直在找，可我发现无法找到，若真想要是一次解放，要先剪碎这诱惑的网，我要的一种生命更灿烂，我要的一片天空更蔚蓝，我知道我要的那种幸福，就在那片更高的天空。

【心理电影】

阿甘正传

故事梗概：阿甘出生在美国的一个小镇，从小和他的母亲相依为命。幼时因为脊椎侧弯的问题而需要将矫正支架安装在腿部，且阿甘的智商只有75，按入学标准只能进入为弱智儿童设立的特殊学校。虽然阿甘的母亲知道他有种种缺陷，但始终抱着殷切的期望，希望他能接受正常的教育，过着和大家一样的生活。阿甘有非凡的运动天赋，在成长过程中逐渐显露，并因他的快腿而参加美式足球校队并被保送上阿拉巴马大学，之后在越战中立功和参加美国乒乓球代表队。为了实现对死去战友的诺言，阿甘开始出海捕虾，并因此而成为巨富。阿甘的智商虽然不高，但他单纯善良、信念坚定，达成了许多普通人想不到或做不到的事。

影片讨论：欣赏完这部电影，你还受到了什么启发呢？大家讨论一下。

【心灵图书】

把时间留给最重要的事

内容简介：为了取得事业上的成功，我们不得不做出妥协，而这种妥协的前提通常都是牺牲自己的私人生活和身体健康。但是，生活中的每个部分都是密不可分的，对任何一方面的过度偏重都必然会使其他方面出现问题。我们完全可以通过一套完整的时间管理与生活管理体系，为自己生活的每个方面创造出足够的时间与空间，找到它们之间的平衡点，继而获得长期的和谐生活。

书评讨论：读完这部书，你还受到了什么启发呢？大家讨论一下。

【心理训练】

活动一　时间分割

活动目的

1. 让学生懂得珍惜时间，学会合理安排时间。

2. 通过扮演时钟，训练反应能力和协调性。

活动步骤

1. 事先准备好1厘米宽、100厘米长的纸条每人一条、印有圆形图案的白纸每人一张、笔每人一支、长短不一的小棍子3根为一套，需若干套。

2. 个人扮时钟：请若干位同学自愿上台，发给每人长、短小棍一副，长棍代表分针，短棍代表时针。听主持人的口令扮演出时钟上时针与分针的关系，如：6点、8点、3点20分、11点05分等。

3. 小组扮时钟：请同学自愿组成三人组，主持人分别发给每人一根小棍子，最长的代表秒针、次长的代表分针、最短的代表时针。听主持人的口令，三人一起组合表示一个时间。

4. 撕纸条：主持人把事先准备好的1厘米宽、100厘米长的纸条发给每位同学。告诉大家，每个人手中的纸条代表时间，假如这个时间是一天，那就是24小时。每个人想一想：自己的一天是怎样度过，睡觉用了多少时间，把它撕去；吃饭、看电视、玩游戏、踢足球、聊天发呆等分别用了多少时间，把它们一一撕去，看看还剩多少时间是用来学习的？大家比一比谁留给学习的时间最多？

5. 发给每个人一张印有圆形图案的白纸，请大家想一想，假如这个圆表示一周的时间，你怎样进行管理，如何合理分配？请各位画出“时间管理拼图”，画完后进行交流。

注意事项

1. 棍子长短注意秒、分、时针的比例。

2. 画“时间拼图”，一个圆可以代表一天，也可以是一周、10天等。圆形分割可以用线条，也可以用彩色笔涂出色块。

3. 画“时间拼图”的目的是启发同学思考如何合理安排自己的时间，所以画完后的交流很重要，主持人根据同学的时间管理计划做出恰当的点评。

活动总结

时间是人类最宝贵的财富，由于时间的不可逆性，导致古往今来无数人悔恨自己浪费了宝贵的时光与美好的年华。大学生正处在人生最美好的阶段，只有珍惜时间、珍惜生命，才会在今后的人生道路上无怨无悔。

活动二　花样翻新

活动目的

训练学生的形象思维力、空间想象力和动手能力。

活动步骤

拿一根80厘米长的线绳，把绳的两端连接在一起，结为环形，用手指来挑、钩、穿成几何图形，看看谁能变出更多的花样。

活动总结

人的想象力是无限的，每个人对线绳花样的翻新，恰恰体现了人们思维的独特性与延展性。

【心灵感悟】

1. 给下面的故事拟题目。

____

接连下了三天的大雪，今天天气总算放晴了。可是“下雪不冷化雪冷”，前三天都如冰窖般的教室现在更像冷库般令人难以忍受了，几十个十几岁的孩子齐刷刷地傻站着—这样似乎比坐着要暖和一些，而且大家也更容易挤得紧一些。

满屋的跺脚声随着杨老师的进入停止了，这位老师向来以严肃冷酷著称，同学们可不敢招惹他。但是即使大家都小心翼翼的，杨老师还是从学生的脸上看出了两个字：我冷。

“大家都站起来。”杨老师命令一般地喊道。

同学们惶惑不安地都站了起来。

“到外面排好队，我们去操场上上这一课。”杨老师又接着说道。

“嗞，”同学们都倒吸了一口凉气，“什么？去操场上上课？在这样的天气里？”

但是不管怎样，最后，杨老师躲在镜片后面的严厉的眼睛依然将大家一个接一个地逼出了教室。

操场上，大雪早已将一切都连成了一个整体，偶尔有些空隙，雪化之后露出了下面白白的地皮。穷孩子们厚实的土布棉袄这时似乎失去了它的作用，弄得他们个个像冻结的冰凌一般。

看看大家已经排好队，杨老师面对学生们站定，然后脱下了身上那件黑色棉衣。同学们还未来得及惊呼，他又开始脱里面的毛衣。最后，瘦削的他只穿着一件单薄衬衫给同学们讲起了“课”：“如果不出来，大家肯定以为自己是敌不过风雪寒冷的，可是事实上，现在大家站在这里，没有任何人会倒下去，包括我，对不对？所以同学们，从苦日子里长大，没有什么苦是我们受不了的，只要你敢伸出手去迎接，敢抬起头去面对！我希望你们能够永远记住这句话，因为大家以后人生中遇到的苦难也一样，只要你敢于正视，你就会发现，其实一切，都不—过—如—此！”杨老师最后拉长了语调说道。

的确，那一天直到最后，也没有谁支撑不下去。

生命中有许多伤痛并非我们想象的那么严重，而人之所以觉得不能承受，是因为过分畏惧或者正在用放大镜观察它。甩掉畏难情绪，奋力一搏，你就会发现：其实一切，都不过如此。

2. 写出你学完本课的感悟。

第九课

善解人意是功夫——谈人际交往

【心灵引导】

知识目标

了解人际交往的意义、特点及其类型，理解影响大学生人际交往的因素及障碍类型。

技能目标

会运用人际交往的原则和技巧处理人际交往中的典型问题。

幸福心语

最难忍受的孤独莫过于缺少真正的友谊。

——培根

如果我们想法交朋友，就要先为别人做些事——那些需要花时间、体力、体贴、奉献才能做到的事。

——卡耐基

一个永远不欣赏别人的人，也就是一个永远也不被别人欣赏的人。

——汪国真

幸福知识讲堂

知 识 篇

【小案例】

远离“公主病”

小月在家是独生女，漂亮聪明，学习优秀，堂、表兄弟姐妹中数她最出色，因此得到了父母、爷爷奶奶的万千宠爱。小月的家庭经济条件好，很小的时候她就有了自己独立的房间。到学校后，四人一间宿舍，小月感到委屈和不适应，经常抱怨寝室同学，还耍娇小姐脾气，支使别人干这干那，好像是理所当然的。这样，其他三位同学开始逐渐疏远她，她感到十分孤单，却又不知道别人为什么远离她。

公主病

小月因为从小娇生惯养，在家一直被父母奉为公主，但是到了学校后，大学舍友并不会因此而处处忍让，小月只有治好自己的“公主病”，才能够与同学们和谐相处。比起中学生，大学生的人际交往更为复杂，更为广泛，独立性更强，也更具社会性。个体开始独立地步入准社会群体的交际圈。大学生们开始尝试独立的人际交往，并试图发展这方面的能力。大学生如何处理好人际关系，如何使自己成为一个受欢迎的人呢？让我们一起走进幸福知识讲堂，探寻人际交往的奥秘。

一、人际交往概述

（一）人际交往的含义

所谓人际交往是指我们在某一段时间里与某些人互动的信息交流。人际交往是人类进化过程中为了生存、为了适应群体生活合作的方式而产生的，因此，带有明显的社会性。人际交往的社会性还表现在人类使用在劳动中所发展起来的语言进行交往。除了语言，人们还可以利用面部表情、手势姿态、声调等进行互助交往。

但是在现代社会中，网络已经成为人们生活中不可缺少的一部分。网络的出现和迅速发展改变了人们的传统生活方式和交往方式，打破了旧的交往模式，引发了一种新型的人际交往的方式，即人们在任何地方、任何时候与任何人都可以借助计算机和网络进行面对面的信息交流。当人们采用这种方式交流的时候，他们所采用的方式和工具以及一些特有的网络语言都有很大的不同。

【心理词典】

情　商

情商（EQ）又称情绪智力，是近年来心理学家们提出的与智力和智商相对应的概念。

它主要是指人在情绪、情感、意志、耐受挫折等方面的品质。以往认为，一个人能否在一生中取得成就，智力水平是第一重要的，即智商越高，取得成就的可能性就越大。美国心理学家认为，情商包括以下几个方面的内容：一是认识自身的情绪。因为只有认识自己，才能成为自己生活的主宰。二是能妥善管理自己的情绪。即能调控自己。三是自我激励，它能够使人走出生命中的低潮，重新出发。四是认知他人的情绪。这是与他人正常交往，实现顺利沟通的基础。五是人际关系的管理。即领导和管理能力。

（二）人际交往的意义

1. 生存与安全的需要

根据马斯洛的需要层次理论，人际交往的需要是人的一种基本的精神需要，并不是功利性的物质生存需要，虽然，人与人的交往包含了物质交换，但这不是心理学意义上的交往。有许多交往理论强调功利性价值，如社会交换理论、得失论等。日常生活中，人们对人际交往的重要性的理解，也多停留在这种实用主义意义上。如俗话说的“多个朋友多条路”，就是典型的功利主义意义上的人际交往理论的价值取向。因此，人际交往是人精神上的本体需要。

2. 促进个人成长

人际交往是个人社会化的起点。每个人的社会化进程从出生后就开始了，当婴儿与他的照顾者接触时，会依赖于照顾者的照顾、爱护和关怀。在这个过程中，会发生包含情感、认知等信息的交互作用。如果我们观察一个人的发展，就会发现，他的成长过程实际上就是一个不断开放自己，与更多的人和更广范围的人交际的过程。如果一个人一生都封闭自己，他的发展就会受到很大的限制。在交往的过程中，人们相互可以发现对方的长处，激励发展的动机，自己的长处被对方所认可，会激发自信心，自己遭受挫折，得到对方的关心、爱护和支持，会减轻痛苦。因此，在个人的发展过程中，离不开他人的理解、支持、肯定、帮助，自我认识也离不开他人作为自己定位的镜子的作用。因此，个人的发展离不开与他人的交往。

3. 人际交往促进心理健康

心理健康教育实践中发现，绝大多数学生的心理危机是与缺乏正常的人际交往和良好的人际关系相联系的。在同一宿舍里，同学之间的心理交往状况，往往决定了一个学生是否对学生生活感到满意。那些生活在没有形成友好、合作、融洽的人际关系的宿舍中的大学生，常常出现压抑、敏感、自我防卫、难于合作的特点，情绪的满意程度低。在融洽的宿舍里生活的大学生，则以欢乐、注重学习与成就、乐于与人交往和帮助别人为主流。心理学家的研究表明，健康的个性总是与健康的人际交往相伴随的,。

（三）人际交往的状态与阶段

为了帮助大家理解友谊发展的阶段性，我们来看看两个人从不认识到成为好朋友要经历哪些人际交往的状态和阶段，如表 9-1 所示。

表 9-1　人际交往的状态与阶段

图　解	人际交往状态	人际交往阶段
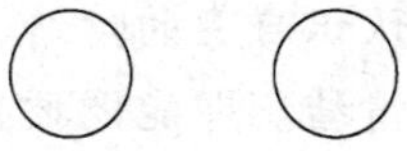	零接触	
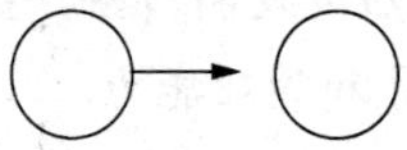 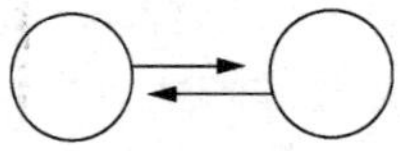	单向注意 双向注意	
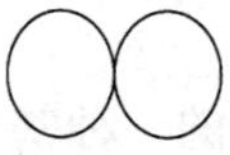	表面接触	定向阶段
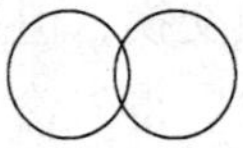	轻度卷入	情感探索阶段
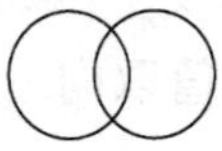	中度卷入	情感交流阶段
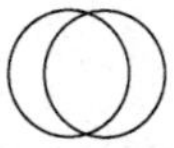	深度卷入	稳定交往阶段

表 9-1 以图解的方式，对人际关系的各种状态及其对应的阶段做出了直观的描述。

图中圆圈表示人际关系涉及的双方。另外，从图中可以发现，人际关系的双方心理世界不可能完全重合，无论两个人的关系多么密切，也无论主观上怎样感受彼此之间的完全拥有，两个人是两个世界，基点不同，所以人与人之间不可能完全一致，只是在多大程度上是一致的。

当两个人彼此没有意识到对方存在的时候，双方关系处于零接触状态。此时双方是完全无关的，谈不上任何个人意义的情感联系。如果一方开始注意到对方，或双方彼此产生了相互注意，则人与人之间的相互作用就已经开始。一方开始形成对另一方的初步印象，或彼此都获得了对于对方的印象。不过，在双方直接的更充分的语言沟通开始之前，彼此对于对方都还处于旁观者的立场。

1. 定向阶段

从交往双方开始直接谈话的那一刻起，彼此就产生了直接接触。这是真正意义上的人际交往的开始。一种情况是，不打算与对方建立更进一步的关系，双方的交往仅限于打招呼而已。比如说，我们每天都要遇到的门卫、保洁员、餐厅老板、店主这样的人群，我们与他们的关系是极为肤浅的，从来不会把个人的感受或想法与他们交流，会与他们讨论简单的话题或进行简短的谈话，如，“今天天气不错”，“这水果真新鲜!”等。

还有一种情况是，在人群中选择某些人予以注意，并试图建立更进一步的关系，进行初步的沟通。这即为人际交往的第一阶段——定向阶段。我们究竟选择谁作为交往对象，往往要经过自觉的选择过程。只有那些在我们的价值观念上具有重要意义的人，我们才会选作交往和建立人际关系的对象。接下来是初步沟通，最初步的了解对方。这是试图建立更深刻关系的尝试，暴露的关于自我的信息是最表面的。

2. 情感探索阶段

随着双方沟通的深入和扩展，双方共同的心理领域也逐渐被发现。发现的共同心理领域的多少，与情感融合的程度是相适应的。一般情况下，心理学家按照情感融合的相对程度，将人际关系的状态分为轻度卷入、中度卷入和深度卷入三种程度。

轻度卷入的人际关系，交往双方所发现的共同心理领域较小，双方的心理世界只有小部分重合，也仅仅在这一范围内，双方的情感是融合的，这时的人际交往状态处于情感探索阶段。

这一阶段，双方要探索在哪些方面可以建立真实的情感联系，沟通越来越广泛，自我暴露的深度、广度增加，但避免涉及隐私领域。尽管双方已开始有一定程度的情感卷入，但交往模式上仍然比较正式，彼此都注意自己表现的规范性。

3. 情感交流阶段

这一阶段双方的人际关系状态处于中度卷入，彼此已发现较大的共同心理领域，同样，双方的心理世界也有较大的重合，彼此的情感融合范围也相应较大。

双方关系出现实质性变化，交往中有了信任感、安全感，谈话涉及自我的许多方面。相互会提供真实的信息，提供建议，进行赞赏或批评等。如果关系在这一阶段破裂，会给人巨大的心理压力。

4. 稳定交往阶段

这一阶段双方的人际关系状态处于深度卷入，在深度卷入的情况下，双方已发现的共同心理领域大于相异的心理领域，彼此的心理世界高度（但不是完全）重合，在大多数生活领域都达到了情感融合。不过，在通常情况下，人们只同极少数人能够达到这种人际关系深度，有些人则从来没有与任何人达到这种深度的关联。

双方在这一阶段自我暴露更加广泛和深刻，彼此的接纳度很高，可以倾听对方最为狂妄的想法而不会斥责或嘲笑他，允许对方进入自己的私密领域，分享自己的生活空间和财产。但实际上很少有人达到这一情感层次的友谊关系。

每进入下一个人际交往的阶段，交往对象都要“过筛子”。也就是说，随着交往阶段的深入，交往对象在不断减少。在每个交往阶段，都有一些人我们更希望与之交流，这就是“人际吸引”，即人们生活中俗称的“喜欢”。造成人际吸引需要一些因素，如外貌、个性品质、相似性、互补性等。而不同的交往阶段是不同的因素在起作用。人际吸引是有规律可循的。

二、与人际交往相关的若干理论

（一）人际吸引的规律

1. 定向阶段人际吸引的规律

在人际交往的定向阶段，往往是外貌、熟悉性和临近性这几个因素在起作用。

（1）外貌。因为不可能对陌生人有深入的了解，我们往往会“以貌取人”，相貌出众的人更容易吸引他人。美貌给人以安慰、令人陶醉。对美的敏感是人类普遍具有的天性。

（2）熟悉性和临近性。熟悉性和临近性是指交往的双方由于时间和空间上的接近而产生的人际吸引，这种吸引方式也叫强迫性吸引。

时间上的接近，表现为高密的交往频率。在同等条件下，人们大多喜欢交往频率高的交往对象。

空间上的接近，也容易造成人际吸引。在大学生中，经常可以看到，同寝室的人更容易结成友谊关系。阿伦森的一个实验发现，结成友谊关系的，同寝室的人数最多，其次是相邻房间，再次是同一楼层。不同楼层人结成友谊关系的较少。

如果时间和空间两个因素共同作用，就更容易产生人际吸引。美国心理学家发现这样一个有趣的现象：夫妻之间结婚时间越长，感情越好，彼此相貌越相像。这是因为夫妻双方同处一个空间，长期相处，心理上的吸引产生生理上的趋近。中国心理学工作者通过调查发现，同宿舍的女生从大一到大三，她们的口味、爱好等日益接近，甚至在月经周期上也变得几乎一致。这也是时间和空间上的接近所导致的。

2. 情感探索、交流阶段人际吸引的规律

在情感探索、交流阶段，相似性会拉近交往双方的关系。“老乡见老乡，两眼泪汪汪。”从这句俗语可以看出，在相异的环境中见到具有相同特征的对象所激发的人际吸引是非常强烈的。

在日常生活中，各种情况的相似都能引起不同程度的人际吸引。例如，自然属性方面的相似，包括年龄、性别、籍贯、受教育程度、经济情况、社会地位等；心理属性方面的相似，包括兴趣爱好、性格特点等。

可以说凡是有人群的地方，人与人之间就有共同点。那为什么有的人还是不能和他人之间形成相互吸引呢？这是因为没有意识到共同点的存在。所以，在人际交往的过程中，善于寻找和对方的共同点，是成功交往的一条规律。

3. 稳定交往阶段人际吸引的规律

（1）互补。在长期的交往中，当交往双方的需要和满足途径正好形成互补关系时，双方的喜爱程度会增加，交往关系更稳定。

很多心理学资料和日常生活的事实都证明，夫妻双方构成互补关系的，婚后的稳定度高。如支配型的丈夫与依赖型的妻子结合，控制欲强的妻子与被动型的丈夫结合，双方的个性倾向和行为特征正好能满足对方需要，构成了双向的互补关系。而支配型的男人和支配型的女人很难做一对平和的夫妻。

另一种形式的互补是补偿，即一方不具备又渴望能具备的东西另一方拥有，另一方就会对这一方构成强烈的吸引。如一个看重学历而自己学历低的人，会格外看重高学历的朋友；经济困难的人看重经济实力好的人。

（2）个性品质。在群体中，有能力、有特长，或具有人们普遍喜欢的品质的人往往会脱颖而出，受到大家的喜爱。如大学生中有文艺、体育特长的同学，组织能力强的同学，为人真诚、友好、乐于助人的同学，都很受大家的欢迎。

而某些品质则会阻碍人际吸引：

第一，不尊重他人的人格，无视他人的喜怒哀乐的人；

第二，过度自我为中心、只关心自己的利益的人；

第三，为了想获得自己的利益和好处而与他人交往的人；

第四，过分服从并取悦别人的人；

第五，过分依赖他人而丧失自尊心的人；

第六，嫉妒心强的人；

第七，容易猜疑，对人对事怀有偏见、固执的人；

第八，过于自卑，对人际关系过于敏感的人；

第九，爱挑别人毛病的人。

需要特别指出的是，能力与被人喜欢的程度在一定限度内成正比关系，但要超过这个限度，其能力所造成的压力反而使人倾向于逃避或拒绝。为什么会有这种现象呢？因为人对于他人有两种不同的需要。一方面，人希望自己周围的人有很好的能力，有一个令人愉快的人际交往背景；另一方面，如果他人的能力使人可望而不可即，则人就会感到一种压力。因此，当一个榜样人物在能力和人格完善上都达到了其他人不可企及的程度，榜样的力量反而小了。

（二）团队合作

“团队合作”本身是个外来词，源自英文“teamwork”。但它并不能被简单地理解为“一群人在一起干活”。要理解“团队合作”的含义，我们必须先了解什么叫“团队”。

真正意义上的“团队”，是指为达到共同的目标而能够自愿合作并协同努力的一群人。不可否认，工作组中的每个成员不一定都有共同的目标和愿望，组内或多或少存在着分工不清、职责不明、各自为政、甚至互相“拆台”的现象。这种工作组并不能称之为“团队”。

合作（cooperation）是指不同的个体为了共同的目标而协同活动，促使某种既有利于自己又有利于他人的结果得以实现的行为或意向。

“团队合作”，是指“团队”为完成某既定目标而需要实现的思想和行为方式。因此，“团队合作”的含义主要包含了四个要素和一个目标。

要素一，“团队分工”。就是要清楚团队中每个成员的职责和任务。一般来说，一个团队要有一个团队领导和若干团队成员。团队成员按照职责又可划分为若干角色。分工明确，才能形成有机的整体，提高运转效率。

要素二，“团队思想”。它是一种能够把普通工作组凝聚成团结的组织，并且能够一直朝着目标前进的创造性思维能力。每个队员都必须为了团队和目标而积极主动地提出创新的、建设性的意见，整个团队才有战斗力和创造力。“唯命是从”或者“一盘散沙”都不能形成真正强有力的团队。

要素三，“团队建设”。就是要清楚每个队员以及整个团队的优势和劣势，在工作中尽量发挥优势，互相帮助以弥补劣势，从而创造出统筹综合、集思广益的佳绩。同时团队还要有意识地进行自我培训，努力提高每个成员的能力，进而提升团队的整体竞争力。

要素四，“团队支持”。就是积极的鼓励其他同伴做得更好。真诚的鼓励永远是逆境中战胜困难的动力。

做到这四个要点，都是为了一个目标——充分发挥“团队力量”。所谓“团队力量”就是团队中的每一位队员都能够始终如一的互相提醒对方超越自己的目标从而达到团队的目标。团队的目标是每个队员的共同目标，它高于个人目标。在团队合作中，只有团队目标达到了，即团队成功了，个人才能获得成功。如果脱离了团队目标，即使个人目标达到了，也是毫无意义。

【哲理故事】

用钱买不到的尊重

尊重，是金钱买不到的。

有位富翁十分有钱，但却得不到旁人的尊重，他为此苦恼不已，每日寻思如何才能得到众人的敬仰。某天在街上散步时，他看到街边一个衣衫褴褛的乞丐，心想机会来了，便在乞丐的破碗中丢下一枚亮晶晶的金币。谁知乞丐头也不抬地仍是忙着捉虱子，富翁不由生气：“你眼睛瞎了？没看到我给你的是金币吗？”

乞丐仍是不看他一眼，答道：“给不给是你的事，不高兴可以要回去。”

富翁大怒，意气用事起来，又丢了十个金币在乞丐的碗中，心想他这次一定会趴着向自己道谢。却不料乞丐仍是不理不睬。

富翁几乎要跳了起来：“我给你十个金币，你看清楚，我是有钱人，好歹你也尊重我一下，道个谢你都不会。”

乞丐懒洋洋地回答：“有钱是你的事，尊不尊重你则是我的事，这是强求不来的。”

富翁急了：“那么，我将我的财产的一半送给你，能不能请你尊重我呢？”

乞丐翻着一双白眼看他：“给我一半财产，那我不是和你一样有钱了吗？为什么要我尊重你。”

富翁更急起来道：“好，我将所有的财产都给你，这下你可愿意尊重我了？”

乞丐大笑：“你将财产都给我，那你就成了乞丐，而我成了富翁，我凭什么来尊重你。”

三、大学生人际交往中存在的问题

1. 自我中心

以自我为中心的交往主要表现为：强调别人对自己应该承认、理解、接受和尊重，忽视对等地理解和尊重别人，交往中注重实现自己的目的，而忽视别人的利益和要求。只从自己的经验角度去认识人和事，而不能意识到别人对同一事物的看法和观点，对人和事的看法带有强烈的主观性。这种以自我为中心的交往方式在大学生中是比较普遍的。

2. 自卑

自卑是一种过低的自我评价。自卑的浅层感受是别人看不起自己，而深层的体验是自己看不起自己，即缺乏自信。有自卑心理的大学生在交往中常常是畏首畏尾，遇到一点挫折便怨天尤人。

3. 恐惧

惧怕人际交往。除了几个亲近的人之外，他们很难和外界沟通，在人多的地方会觉得不舒服，担心别人注意他们、担心被批评、担心自己格格不入，情况轻微的人还可以正常的生活，情况严重时甚至会造成生活上的障碍，无法正常求学或工作。

4. 嫉妒

嫉妒是一种消极的心理品质，是对与自己有联系而强过自己的人的一种不服、不悦、失落、仇视，甚至带有某种破坏性的危险情感，是通过自己与他人进行对比而产生的一种消极心态。嫉妒往往表现为当看到与自己有某种联系的人取得了比自己优越的地位或成绩，便产生一种嫉恨心理。它的特点是针对与自己有联系的人；往往是指向和自己职业、层次、年龄相似而超过自己的人。大多数忌妒心理潜伏较深，行为表现较为隐秘。嫉妒容易使人产生痛苦、忧伤、攻击性言论和行为，导致人际冲突和交往障碍。

5. 猜疑

具有多疑心理的人，往往先在主观上设定他人对自己不满，然后在生活中寻找证据。带着以邻为壑的心理，必然把无中生有的事实强加于人，甚至把善意曲解为恶意。这是一种狭隘的、片面的、缺乏根据的盲目想象。猜疑的人很容易偏激，对他人的言行敏感、多疑、不信任，人际关系常陷入僵局。猜疑产生的心理原因是过分地关注自己的利害得失，和自私心理联系紧密。其思维定势就是怕别人损害自己。

6. 自负

自负在人际交往中表现为傲气轻狂、居高临下、自夸自大，过于相信自己而不相信他人，只关心个人的需要，强调自己的感受而忽视他人。与同伴相聚，不高兴时会不分场合地乱发脾气，高兴时则海阔天空、手舞足蹈讲个痛快，全然不考虑别人的情绪和态度。与熟识的人相处，常过高地估计彼此的亲密程度，使对方出于心理防卫而与之疏远。

7. 羞怯

羞怯心理是绝大多数人都会有的一种心理。具有这种心理的人，往往在交际场所或大庭广众之下羞于启齿或害怕见人。由于过分的焦虑和不必要的担心，使得人们在言语上支支吾吾，行动上手足失措。长此以往会不利于与他人正常交往。害羞在大学生人际交往中常常表现出腼腆、动作忸怩、不自然、脸色绯红、说话音量低而小，严重者怯于交往，对交往采取回避的态度，过多约束自己的言行，无法充分表达自己的愿望和情感，也无法与人沟通，造成交往双方的不理解或误解，妨碍了良好人际关系的形成。

8. 自私

在人际交往中自私经常左右着人们的思想和行动。人际交往中自私者往往以“我”为圆心，以“我的利益”为半径，“以我的一切”为准则。这种只顾个人利益，不顾别人利益的心理即自私。自私的人以功利和实用看待人际关系。凡是对他有利的则不顾一切往前冲，对他不利的又不顾一切往回缩或推诿，“人不为己，天诛地灭”就是典型的自私哲学。有自私心理的人，其与人交往的动机往往是贪图金钱财物，攀附名利。

9. 自我封闭

这种心理状态的表现是把自己的真实思想、情感、欲望掩盖起来。严重者对任何人都不信任，怀有很深的戒备，隔断了与他人的交往。大多数学生都承认在人际关系中，和同学保持融洽关系还比较容易，但与他人交知心朋友很难或比较难。

幸福能力培养

技 能 篇

【百度知道】

Q：我们寝室的同学来自不同地区，生活习惯有些不一样，和室友间偶尔会有不愉快的“小插曲”，我该怎么办？

A：在日常生活中，人际冲突是难以避免的，但它并不可怕，如果处理得当，人际冲突也可以成为双方增进了解的切入点。

第一，处理人际冲突对事不对人。人际冲突的起因大部分是一些生活的琐事，而且双方都要承担一定责任，也很难分清谁对谁错，所以如果将冲突的起因归于某人，双方只会互相攻击从而激化冲突。

第二，先处理心情，后处理事情。在发生人际冲突时，双方的情绪都会比较激动，很容易说出彼此中伤的话而造成无法挽回的局面，因此，调整好心情不失为一种明智的选择。

第三，当时当地解决冲突。发生人际冲突时，直面问题，坦诚相待，立即处理，而不是暗自较劲，更没有必要记仇。

【幸福处方】

人际交往的技巧

1. 注意留给别人的“第一印象”

第一印象，是指初次接触后给别人留下的知觉印象，往往对以后的认知有很大影响。我们常说的“先入为主”就是指这种现象。心理学中也把这种现象叫做“首因效应”。其实，第一印象并非真实可靠，正所谓“路遥知马力，日久见人心”。但第一印象在以后的交往中会产生心理定势效应。

如果给人留下真诚、热情的第一印象，以后别人就愿意与你继续交往；相反，如果给人的第一印象是虚伪、冷漠，别人以后就不愿意接近你。尤其在应聘、求职过程中，面试人数多，时间短，只有给考官留下良好、深刻的第一印象，才有可能叩开成功的大门。再比如大学新生来到大学，进入新的环境，如果不注意第一印象，就可能为以后的人际交往带来不少麻烦。

要想给别人留下良好的第一印象，就要注重自我形象的塑造。首先注意自己的外在形象，衣着整洁，仪态大方，举止得体。要讲究文明礼貌，言语朴实真诚。切忌虚情假意、言不由衷、转弯抹角、夸夸其谈。防止留下令人讨厌的第一印象。

2. 主动交往

初次接触后，如果不经常联系，是很难建立友谊关系。有的大学生不好意思主动和他人联系，被动等待别人来找自己，至少会失去一半得到友谊的机会。

人际交往的基础是人与人之间的相互重视和相互支持，相互承认、接纳、喜欢。你与别人同甘共苦，别人才能与你风雨同舟，用你的真心来换取别人的真心。这就是人际交往中的交互性原则。要相信别人也喜欢自己，不要总认为别人讨厌自己。

大学生要积极参加社会活动，扩大交往范围。不能局限于“宿舍—教室—食堂”这样“三点一线”的生活，不要只和同一个寝室、相邻寝室或同一个班级的同学交往。可以通过参加社团、学生会等学生组织来广交同学，以便找到志同道合的朋友。

3. 学会与人交流

（1）真诚和自信。人们喜欢接近真诚的人。心理学家安德森曾做过这样一个调查：列出555个描绘个性品质的形容词，让大学生指出哪些品质让他们喜欢，哪些不喜欢。结果学生评价最高的就是真诚。所以在与人交流时，不要抑制自己内心的真实，如你的趣味、幽默感等。如果你表现出紧张，谈话就会肤浅。不要将你的注意力放在自己的弱点上，担心自己说得不好，而是将注意力放在别人身上，注意他在说什么。别人也是跟你一样是有弱点的。自信的人最有魅力，所以表现得自信一点，平等地对待他人，而不是将他人看得过高或过低。

（2）善于用提问的方式了解别人。人们一般都喜欢谈论自己。通过提出几个问题来鼓励别人谈话，这样便于找到双方都感兴趣的话题，也便于更多地了解对方的情况。

提问也有一定的技巧。尽量少提用“是”或“否”就能回答的问题，因为这样的问题没有进一步谈论的内容，容易使谈话陷入僵局。比如，不要问“你喜欢看《××》电影吗”，而要问“《××》电影你看了觉得怎么样”，也可以问对方“为什么”。这样的谈话能使你们长时间讨论一个话题，而且通过一个问题了解许多内容。同时，我们还要注意，这并不是什么情况下都适宜的提问方法，如果问得太多，会让人感到自己好像是在被审问。因此，对别人的感觉要敏锐，学会以适当的方式提问。

（3）学会用心倾听。提问有助于展开谈话，倾听则有助于使谈话继续。所谓倾听，不仅是用耳朵听，还包括所有感官，尤其是要用心去听。倾听是沟通成功的必备要素，因为倾听的态度实际上传达给对方一种信息，那就是：我是关心你的，我愿意去了解你。这样可以加深彼此的感情。

倾听要掌握一些技巧：别人讲话的时候，我们不要分心；别人还没讲完时，我们先不要考虑如何应答，让别人把话说完，然后我们再用几秒钟考虑我们的答语。对方讲话时，我们可以目视对方并不时点头、微笑，表示自己在认真倾听，或用“对”、“是这样”等语言回应对方。还可以重复一些你认为重要的话，鼓励对方继续讲下去。跟随他的思路，在他讲话时不要催促或显得不耐烦或干脆打断他。如有疑问，可提出一些启发性的问题。这样既不让对方反感，还会让他觉得你对他的话很重视。

4. 关心、帮助他人

除了沟通与交流，还要在日常生活中关心和照顾他人，努力满足他人的需要，给他人尽量带来欢乐和幸福。真正的朋友是要经历住时间、危难、利益的考验。在朋友遇到困难的时候伸出援助之手，双方的感情会迅速升温。“雪中送炭”胜过“锦上添花”。

帮助他人，也要接受别人的关心和帮助。拒绝别人的帮助、不想欠别人的人情、凡事只想靠自己，那么哪里会有朋友？当自己成功之后，千万不要忘记曾经关心和帮助过自己的人，要发自内心地、指名道姓地说感谢他。不要以为不说别人也理解，不要把别人的帮助当作理所当然。对人要记功忘过。不要用人朝前，不用人朝后，现用现交。否则，以后谁也不愿意与你来往了。

感谢别人，但不要要求别人感谢自己，要把人家不感谢你当作是很自然的事。如果你想要快乐，为他人付出时就不要去想是否能得到回报，不要觉得别人都欠自己的。由于不要求别人感谢，偶然得到，就会意外惊喜，得不到也不会难过。但行好事，莫问前程，把对别人的帮助当作对自己心灵的安慰和自我价值的体现。总念念不忘自己对别人的帮助，会活得很累。帮人做点小事情，就生怕别人不知道，会使感情贬值。

当然，人们都愿意与知恩图报的人交往，正所谓“来而无往非礼也”。只有互惠互利，双方受益，才能达到双赢，做到可持续发展。如果一方利益长期受损，交往关系是不会长久的。

5. 独立先于关系

人际交往中确实存在一些技巧，但不能过分依赖技巧。靠小恩小惠拉关系只能让人感到亲近，不会让人感到敬佩。只有在学习、工作方面做得出色，做人堂堂正正，才能让人拥戴。

【感动人物】

心灵导师——卡耐基

戴尔·卡耐基被誉为是20世纪最伟大的心灵导师，美国现代成人教育之父、人性教父、人际关系学鼻祖，美国著名的心理学家和人际关系学家，20世纪最伟大的成功学大师。

1888年，卡耐基出生于美国。卡耐基上小学的时候，因为调皮捣蛋，搞恶作剧，他几次差一点被学校开除。

他那双又宽又大的耳朵是同学们嘲弄的对象。有一次，班上一名叫山姆·怀特的大男孩与卡耐基发生了争吵，卡耐基说了几句很刻薄的话，怀特被激怒了，便恐吓道：“总有一天，我要剪断你那双讨厌的大耳朵。”他吓坏了，几个晚上都不敢睡觉，害怕在自己进入梦乡以后被怀特剪掉了耳朵。

当卡耐基成名以后，仍然没有忘记山姆·怀特。他归纳出了一番人生哲理：“要想别人对你友善，要想与同事和睦地相处，处理好上下级关系，那就绝不能去触动别人心灵的伤疤。”

卡耐基在童年时代受到他母亲很大影响。母亲生性乐观，百折不挠。一次大水灾，洪水冲出了河堤，把农场的所有农作物冲得不见踪影。父亲用绝望的声音喊道：“上帝，你为什么老是和我过不去？我什么时候才能走出困境！”而母亲却十分镇静，她哼唱着歌，将家园重新收拾好。母亲对卡耐基寄予厚望，一直鼓励他好好读书，希望他将来做一名传教士，或做一名教员。

1904年，卡耐基高中毕业后就读于密苏里州华伦斯堡州立师范学院。在学校里卡耐基发现，学院辩论会及演说赛非常吸引人，优胜者的名字不但广为人知，而且还被视为学院的英雄人物。这是一个成名和成功的最好机会。

但他没有演说的天赋，参加了12次比赛，屡战屡败。三十年后，卡耐基谈及第一次演说失败时，还以半开玩笑的口吻说：“是的，虽然我没有找出旧猎枪和与之相类似的致命东西来，但当时我的确想到过自杀……我那时才认识到自己是很差劲的……”经历失败后，卡耐基发奋振作，重新挑战自我。

1906 年，戴尔·卡耐基一篇以《童年的记忆》为题的演说，获得了勒伯第青年演说家奖。这是他第一次成功尝试，这份讲稿至今还存在瓦伦斯堡州立师范学院的校志里。这次获胜，对他的一生产生了非同小可的影响。

1912 年，戴尔·卡耐基在纽约开办了他的第一期公共演讲课。从那时起，卡耐基教程——一项伟大的事业诞生了。这项事业的意义不仅使卡耐基享誉全球，并为他带来了丰厚的收益；它的伟大之处在于它指导、甚至拯救了数以千万的听众和读者的人生。没有明确的数字可以统计出，究竟有多少人是卡耐基教程的受益者，但是他的著作从第一次出版以来，就始终傲居榜首。其中《友谊的秘密》和《圣经》、《瓦尔登湖》、《富兰克林自传》等一同被美国国会图书馆评为“塑造读者的 25 本书”。近一百年来的每一天，在地球的某一处，总会有一个人的生活因为卡耐基的影响而被改变。

卡耐基开创的“人际关系训练班”遍布世界各地。他以超人的智慧、严谨的思维，在道德、精神和行为准则上指导万千读者，给你安慰，给你鼓舞，使你从中汲取力量，从而改变你的生活，开创崭新的人生。当今世界最伟大的成功学家在这里与你娓娓而谈，成功会因为你打开本书而成为现实！你若不能做条大路，那就做条小径；你若不能做太阳，就做颗星星；不要以大小来决定你的输赢，但要做，就要做最好的你！

【自助加油站】

如何应对冲突

随着人际交往的加深，我们相互间难免会出现冲突。常言道：“有人的地方就有争论。”人际交往过程中难免会出现各种各样的分歧。分歧是生活中自然的一部分，但如果不予以解决，就会破坏良好的关系。

许多人从未学过如何积极地化解冲突，面对冲突不知所措。他们常常倾向于自我保护和攻击，结果造成冲突双方伤害和误解的加深。

1. 面对冲突时人们常见的几种做法

（1）支配型。这类人总认为自己是正确的。他们往往喜欢高谈阔论，喜欢一言堂。他们执意认为只有自己的见解才是解决问题的唯一方法。他们认为别人都应该认同他的观点，不在乎别人对问题的看法，只关心自己的想法。

（2）折中型。这种类型的人明白自己不能完全按照自己的意愿办事，于是他们愿意在有所让步的条件下解决问题。但这种解决问题的办法往往对任何一方来说都很难令人满意，结果使大家都感觉事情的解决不尽如人意。折中型和支配型往往互相对对方不满意，最后只能不了了之，因为他们从未试图达成共识。

（3）让步型。这种人会安静而有礼貌地谈出自己的观点，遇到别人的不同意见会很快放弃自己的观点。这种人表达自己的观点但并没有力度。他们宁可让别人的观点胜出，也不愿意争论。对他们来说，说服别人的压力太大了，强调自己的观点是没有多大意义的。他们会想：“让他们照自己的想法去做吧，实际并不怎么样。”

（4）退缩型。这类人讨厌辩论，他们宁可离开，或者在别人对发生的事情和感受谈论不休时他们在一旁默不作声。这样的人经常在心里对自己说一堆话，却从来不说出口。他可能是害怕说出自己的想法，或知道说了也没什么用，因为讨论往往以相互间大声喊叫结束，却解决不了什么问题。

2. 如何化解冲突

事实上，人类在面对冲突时，本能的反应就是通过争吵来解决。但事实证明，这样并不能解决问题，反而会给冲突双方带来更深的伤害。获取一种令双方都满意的解决问题的方式，是我们都愿意看到的结果。这种方式意味着双方开诚布公地讨论问题，彼此真心听取对方的陈述，经过一系列的互谅互让，达成各方都满意的解决方法。当商讨结束时，每个人都欣然感到这确实是解决问题的最佳方案，交往关系也丝毫无损。当然，这样的交流需要时间，要求各方信守承诺。这种解决冲突的方式是需要训练的。从解决冲突的态度、方法上，我们都需要进行完善。

(1) 态度。我们要抱着寻找解决问题方法的态度来进行商讨。注意，寻找的是双方都满意的解决方法，这就意味着我们应当坦然听取另一方的意见，愿意从对方的角度看问题，进行换位思考。有些事情站在自己的角度来看的确令人气愤，但如果换一个角度，站在对方的立场上，似乎就变得容易理解了。因为不管对方做了什么，对他来说都是合理的。或许冲突中的某个部分是我们所不知道的。

我们要有敞开、接纳、谦虚的态度。遇到冲突时，问题的难点往往是存在两个或更多"有道理"的行事方法，我们要寻找我们的"道理"和别人的"道理"有何差异，然后对症下药。要知道我们可能错了，要敢于面对事实并承认错误，有谦逊的态度，谦逊不是软弱，而是成熟的人才能表现的。

把情绪放在一边。当冲突双方带着情绪解决问题的时候，很容易将简单的事情复杂化。有的同学可能会说，"冲突发生的时候，我很生气，要我把情绪放在一边，我做不到!"实际上我们有能力做到，因为我们不是动物，我们有意志，所以我们能做到。

(2) 方法。首先要弄清楚事实真相，通过问问题了解对方的道理所在，注意不要指责对方，措辞要谨慎，不要不假思索地说出伤害别人的话。事实上，我们经常会说出一些让我们感到后悔的话，说了以后我们恨不得把它从空中抓回来然后吃了。可是，"一言既出，驷马难追"。因此，在说话之前，要用大脑分析一下："这话该不该说?""该怎么说?"

避免使用谴责性语言，如：

"你怎么能……"

"如果不是你……"

"你不应该……"

而要使用下面这样的语言：

"我相信你有很好的道理，因为……但事情既然发生，我感觉……"

"你一说……我才感到……"

"我相信你没有意识到……"

还可以运用重复性技巧了解对方的真实意思，以便达成共识：

"你的意思是不是说……"

"依你之见是不是……"

"我能做什么来纠正这一点呢?"

幸福体验之旅

体　验　篇

【心理测试】

大学生人际关系综合诊断量表

这是一份人际关系行为困扰的诊断表，共27个问题。请你认真完成，然后对照后面对测验结果做出的解释，检查自己的人际关系是否和谐。

1. 关于自己的烦恼有口难言。（　　）
2. 和生人见面感觉不自然。（　　）
3. 过分的羡慕和妒忌别人。（　　）
4. 与异性交往太少。（　　）
5. 对连续不断的会谈感到困难。（　　）
6. 在社交场合感到紧张。（　　）
7. 时常伤害别人。（　　）
8. 与异性来往感觉不自然。（　　）
9. 与一大群朋友在一起，常感到孤寂或失落。（　　）
10. 极易受窘。（　　）
11. 与别人不能和睦相处。（　　）
12. 不知道与异性相处如何适可而止。（　　）
13. 当不熟悉的人对自己的倾诉他的生平遭遇以求同情时，自己常感到不自在。（　　）
14. 担心别人对自己有什么坏印象。（　　）
15. 总是尽力使别人赏识自己。（　　）
16. 暗自思慕异性。（　　）
17. 时常避免表达自己的感受。（　　）
18. 对自己的仪表（容貌）缺乏信心。（　　）
19. 讨厌某人或被某人所讨厌。（　　）
20. 瞧不起异性。（　　）
21. 不能专注地倾听。（　　）
22. 自己的烦恼无人可申诉。（　　）
23. 受别人排斥与冷漠。（　　）
24. 被异性瞧不起。（　　）
25. 不能广泛地听取各种意见、看法。（　　）
26. 自己常因受伤害而暗自伤心。（　　）

27. 常被异性交往不知如何更好地相处。 ( )

评分方法

在每个问题上，选“是”的打“√”，计 1 分；选“非”的打“×”，计 0 分。

结论分析

如果你得到总分是 0 到 8 分之间，那么说明你在与朋友相处上的困扰较少。你善于交谈，性格比较开朗，主动关心别人，对你周围的朋友都比较好，愿意和他们在起，他们也都喜欢你，你们相处的不错。而且，你能够从与朋友相处中得到许多乐趣。你的生活是比较充实而且丰富多彩的，你与异性朋友也相处得很好。一句话，你不存在或较少在交友方面的困扰，你善于与朋友相处，人缘很好，获得许多人的好感与赞同。

如果你得到的总分是在 9 到 14 分之间，那么，你与朋友相处存在一定程度的困扰。你的人缘很一般，换句话说，你和朋友的关系并不牢固，时好时坏，经常处在一种起伏波动的状态之中。

如果你得到的总分是在 15 到 28 分之间，那就表明你在同朋友相处上的行为困扰较严重；分数超过 20 分，则表明你的人际关系的行为困扰程度很严重。而且在心理上出现较为明显的障碍。你可能不善于交谈，也可能是一个性格孤僻的人，不开朗，或者有明显的自高自大、讨人嫌的行为。

大学生在人际关系上所存在的一些心理健康总是主要表现为自我中心、多疑、害羞、孤僻、自卑、嫉妒、社交恐怖症等。一些研究表明，人际关系不和谐的大学生，其个人的成才及其未来的成就会因此而受到严重的影响。及时地诊断并采取必要的措施予以治疗，是消除大学生人际关系方面心理障碍的较好途径。

【励志歌曲】

相亲相爱一家人

作词：陈乐融　作曲：陈耀川

我喜欢一回家就有暖洋洋的灯光在等待，我喜欢一起床就看到大家微笑的脸庞，我喜欢一出门就为了家人和自己的理想打拼，我喜欢一家人心朝同一个方向眺望，我喜欢快乐时马上就想要和你一起分享，我喜欢受伤时就想起你那温暖的怀抱，我喜欢生气时就想到你们永远包容多么伟大，我喜欢旅行时为你把美好记忆带回家。因为我们是一家人，相亲相爱的一家人，有缘才能相聚，有心才会珍惜，何必让满天乌云遮住眼睛。因为我们是一家人，相亲相爱的一家人，有福就会同享，有难必然同当，用相知相守换地久天长。

【心理电影】

美丽心灵

故事梗概：电影的原型——小约翰·福布斯·纳什是享誉国际的数学家。他在念研究生时，便发表了著名的博弈理论，该理论在经济、军事等领域产生了深远的影响。但就在纳什蜚声国际时，他却因为身患妄想型精神分裂症而备受困扰，然而这并没阻止他对学术的执着追求，在他的妻子的鼓励和帮助下，他在自己的天才与狂乱中历经痛苦，走得虽然艰缓，却始终没有停步。这是一个漫长而痛苦的旅程，经过了几十年的艰难努力，他终于战胜了这个不幸，并于1994年获得诺贝尔经济学奖。

影片讨论：欣赏完这部电影，你还受到了什么启发呢？大家讨论一下。

【心灵图书】

人性的弱点

内容简介：本书的唯一目的就是帮助你解决你所面临的最大问题：如何在你日常生活与社会交往中与人打交道，并有效地影响他人；如何击败人类的生存之敌—忧虑，以创造一种幸福美好的人生。

书评讨论：读完这部书，你还受到了什么启发呢？大家讨论一下。

【心理训练】

活动一　信任考验

活动目的

勇于尝试、自我肯定产生自信；增加彼此的信任感产生他信。

活动步骤

1. 11人一组，其中一人站在高台上，其余10个人在台下两两相对伸出双臂，准备接住台上后倒的人。

2. 高台上的人身体保持挺直后仰倒下，下面的成员正好接住。

3. 倒之前，上下成员可以进行一定的交流，以克服恐惧心理。

活动总结

这一活动的难点在于要让高台上的人克服心理障碍，完全对身边的人信任放心，将自己完全交付给同伴。如果后倒者不充分信任他的同伴，或者心存畏惧，落下时会下意识地将自己身体缩成一团，接着就会因为受力不均匀而失误。事先的沟通非常必要。接扶的人要想尽办法说服中间的人完全相信自己，同时全力以赴，不要有任何失误，否则要想建立别人的信任就难了。生活中往往也是如此，戒备心理和对于他人本能的不信任导致我们失去了很多合作的机会，也使我们的学习、工作受到了阻碍。相互沟通、相互信任是取得成功的核心因素。这个活动可以让我们充分体验到这一点。

活动二　内圈与外圈

活动目的

学习人际沟通、训练表达能力。

活动步骤

1. 将成员分成内外两圈，内圈向外，外圈向内，一对一面面相对。

2. 内圈成员扮演考试作弊学生，外圈成员扮演老师，开始角色扮演，对话一分钟，过程中组织者可观察记录。

3. 接下来，内圈不动，外圈的人向左边跨一步，找到另一位新伙伴，再做第二个角色扮演。以次类推，直到设计的题目扮演完毕。

角色扮演的题目可以是孩子与父母，迟到的学生与老师，领导与职工，医生与患者，警察与违规者等。

活动总结

角色扮演的方式是一种生活演练，团体成员通过扮演日常生活问题情境中的角色来启发对人际关系和自我情况的认识，使平时压抑的情绪通过表演得以释放、解脱，进而可以学习人际关系的技术及获得处理问题的灵感。

【心灵感悟】

1. 给下面的故事拟题目。

____

上帝对一个牧师说，他要让牧师去看一看天堂与地狱的差别。

他们来到一个房间里。房间中央摆放着一锅热腾腾的肉汤，一大群人围着锅坐着，个个都愁眉不展，原来，他们虽然每个人手里都拿着一把汤匙，但汤匙的柄太长，他们无法将汤喂到嘴里。面前摆放着美食，他们却只能眼睁睁地望着，仍旧要饿肚子，怪不得一个个神情暗淡、愁眉苦脸。

上帝又带牧师来到另外一个房间。里面仍然是一个锅热腾腾的汤。一大群人围着锅席地而坐。他们手中仍拿着长柄汤匙，可每个人脸上的表情却幸福而满足，他们在欢笑、唱歌，过的非常快乐。牧师迷惑不解，他问上帝，同样的食物，同样的条件，第一间房里的人们都在挨饿，处境悲惨，而另外一间房里人们却丰衣足食，过得很快乐，差别为何如此之大呢?

上帝微笑着说:“难道你没有看见，第二个房间里的人都在相互喂对方吗?”

原来，第一间房里的人只想着怎样来喂自己，而长柄使他们无法做到，而第二个房间的人彼此合作，他们用长柄汤匙舀上汤互相喂对方，于是大家都喝上了汤，这便是天堂与地狱的差别。

2. 写出你学完本课的感悟。

第十课

为爱导航——谈恋爱与性

【心灵引导】

知识目标

认识大学生恋爱心理的特点，了解自身性生理的发展，理解大学生恋爱与性心理方面存在的问题，形成对恋爱与性的正确认识。

技能目标

能够正确地处理好学业与恋爱关系，会与异性交往，能够走出恋爱的心理困惑。

幸福心语

什么是爱情？爱情是大自然的珍宝，是欢乐的宝库，是最大的愉快，是从不使人生厌的祝福。

——查特顿

爱是生命的火焰，没有它，一切变成黑夜。

——罗曼·罗兰

爱情的欢乐虽然是甜美无比的，但只有在光荣与美德存在的地方才能生存。

——古尔内尔

幸福知识讲堂

知　识　篇

【小案例】

失恋33天

小宋，某大学大四男生，最近刚刚和本市另一所大学就读的女朋友分手。两个人在高中的时候就已经暗生情愫，并相约一起考入同一个城市的大学，三年来两个人的感情也是风平浪静，可是大约一个月前女孩身边的另一个男生对她展开了攻势，也是在这个时候女友对他的态度发生了转变。两个人开始因为小事产生口角，且女友总在他面前讲另一个追求她的男生如何优秀。男生也渐渐不能忍受，提出让她尽快在他和另外一个男生中作出选择。女孩最终选择放弃了他而选择了另外的那个男生。小宋无法接受这个现实，很难相信三年以来的感情何以这么不堪一击，心中又实在不能把她放下，试图与她谈话沟通尽力挽回却无果。近日更觉情绪低落，茶饭不思，有时甚至觉得活下去也没有任何意义。

失恋的小宋

爱情是永恒的话题，是大学校园里的热门话题，也是校园里一道亮丽的风景线。正值青春期的大学生，没有了学业的重压，没有了父母的管束，就如同打开了鸟笼的小鸟，在蔚蓝纯洁的天空中自由飞翔。随着性生理的成熟和性心理的发展，渴望爱情，想谈恋爱已成为大学生中较为普遍的心理状态。那么大学生该如何掌握爱情这门艺术呢？让我们一起走进幸福知识讲堂。

一、爱情、恋爱与性

（一）爱情

1. 爱情的含义

爱情，是一对男女基于一定的客观物质条件和共同的人生理想，在各自内心中形成的对对方的最真挚的倾慕，并渴望对方成为自己终身伴侣的最强烈的、稳定的、专一的感情。虽然对于爱情含义的表述各有不同，但其基本内容都涉及这样的三个方面：生物因素、精神因素、社会因素。生物因素是指爱情基于性生理的成熟度，是基于男女两性之间的性吸引，从而具有与之相结合的强烈的愿望。精神因素主要是指爱情是一种高尚的感情，也就是说爱情是以男女两性之间的共同信念、理想、追求和优良的道德品质为爱情的基石，健康的爱情会愉悦身心，使人产生美好的心理体验，让人在生活、学习和工作上积极向上，充满活力。社会因素是指爱情是一种社会现象，它一方面要受社会道德、法律规范制约，另一方面爱情还将涉及繁衍后代的社会功能。

2. 爱情的心理结构

爱情是由两个部分组成的，即爱情是性爱和情爱的结合。爱情的心理结构如下所示：

$$\left.\begin{array}{r}\text{倾慕}+\text{怜惜}+\text{性欲}=\text{性爱}\\ +\\ \text{理想}+\text{情操}+\text{个性}=\text{情爱}\end{array}\right\}=\text{爱情}$$

性爱是以性欲为基础的对异性的倾慕、亲近的感情体验，这是构成爱情必不可少的成分。性爱有如下特点。

（1）排他性。爱情是两性间的情欲为基础的纯洁而高尚的感情，它一方面具有独自占有所爱对象的欲望，就这一点来说，人类的性爱是“自私”的，即排他的。另一方面，它将全部身心倾注于所爱的人，甚至愿为爱情奉献一切，爱情又是“无私”地献身于对方的。这两方面融合统一时，爱情才使人心醉，令人神往。排他性分为“外排他”和“内排他”。“外排他”是指反对自己的恋人与其他异性发生感情关系；“内排他”则是一种自律，不让其他异性爱上自己而干扰甜蜜的热恋。排他性对维持爱情的稳定有帮助。爱情专一、不分心旁人是恋人间的基本要求。但发展到极端的排他倾向就成了一种病态。有的人出于嫉妒不允许情人与其他异性正常交往，这会给恋爱双方带来高度心理紧张。

（2）冲动性。这更是性爱的根本特点。恋爱的产生来自生理冲动的基本需要，因此恋人们时时会感觉到对爱情的激动兴奋和要与对方更进一步密切关系的需求。恋爱的冲动性使爱情充满活力，生机勃勃。热恋中的男女常为一些小事而高度兴奋，也具有比平时更高的创造热情。但冲动的不可遏止也会造成性欲需要的增强，如不加以克制就会引起性行为。

（3）直觉性。由于性爱注重身体外表吸引力、气质相投等感觉因素，因此直觉性也是爱情的重要特点。青年恋爱注重第一次见面的感觉和印象，所谓一见钟情就是感受到对方的外在美而产生感情。社会心理学研究表明，在人际交往中第一印象往往起着决定性作用。恋爱也是一种人际交往，当然不能例外。不过，恋爱牵涉到以后的婚姻和长时间相处，直觉未必准确，而过于依赖直觉往往后患无穷。

情爱是由异性间的依恋感及理想、情操、价值观、个性追求等复杂因素混合升华而成的。情爱是爱情的本质表现。没有性爱不能产生爱情，但只有性爱缺乏情爱的爱情是不健康的。情爱有如下特点。

（1）思想吸引。价值观趋同，感情一致，这是真正爱情的思想基础。在这样的思想基础上，双方才有着共同的志向、信念和理想、共同的人生态度，从而更容易产生爱情吸引。

（2）心理相容。这是指恋爱双方经历相当充分的“磨合”，全面了解了彼此多方面的差异，并能接受和容忍这些差异。这是情爱发展的心理背景。恋爱双方心理相容度愈高，情爱发展就愈充分，就愈能体验到爱情的欢乐。反之，心理不相容，则会感到惆怅、痛苦和失望，情爱就会保持不了。心理相容是男女恋爱成功的心理背景，理想、价值观、人生态度是否一致又是心理相容的最重要因素。当你恋爱时，一定要对对方的思想感情、心理特征进行相当充分的了解。当然，心理相容是一个过程，不是一朝一夕的事。只有经历过感情火花的燃烧和理性的审定后的婚姻才能美满，那种“一见钟情”的婚姻因缺少心理相容过程，往往是不可靠的，是冒险的。

应该强调的是性爱与情爱同等重要。恋爱的一个根本目的是释放性能量、发展性意识。没有了性就无所谓恋。性欲是人类诞生以来就存在的本能冲动，而情爱必须在自我意识的基础上产生。以情爱压抑性爱是病态的表现，完全只谈性不谈情又不叫爱。只有二者并重，才符合爱情的心理结构要求。

【心理词典】

爱情三角理论

美国心理学家斯腾伯格提出的爱情理论，认为爱情由三个基本成分组成：激情、亲密和承诺。激情是爱情中的性欲成分，是情绪上的着迷；亲密是指在爱情关系中能够引起的温暖体验；承诺指维持关系的决定期许或担保。这三种成分构成了喜欢式爱情、迷恋式爱情、空洞式爱情、浪漫式爱情、伴侣式爱情、愚蠢式爱情、完美式爱情等七种类型，如图 10-1 所示。

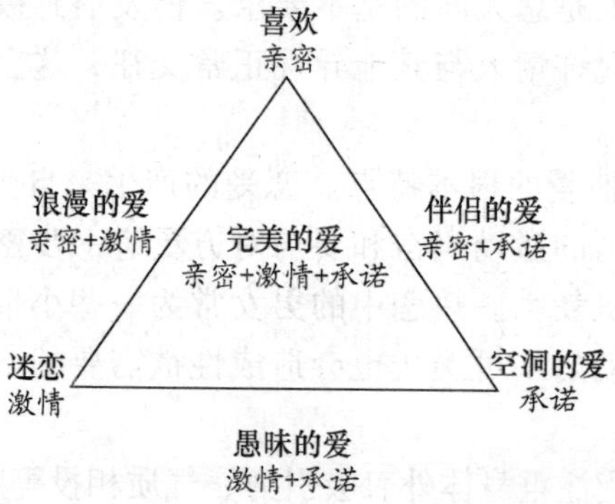

图 10-1　爱情三角理论

（二）恋爱

1. 恋爱的含义

恋爱是指一对异性之间产生强烈的爱慕，发生爱情、建立爱情关系直到结婚的过程。这是恋爱健康发展的一般规律。爱情帮助人们理智地选择自己的人生道路和生活伴侣，所以，它有利于提高人一生的精神修养和生活质量。

2. 恋爱的过程

爱情是人类的一种社会性情感。恋爱是一种过程，是爱情的主要存在方式之一。日本学者泉宇佐等把恋爱过程大致划分为 5 个阶段：① 体会到性的魅力。青春期的男女，性意识已经觉醒。他们情不自禁地开始关注异性，表现为自己对异性的兴趣。同时，也希望引起异性对自己的注意；于是，青年人变得愿意与异性接触和交往。对于青年人来说，异性的面容、身材、声音等任何有关信息，都有一种说不清的巨大魅力。② 想象期。青年人被某个异性所吸引，便会浮想联翩。由于种种外界条件局限，或是一时还没有机会直接接触，就会不断在自己内心猜测、揣摩和设想，尤其会想象对方的兴趣、人品、性格、家庭、对自己的态度等，也会更多地想象如何接近对方，以及如何寻找机会和见面的具体方法、可能的后果等。在这个阶段既不了解对方的态度，本人也还未进入角色，是处在“漂浮不定的恋爱阶段”。如果以后仍没有机会与对方接触，则可能出现三种后果：一是情感转移或淡化；二是陷入“单相思”，心绪不宁，备受折磨；三是埋入心底，而长久难忘。③ 发生爱情。根据现代青年异性之间相互交往的特点，一对相互产生了爱慕之情的男女，一般首先要通过集体或小组的交往建立起友谊，成为朋友；随着相互了解的加深，而逐渐离开群体的活动，发展为一对一的约会。发生爱情的标志就是表白爱情，中国青年一般多是男性主动地向女性表白；随着人们观念的转变和开放，女性主动向男性表达爱情的情况也在日益增多。另外，中国这个东方文明古国有着美好的文化传统，许多青年也喜欢以含蓄的方式表达爱情，如从对方的眼神、态度、言谈、举止，或是通过写情书、互赠信物，而双双坠入爱河。④ 确立爱情关系。在这一阶段，一对青年男女经过相互的深入了解和认真的思考后，决定确定恋爱关系，即进入热恋阶段。明确了恋爱关系后，恋人们的心情会发生明显的变化，由原来那种急切期待、焦躁或单相思式的想象，代之以喜悦、兴奋、甜蜜，甚至得意的心情。热恋中的青年人容易产生嫉妒、猜疑、对对方不信任等复杂的心理。这主要是由于青年人自己缺乏自信心，生怕失去心上人，而又未深入了解对方的内心世界，恋爱关系尚不巩固。⑤ 结婚。恋爱健康发展的最后结果必然是结婚，结婚是取得社会法律承认的家庭形式，结婚把一对男女互相爱恋的情感的密切和亲昵推进到身心全面交融的新的境地，从此成为终身的生活伴侣，共同创造未来的生活。

（三）性

1. 性的含义

性的含义，从生物学角度理解是有关生物的生殖或性欲，以及雌性和雄性个体差异，同时也包含它们的生殖繁衍。性是人类最基本的生物特征之一，就如人需要呼吸空气、饮食一样，是人一种自然属性。孟子云“食、色，性也”，这说明人生来有食欲和性欲两大欲望。因此，性并没有什么“神秘”的，大可不必谈“性”色变。

随着人类文明的发展，性除了纯生物学的意义外，性还涉及社会学、伦理学、心理学等多方面的意义。因此，“性”的科学含义应概括为：人类的性是指以生物种的繁衍的机能为基础，受特定的社会关系和伦理价值观念的影响以及人的心理因素支配的性行为。

2. 性的本质

人类的性行为要受社会的存在和发展的影响和制约。人类的性行为具有自然属性和社会属性。人类性的自然属性是所有生物都具有的属性，是人类的一种本能。人类性的社会属性是人类在社会生产和生活实践中形成的，因此，性的社会属性是人类性行为的本质，其性行为的自然属性也总是通过它的社会属性来表现的。

性是人的生理本能之一，人发育到一定的时候就会自然生出性的需求，即性的欲望。所谓性的欲望就是对与性内容直接相关之行为的期盼与要求。当这一要求较为强烈时就会形成性冲动。性欲的产生依赖于一定的生理因素与心理因素。性激素是产生性欲的生理基础，与性有关的感觉、情感、记忆、想象是引起性欲的心理基础。既然性是人的本能之一，那么可否如饥要食、渴要饮般随意宣泄呢？回答是否定的。因为人不仅具有自然性，更具有社会性，人的一切自然属性都在社会规定中以曲折的方式表现出来。人能够根据一定的社会道德法律规范，运用理智和意志的力量调节欲念和行为，从而将性限制在适度的范围内。人类社会对性的宣泄从来就有众多的限制，即使最具现代文明的国家也教育青年抑制性活动，要对性承担社会义务。正是在这一点上，人类将自己与动物区别开来，使性得以升华。所以，对性的适当压抑与控制是个体适应社会的基本要求，是个体社会化的基本能力与义务。

二、大学生恋爱心理特点及存在问题

（一）大学生恋爱心理发展的阶段

大学生恋爱心理一般要经历理想对象建构、初恋、热恋、心理相撞调适到感情平静等四个阶段。

理想对象建构阶段。即爱的意识萌生阶段。大学生恋爱意识的准备阶段是中学时代开始的。起初是恋爱意识的朦胧期，约始自初中三年级。高中为恋爱意识的探索期，高中生有了恋爱的意向和关于爱的思考，然而，背负高考前的重压，无暇顾及恋爱问题。进入大学之后，重负释去，恋爱意识便萌生了。开始考虑自己心目中的“白马王子”或“窈窕淑女”，建构自己理想中的对象的内在和外在的素质模型了。

初恋阶段。即现实对象的确定阶段。当大学生觉得自己已找到了那个心中的他（她）时，初恋就开始了。有人把初恋的心理发展细分为醉我、疑我、非我、化我四个阶段。“醉我”是指被追求对象迷住而陶醉。“疑我”是怀疑对方是不是爱上了我，他（她）今天对我多说了三句话，是不是想表露和我的亲密？“非我”则进入了实质的求爱，可以为对方抛弃自己的兴趣爱好等，一切以求适应对方。“化我”指恋爱初步固定，恋人把对方利益置于自身之上。由于初恋是情窦初开时的第一次对异性敞开的爱的体验，双方的内心往往都充满了一种新奇的兴奋和激动。初恋具有单纯性、强烈性、持久性等特点。单纯性指初恋是第一次向异性敞开爱，恋情往往单一、纯真；强烈性指初恋是爱情积聚的爆发，常出现强烈的亲近欲；持久性指初恋的感情影响旷日持久，人们一生中会长存着初恋的感情记忆。

热恋阶段。也称激情热恋阶段。与初恋相比，初恋时爱的感受十分强烈，但表达方式较为含蓄，关系也不过于密切。而热恋阶段，求爱已经完成，便进入恋人朝夕相处，关系十分密切的阶段。这一阶段恋人依依不舍的眷恋之情常常使他们忘记了时间和空间，即要求相处的时间更长，空间距离更短。处在此阶段的青年男女，其理智处于脆弱的地位，感情几乎支配了一切，看不到对方的缺点，诸如“情人眼里出西施”就是这一阶段的典型反映。处在此阶段，在性冲动中很容易发生越轨行为，而对其后果也不可能冷静地做出理智的判断。

心理相撞调适阶段。热恋是甜蜜的，但过后会随即进入心理相撞调适阶段。由于热恋中的朝夕相处，双方增进了互相了解，热恋过后，双方都会想去证实自己在求爱阶段对恋人的一些理想化看法，发现另一些在求爱中并没有注意的优缺点。恋爱双方根据这些优缺点的综合印象作出判断，看这段感情值不值得延续下去。因此在这一阶段双方会发生争论、冲突，心理碰撞，感情也会起伏波动，时而达到最高峰，时而进入低谷甚至破裂。

感情平静阶段。如果在心理相撞调适阶段作出了肯定的判断，恋爱双方就进入感情平静阶段。在这一阶段，恋爱双方既爱慕对方的长处与优点，又能容忍对方的缺点与不足，彼此心平气和，心灵上达到了融为一体的境地。这样恋爱就可以慢慢发展到家庭角色扮演阶段。恋人从浪漫的迷雾落回现实，开始考虑柴米油盐，谋生途径。这种家庭角色扮演就为以后的婚姻生活打下了基础。反之如果在心理相撞调适阶段作出了否定的判断，就会导致恋爱的破裂，出现失恋。

（二）大学生恋爱心理特点

大学生谈恋爱已经成为当今大学校园里一种相当普遍的现象，恋爱学生约占在校生的1/3，甚至1/2以上。应该说，大多数学生的恋爱态度是严肃认真的，但不能否认的是在一部分学生恋爱中也明显地存在着种种不良倾向，这些倾向对这些学生的成长和成才构成了很大威胁，这不能不引起学校、家庭和社会以及同学们的关注。

恋爱价值观是人们的价值观在恋爱问题上的具体体现，是回答为什么恋爱、选择什么样的恋爱对象以及怎样追求爱情生活等的观念系统。大学生的恋爱价值观在恋爱动机、择偶标准和方式、婚恋道德的价值取向方面呈现出如下特点。

（1）恋爱动机的多元化。恋爱动机是产生恋爱行为的内部动力，它由恋爱需要引起，并直接指向恋爱目标。恋爱动机决定人们的恋爱目标及恋爱生活方式的选择。因此，恋爱动机是恋爱心理研究的重要内容。对大学生恋爱动机调查发现：大学生的恋爱动机明显具有多元化特点，满足生理心理需要、打发无聊的岁月和调剂紧张的学习及选择人生伴侣都占有一定的比例。值得注意的是，长期宣传教育的要“选择人生伴侣”的恋爱动机在选择中仅2.7%。这可能与大学生持有的“恋爱并不一定要结婚”的价值取向有密切关系。相反，满足生理需要、打发无聊岁月、调剂紧张学习三者比例之和达到72.5%，一定程度上说明大学生的恋爱动机不够纯正，多数大学生的恋爱并不直接指向“选择人生伴侣”这一恋爱应该追求的目标。

（2）主张重内在素质、轻外在条件的择偶标准。择偶标准是人们选择婚恋对象时的价值取向，表现为对恋爱对象条件的要求。择偶标准是婚恋价值观的核心成分，由于人们所处的社会生活地位和条件存在差异，不同的群体表现出不同的婚恋择偶标准。有调查发现大学生的择偶标准存在以下特点：① 注重对方的个性心理品质。人品、能力、才华、兴趣、个性在其择偶标准中占有突出位置；② 相貌、健康两项身体条件被看重；③ 家庭地位、家庭财产、学历等条件不再为学生看重。这在一定程度上说明当代大学生在恋爱问题上更加自主，不再受传统的家庭地位等外在条件所制约，更注重对方的内在素质。而大学生对恋爱对象的个性、人品中最注重的是体贴人、心胸宽广、专一、孝敬父母等个性品质。男、女生比较发现，男生较女生更重视温和、尊敬父母、热情、贤惠、善良、聪明，女生较男生更重视心胸宽广、事业心强、好学上进。

（3）坚持自主的择偶方式。恋爱自由是法律赋予青年的权利，是青年人获得幸福的恋爱和婚姻生活的必要条件。恋爱自由的保障和青年自主恋爱方式的确立是社会文明进步的重要表现。在中国长期的封建社会中，父母之命、媒妁之言成为男女双方确立恋爱关系的唯一途径。随着社会进步，自主追求恋爱对象成为当代大学生缔结恋爱关系的主要方式。对“你认为大学生恋爱主要靠谁”的调查发现，91.4%选择自己认识，3.9%选择他人介绍，0.4%选择父母介绍，其他4.3%。可见，大学生的婚恋自主性水平很高，而且大多数能够自主选择恋爱对象。而男女生比较发现，更多的男生在婚恋问题上自己拿主意，而更多女生喜欢听取父母意见，一定程度上表明男生的婚恋自主性高于女生。这可能与女生对父母的依赖性较高有关。同时，调查还表明当恋爱遭到父母反对时，大学生中屈服于父母压力的是少数，多数学生是希望得到父母的支持。但是不会因为父母的反对就轻易放弃。他们相信通过长期的做工作，会使父母改变态度。

(4) 持宽容的婚恋道德价值取向。婚恋道德价值取向中比较敏感的是婚前性行为、性解放的价值取向问题。此项调查发现，大学生对婚前性行为的容许度相当高，对于婚前性行为，认为“道德堕落”的仅有10.8%，而多数持“可以理解”或者“说不清楚”态度。在婚前性容许程度的研究中，人们常常使用“双重标准”，即男女标准不同，男人可以比女人更开放些。从“如果你的恋人向你提出婚前性行为要求，你将……”的调查统计发现，大学生在恋人提出婚前性行为要求时“答应”或“有可能答应”的占44.8%，而表示将予以拒绝的只占41.4%，可见大学生对婚前性行为的容许度较高。婚前性容许度的增大势必导致越来越多的大学生出现婚前性行为，由此可能引起一系列学生心理和社会及学校管理方面的问题，值得充分注意。

【哲理故事】

爱情、婚姻与幸福

柏拉图有一天问老师苏格拉底，什么是爱情？苏格拉底叫他到麦田走一次，要不回头地走，在途中要摘一颗最好的麦穗，但只可以摘一次。柏拉图充满信心地去了。谁知过了半天他仍没有回来，最后，他垂头丧气地出现在老师跟前，诉说空手而回的原因：“很难得看见一棵看似不错的，却不知是不是最好，不得已，因为只可以摘一次，只好放弃，再看看有没有更好的，到发现已经走到尽头时，才发觉手上一棵麦穗也没有。”这时，苏格拉底告诉他：“那就是爱情，爱情是一种理想，而且很容易错过。”

柏拉图有一天又问老师苏格拉底，什么是婚姻？苏格拉底叫他到杉树林走一次，要不回头地走，在途中要取一棵最好的，但只可以取一次。柏拉图充满信心地出去。半天之后，他一身疲惫地拖了一棵看起来直挺、翠绿，却有点稀疏的杉树。苏格拉底问他：“这就是最好的树材吗？”柏拉图回答老师：“好不容易看见一棵看似不错的，又发现时间体力快不够用了，也不管是不是最好的，所以就拿回来了。”这时，苏格拉底告诉他：“那就是婚姻，婚姻是一种理智，是分析判断、综合平衡的结果。”

还有一次，柏拉图问苏格拉底，什么是幸福？苏格拉底让他穿越这片田野，去摘一朵最美丽的花，但是有个规则——不能走回头路，而且只能摘一次。于是柏拉图去做了。许久之后，他捧着一朵比较美丽的花回来了。苏格拉底问他：“这就是最美丽的花了？”柏拉图说道：“当我穿越田野的时候，我看到了这朵美丽的花，我就摘下了它，并认定了它是最美丽的，而且，当我后来又看见很多很美丽的花的时候，我依然坚持着我这朵最美的信念而不再动摇。所以我把最美丽的花摘来了。”这时，苏格拉底意味深长地说：“这，就是幸福。”

（三）大学生恋爱存在的问题

(1) 恋爱起点低龄（年级）化。大学在校生的性生理和性心理正日趋成熟，男女同学经历一个较长时间的相交相知，产生爱情是十分正常的现象。问题是现在约有1/3的大学生崇尚感觉和一见钟情，他们恋爱前的交往时间已明显缩短，开始恋爱的年龄和年级也有越来越低之势。

（2）恋爱追求时尚化。有的大学生谈恋爱是在“从众心理”的支配下追求时髦的结果。他们认为能谈恋爱是有本事，谈不了恋爱就会被人瞧不起。在这种“压力”下，他们也就自觉不自觉地开始“爱海泛舟”了，而且“相爱”的方式方法也是时下最为流行的。日益普及化的校园恋爱趋势也对部分同学过早涉足爱情起了很大的示范和催化作用。

（3）恋爱态度体验化。现在有不少的同学是抱着一种体验的态度在谈恋爱。他们往往并不是要寻觅终身伴侣，而仅仅是在寻求一种两性情感生活上的即时满足和人生体验，真正以婚姻为主要目的而恋爱的不多。因此，“不求天长地久，只求曾经拥有”，“恋爱的结果不一定是婚姻”的流行爱情观在大学里得到了多数同学的认同。

（4）恋爱目的实用化。无论是利用恋爱来打发时光，还是用来满足虚荣心，抑或用来体验情感生活，都是爱情价值观日趋实用化的一种表现。这种实用化倾向还有一个更加危险的表现，就是用爱情作为交换条件来达到自己追求的特殊目标，如为了毕业留城、找好工作，恋爱对象可以“老少皆宜”、“美丑不分”；还有极少数同学为了功课考试及格或弄到考研信息等而“以情相许”，甚至不惜“以身相许”，可谓“爱否不限”。

（5）恋爱过程快餐化。与大学生恋爱人数越来越多，恋爱进展越来越快形成鲜明对比的是，他们恋爱的过程越来越短，恋爱关系的稳固程度越来越低，恋爱成功率也越来越小，就像人们进快餐店，进去就吃，吃了就走；这餐在这里吃，下一顿却换了另一家。

（6）恋爱交往放纵化。大学生们现在对恋爱中男女双方交往的尺度普遍采取一种宽松甚至放纵的态度。大多数同学认为大学生可以和应该谈恋爱，并对婚前性行为表示支持或理解，近一半人认为多角恋爱是无可非议或不应干涉的，甚至有近1/4的人对一名女生与几名男同学发生性关系而受到开除学籍处分表示反对或异议，4/5的学生表示在热恋中可以接受爱抚行为，可以接受性行为的也占1/4，而承认自己发生过性行为的约有1/7至1/5。可见，大学生恋人之间的交往密度（包括交往频度、亲密度和相处时间）已越来越大，交往方式也更加开放，以致达到了一种放纵的程度。这一切都表明在部分大学生中存在恋爱道德意识、特别是责任意识和法纪意识弱化，甚至无视这种意识的倾向。

三、如何培养爱情智慧

（一）学习容忍

容忍就是要学习平等尊重，善待他人，其心理机制是换位思考。换位思维，也称同感共情，就是指一个人设身处地地站在另一个人的角度看问题，感对方之所感，想对方之所想，急对方之所急，并以此调整自己的心态和思维。

（二）学习自尊

学习自尊就是要学习爱惜自我，肯定自己，其心理机制就是培养个人的自我效能。自我效能是个体对自己是否有能力组织和执行某种特定行为的判断，是自信心在某项任务中的具体表现。

（三）学习果敢

所谓学习果敢，就是要在爱情中学习当机立断，战胜自我，其根本的心理机制是独立人格。独立人格指一个人处事主要靠自己做主，而不是靠他人做主。

（四）学习克制

就是学会控制自己。自制学习就是要学习用理智战胜情感，其心理机制是自我力量的作用。自我力量是精神分析理论的一个核心概念，它是指一个人有自制能力，不会让情感控制理智。

（五）学习自省

就是学会爱别人。爱情是利他的，可有时人们往往会故意伤害自己的心上人。我们不应为了自我弥补而去伤害他人，尤其是心上人，因为一次的伤害可能需要双倍的补偿才能弥补。更不要为了报复而去和他（她）建立关系，这只会自误前程，浪费自己的时间，错过真正属于自己的幸福。

（六）学习乐观

要学会面对嫉妒。就心理学来说，嫉妒主要有两大心理学功能：一是焦虑功能，二是激励功能。嫉妒的焦虑功能在于它所产生的消极情绪体验，这突出表现为紧张、忐忑不安和心神不定等焦虑表现。嫉妒是一种强烈的情感交流，爱情需要用嫉妒来测量其程度，爱当中如果不再有嫉妒的情感交流，则其爱已经发生了质的变化；同时，嫉妒也是一股巨大的动力，如果它不复存在，爱就变成一种伤感。

（七）学习表达

要学会说出爱，不要因为害羞而错过自己的幸福。人在爱情中，需要学会当机立断，战胜自我，其根本的心理机制是独立人格。独立人格指一个人处事主要靠自己做主，而不是靠他人做主。应该找到适当的时间、方式、地点，勇敢地对心慕已久的人做出表白。

（八）学习宽容

恋爱过程中难免会有困难与阻挠，请不要自寻烦恼。当一方过于依赖另一方时，双方都会有压力。如果没能及时沟通，也许会逼得对方难以招架，最终落荒而逃。因此，不要将生活的重心彻底压在爱情上，反而要给对方多一点信任与自由，同时让自己多培养一点兴趣，多注重一点学习或事业，避免自己变成爱情的俘虏。

（九）学习接受

就心理学而言，失恋不仅是一种极端的情绪抑郁状态，也是一种极端的自我中心状态。作为前者，失恋可使人的情绪不断处于悔恨、懊丧、嫉妒、愤怒、焦虑等不良情绪体验当中，其时间越久，则人的失恋程度越重；作为后者，失恋可使人的思维不断陷入极度的自恋当中而不得自拔，其心理定势越牢固，则人的失恋越不易摆脱。失恋一旦导致自恋，则人将会即刻失去爱之追求与体验的第一元素—尊重。在爱情上不懂得尊重的人将难以获得他人的爱，也不配爱他人。

在爱情场上，学会放弃与学会争取具有同等重要的意义。在爱情的追逐当中，人们多少要抱有一份平常心才是。就心理学而言，平常心可谓是一种达观的认知方式，一种健康人格的表现。持有一份平常心，决不意味着什么都不做，而是知道什么叫适可而止。有了平常心，就会有换位思维。在失恋中，换位思维会敦促恋人尽量从对方的角度来看待爱的意义与价值，能够理性看待自我，真诚尊重对方，最终采取积极、正面的方式化解人生挫折，这不仅是风度的表现，也是崇高的表现。

（十）学习升华

就是学会从失败中成长。升华学习就是要学习自我勉励，学习化悲痛为力量，其心理机制主要是自我实现。如北宋著名词人秦少游之“两情若是久长时，又岂在朝朝暮暮”的词句流传甚广，就是升华的结果。

总之，爱情需要人学会平衡的艺术，掌握好爱与被爱的火候。爱得太猛会把人给烫着，爱得太轻会令人默然。爱情还要把握好进退的步伐，其进则有方，退则有法。这样的进退自如，当是爱情的灵魂所在。

幸福能力培养

技　能　篇

【百度知道】

Q：我喜欢他/她，却一直没有表白，我该怎么办？

A：暗恋是一种美丽的情怀，也是一份浪漫的伤痛。如果你不想承受这种痛苦，那就要学把自己的暗恋说出口，接受对方的选择。策略如下。

第一，做“忍者神龟”。像“忍者神龟”一样潜伏对方身边，观察、了解对方情况。最好先接近倾慕对象周围的人。

第二，制造巧遇，化暗为明。找个机会在他面前出现，安排适当的契机彼此认识。

第三，找出话题，言语投机。凭借你收集的对方的资料，以对方为中心，选择话题宜泛不宜深，宜轻不宜重，最好为下次见面留下伏笔。

第四，了解对方，表露心思。通过交往如果发现对方是你欣赏的类型，可以旁敲侧击问他欣赏什么样类型的异性，如果他说的与你八竿子打不着，你就死了这条心吧。如果是两心相悦，一切都会顺其自然而成。

最后，谨记：胜不骄，败不馁。绝不要因为对方的拒绝而一蹶不振，不要因为一棵树而失去整个森林。

【幸福处方】

如何走出恋爱的心理困惑

1. 关于猜疑与控制心理及其调适

爱情的特点是排他的，热恋中的男女不希望他人介入他们亲密的关系，本能地拒绝他人亲近自己的恋爱对象，但排他性发展到极点会引起对恋人行动的猜疑，不允许恋人与其他异性有任何接触，过度的猜疑会给对方造成很大的心理压力，使对方承受不了这种心理负担而产生痛苦、无奈，其结果是彼此之间隔阂越来越大，互相抱怨指责，有的恋人以分手结束，而有的甚至走向轻生。

对恋人无端的猜疑，实际上是一种自私心态。他（她）把恋人看成是自己的私有财产，认为恋人只属于自己，不给对方一点自己的空间，想方设法加以控制，这种控制实际上只能使对方在心灵深处离你越来越远。控制对方的心理实质上隐含着自卑心理，真正自信的人很少会有这种怯懦的表现。

恋人之间的自私、猜疑嫉妒和控制在一定的范围里是可以理解的，也是正常的，但超过一定的度，不但对方痛苦，就是自己也很苦恼，也无法调整和控制。

要调整这种心理，最主要的在于要真正认识美好的爱情是建立在相互平等、尊重、理解、信任的基础上的。恋人之间在相处中，如果缺少宽容、鼓励和欣赏，而过多地抱怨、苛求对方、控制对方或嫉妒猜疑对方，就会给对方心灵深处留下阴影，制造许多情感上的麻烦。

2. 关于失恋的心理调适

有恋爱就有可能有失恋。失恋的创伤有时会带来严重的后果，如自杀、心理变态等，必须学会失恋心理的调适，使其痛苦的情绪得到疏导和发泄，减轻其心理紧张，避免心理失调。

调适失恋首先要端正认识。爱情不是生活的唯一内容，又何必为它耗费所有精力甚至抛弃生命？向别人倾诉自己的内心烦恼也很必要，倾吐出郁积的情绪挫折会缓解积蓄的心理紧张。如果这些方法都不奏效，适当应用心理保护机制，产生代偿迁移效应也是行之有效的。代偿迁移，是指青年把失恋造成的心理紧张纤移到其他方面，以此来缓解这种心理紧张。代偿迁移的方法主要有以下几种。

一是确立“天涯何处无芳草”的信念。这是一种心理保护方式。失恋者要认识到好的异性在各个阶层各个地方都存在。时刻向自己重复这个信念，就会在一段时间后使自己相信它。既然好的异性到处有，我就没必要纠缠在一个人身上不放了。

二是“酸葡萄”与“甜柠檬”效应。“酸葡萄”效应是指失恋者为了缓解内心痛苦，像伊索寓言里的狐狸那样说：“葡萄是酸的”。指出以前恋人的一些缺点，有助于打破理想化倾向。“甜柠檬”效应则是罗列自己的各项优点。找出自己的美好之处可以恢复自信，从而减轻痛苦。

三是环境迁移。不要再去过多涉足以前常与恋人待在一起的环境，睹物思人会使你更加悲伤。而时过境迁，痛苦就会慢慢淡去。

四是升华。恋爱的挫折可以化为一种动力。当你为了减轻心理紧张而把热情投入到事业中去，你就会把这种紧张慢慢地释放，变成事业的帮助。贝多芬一生失恋多次而创下辉煌的乐章，由此可见恋爱挫折升华的力量。

【感动人物】

以爱为名的约定

韩惠民，60岁，是苏州一位普通的保安。她是他的初恋女友，叫吴月英，58岁。40年前的一场车祸，让她锁骨以下的所有器官都失去知觉，瘫痪在床。为了那个以爱为名的约定，韩慧民和妻子徐敏芳守在她的病床前，直到霜染鬓发。

1972年，韩惠民和吴月英同时进入淀粉厂工作。因为相互接触较多，都喜欢上了对方。他们本来憧憬着学徒满师后，再正式对外公布恋爱关系，然而，一场意外的车祸残酷地把两人的甜蜜梦想击得粉碎——吴月英被汽车撞成重伤，住进了医院。

韩惠民闻讯立即赶到医院，看着吴月英躺在抢救室的病床上，他的泪水夺眶而出。经过抢救，吴月英虽然脱离了生命危险，但由于颈椎中枢神经已经断裂，再也站不起来了！

本来，吴月英与韩惠民的恋情并不为他人所知，假如韩惠民此时悄然离开吴月英，既不会受到舆论的谴责，吴月英也没有理由责怪他。然而，韩惠民却毅然在吴月英的病榻前，向众人亮出了他俩的关系。

在韩惠民和吴家人的悉心照料下，吴月英出院了。韩惠民仍然每天去吴家陪伴她、照顾她，为她排遣寂寞。

吴月英瘫痪后，好多热心人要给韩惠民介绍女朋友，但他都婉言谢绝了。他舍不得抛下瘫痪在床的吴月英，他暗下决心要守护她一辈子。

无奈之下，吴月英流着泪对韩惠民说："你再不找女朋友，我就再也不理你了。"

在吴月英和家人的劝说下，韩惠民终于答应找女朋友了。但是有个前提，对方必须能够接受吴月英。韩惠民这一"附加条件"，把原本对他印象不错的几个姑娘都吓跑了。然而，一个名叫徐敏芳的漂亮姑娘却偏偏看上了韩惠民的这份痴情。他对曾经的初恋情人都那么好，今后怎么可能不善待自己的妻子呢？徐敏芳觉得：她要找的，正是这样的终身伴侣。

韩惠民害怕徐敏芳是一时冲动，他干脆把她带到了吴月英家。看着韩惠民熟练地忙前忙后给她翻身、喂饭，徐敏芳心里没有任何不舒服的感觉，相反，更加坚定她留在韩惠民身边的决心。

善良的人容易彼此沟通，韩惠民和徐敏芳的心贴得越来越近。1980年，他们结为伉俪。

吴月英爱吃韩惠民做的菜，韩惠民就常到吴月英家做炒虾仁、炒鳝鱼丝，给吴月英享口福。有时，韩惠民有事去不了，徐敏芳就去吴家，帮吴月英烧饭做菜。只要吴家有事，他俩就会放下自己的活，先帮吴家干完，再管自己家。

韩惠民照顾瘫痪初恋女友的感人事迹受到了人们的关注，他当选为2008年度"感动中国"人物。感动中国组委会授予韩惠民的颁奖词是：他用百姓最朴素的方式，回答了生活中最为深奥的问题：有比爱情更坚固的情感，有比婚姻更宏伟的殿堂，30多年的光阴，青丝转成白发，不变的是真情。

【自助加油站】

培养爱的能力

没有爱的人生是不完整的人生。古希腊伟大的悲剧作家欧里庇得斯称："爱情是万物的唯一统领。"莎士比亚说："爱情是生命的火花"。人们渴望爱，但是爱神常常不会因为我们的渴望而光顾我们。我们需要更多地了解究竟什么才是真正的，对我们的生命确实有意义的爱。

爱需要学会接纳。当你真正爱一个人时，就意味着你在最大限度上接纳和尊重你所爱的这个人。把你所爱的人作为一个独特的生命个体来爱。

爱需要学会自信。一个不够自信的人往往无法很好地爱别人。他们会因为不自信而不敢真诚地表露自己，也会因为不自信而总担心失去对方的爱。由此，他们可能不敢完全投入地去爱。爱一个人意味着要承担一份责任，因此需要足够的勇气和自信。

爱需要学会承担责任。爱的核心因素就是责任，而且爱的责任十分艰难，它意味着用全部的生命去承诺另一个生命。只有具有这种深度的责任感的人，才会真挚热烈地去关心和尊重所爱的人。所以，只有当一个人的肩膀可以负担起两个人的命运的时候，爱情的玫瑰才可能永远鲜艳娇嫩。

爱需要学会应对挫折。任何爱都要承担风险，没有无风险的爱。爱的风险包括因爱失去一些东西，因爱而受到伤害，以及爱的失去等。当我们选择了爱，也就意味着我们决定承担爱的风险。

幸福体验之旅

体 验 篇

【心理测试】

大学生恋爱观心理测试

每一个问题的下面，都有四种不同的选择，每题只选一个。

1. 你想象中的爱情是
   a. 具有令人神往的浪漫色彩　　b. 能满足自己的情欲
   c. 使人振奋向上　　d. 没想过
2. 你希望同你恋人的结识是怎样开始的？
   a. 在学习和工作中逐渐产生爱情　　b. 青梅竹马
   c. 一见钟情也未尝不可　　d. 随便
3. 你对未来妻子的主要要求是
   a. 别人都称赞她的容貌　　b. 善于理家
   c. 顺从你的意见　　d. 能在多方面帮助自己
4. 你对未来丈夫的主要要求是
   a. 有钱或有地位　　b. 为人正直有事业心
   c. 不嗜烟酒，体贴自己　　d. 英俊有风度
5. 你认为完美的结合应是
   a. 门当户对　　b. 郎才女貌
   c. 心心相印　　d. 情趣想投

6. 你认为巩固爱情的最好途径

a. 满足对方物质要求　　b. 柔情蜜意

c. 对爱人言听计从　　d. 完美自己

7. 在下列格言中，你最喜欢的是

a. 生命诚可贵，爱情价更高　　b. 爱情的意义在于帮助对方，同时也提高自己

c. 有福同享，有难同当　　d. 为了爱，我什么都愿干

8. 你希望恋人同你在兴趣爱好上

a. 完全一致　　b. 虽不一致，但能互相照应

c. 服从自己的兴趣　　d. 互不干涉

9. 当你发现恋人的缺点时，你的态度

a. 无所谓　　b. 嫌弃对方

c. 内心十分痛苦　　d. 帮他（她）改进

10. 你对恋爱中的曲折怎么看？

a. 最好不要出现　　b. 自认倒霉

c. 想办法分手　　d. 把它作为对爱情的考验

11. 你对家庭的向往是

a. 能同爱人天天在一起　　b. 人生归宿

c. 能享天伦之乐　　d. 激励对生活的新追求

12. 自己有一位异性朋友时，你将

a. 告诉恋人，在其同意下继续交往　　b. 让恋人知道，不能干涉

c. 不告诉　　d. 告诉与否看恋人的气量而定

13. 另一位异性比恋人条件更好，且对自己有好感

a. 讨好对方，想法接近　　b. 保持友谊，说明情况

c. 持冷淡态度　　d. 听之任之

14. 当你迟迟找不到理想的恋人时

a. 反省自己的择偶标准是否实际　　b. 一如既往

c. 心灰意冷，甚至绝望　　d. 随便找一个

15. 当你所爱的人不爱你时

a. 愉快地同他（她）分手　　b. 毁坏对方名誉

c. 千方百计缠住对方　　d. 不知所措

16. 你的恋人以不道德的理由变心时，你会

a. 报复　　b. 散布对方的缺点

c. 只当自己没看准　　d. 吸取教训

17. 当发现恋人另有所爱时

a. 更加热烈地求爱　　b. 想法拆散他们

c. 若他（她）们尚未确定关系就竞争　　d. 主动退出

评分方法

评分方法如表 10-1 所示。

表 10-1　评分表

题号	a	b	c	d
1	2 分	1 分	3 分	0 分
2	3 分	2 分	1 分	1 分
3	1 分	2 分	1 分	3 分
4	0 分	3 分	2 分	1 分
5	1 分	1 分	3 分	2 分
6	1 分	0 分	2 分	3 分
7	2 分	3 分	2 分	1 分
8	1 分	2 分	0 分	3 分
9	1 分	0 分	2 分	3 分
10	1 分	2 分	0 分	3 分
11	2 分	1 分	1 分	3 分
12	3 分	2 分	1 分	1 分
13	0 分	3 分	2 分	1 分
14	3 分	1 分	0 分	1 分
15	3 分	0 分	1 分	1 分
16	0 分	1 分	2 分	3 分
17	1 分	0 分	3 分	2 分

结论分析

46 分以上：恋爱观非常正确，你能够收获一份甜蜜的爱情。

42 分到 46 分：恋爱观基本正确，能够较自如的处理恋爱中可能遇到的一些问题。

42 分以下：恋爱观需要调整，不端正的恋爱观会让你很难得到最真挚的爱。

【励志歌曲】

因为爱情

作词/作曲：小柯

给你一张过去的 CD，听听那时我们的爱情，有时会突然忘了我还在爱着你，再唱不出那样的歌曲，听到都会红着脸躲避，虽然会经常忘了我依然爱着你。因为爱情，不会轻易悲伤，所以一切都是幸福的模样；因为爱情，简单的生长，依然随时可以为你疯狂；因为爱情，怎么会有沧桑，所以我们还是年轻的模样；因为爱情，在那个地方，依然还有人在那里游荡，人来人往。

【心理电影】

云 水 谣

故事梗概：20世纪40年代两个台湾年轻人邂逅，年轻俊朗的青年陈秋水因做家庭教师而来到王家，并与王家千金王碧云一见钟情，两人很快坠入爱河并私订终身。但适逢台湾局势动荡，作为热血青年的陈秋水为躲避迫害从台湾辗转来到内地，自此两个相爱的恋人被无情的现实分隔两岸，唯有坚守着“等待彼此”的誓言相互思念对方。

与台湾失去联络的陈秋水作为军医奔赴朝鲜战场，饱经战争与炮火的洗礼。一边怀着保卫家国的热血豪情，一边默默思念海岸对面的亲人。此时他结识了单纯可爱的战地护士王金娣，这个小护士第一眼就爱上了陈秋水，开始了对他执着的追求，并在战争结束后一直追随已援藏的他到了西藏当地的医院。由于海峡两岸的分隔，又几度寻找王碧云无果，在这种绝望中，王金娣的真情如同一道曙光照亮了陈秋水，陈秋水最终与她结婚了。

此时身在台湾的王碧云则以儿媳的身份主动担负起照顾陈秋水母亲的重任，并从此开始了漫长而无望的等待，她发誓要用一生来寻觅爱人的踪迹。直到多年后她终于得知了陈秋水的消息——陈秋水和妻子双双殉难西藏雪山。

近60年过去了，一生未嫁的王碧云已两鬓斑白，但那段纯真美好的爱情仍然深藏在她的心里。

影片讨论：欣赏完这部电影，你还受到了什么启发呢？大家讨论一下。

【心灵图书】

爱的艺术

内容简介：爱是一门艺术，学习这门艺术的程序分为两部分，一是理论、二是实践。在爱的理论方面，作者由人类生存的关键来谈爱，并将生活中可能的爱的形式做了区分探讨，意图指出在形式之下，爱的本质是相同的，包含了照顾、责任、尊重与了解。而关于实践，爱与一般艺术没有两样，必须能自律、专注、耐心，能察觉到爱对自身的重要性。

书评讨论：读完这部书，你还受到了什么启发呢？大家讨论一下。

【心理训练】

活动一　倾听情感深处的回声

活动目的

考察所持的爱情观，澄清自己的爱情期望。

活动步骤

1. 请用一句话表达：爱是什么？

2. 按男女分组讨论：

我喜欢什么样的异性：

外表：________________________________

性格：________________

行为方式：________________

我不喜欢的异性的特质：

外表：________________

性格：________________

行为方式：________________

3. 团体分享。

活动总结

完美是人们潜意识里永远追求的目标。现实总有不尽如人意，或是天生的，或是想象的。我们总会感到一种缺乏。爱情是一种补偿，爱情中我们找到了那个自己失落已久的梦。在梦中，我们具有自己喜爱的身形，具备自己钟爱的特性。就算自己的变化不大，但我们的另一半帮我们补足了这样或那样的缺憾而美梦成真。

活动二　你喜欢我吗?

活动目的

通过心理训练，学会勇于表达情意。通过交流，同学之间读懂你、我、他，促进彼此的熟悉和理解，加深友谊与感情。

活动步骤

1. 由人数大致相当的男女同学围坐成一圈，中间站一名同学扮演记者。首先由中间的记者找一位圈中的异性同学采访三个问题：（被采访的同学先自我介绍）开始两个问题为自由问题，如你喜欢什么样的异性朋友，你有什么爱好或特长，你喜欢什么工作等，问的问题可以活泼，原则是不低级趣味，不伤害感情。

2. 第三个问题为：你喜欢我吗？若被采访的同学回答为喜欢，他左右两边的同学必须让出位置，与中间问问题的“记者”一起抢位置。没有抢到位置的同学换做圈中的记者。如果回答不喜欢，接着问那喜欢谁。回答应描述喜欢的人的特征，具有这样特征的同学必须出来与扮演记者的同学一起重新抢占位置，没有抢占位置的同学扮演下一个记者。以此类推。

3. 活动结束后同学分享感受。

活动总结

人与人之间的各种情感都需要交流来维系。

【心灵感悟】

1. **给下面的故事拟题目。**

____

有人说，自你降生就有一份天定的缘为你而生；然而人海茫茫，如何才能找到那份属于你的固定的天缘？找到那个人呢？现代的人们总不能固守这份天缘，不能以易逝青春和焦灼的心情去屏息静候；于是他（她）们常常是很勉强地接受了随风而至的她（他），却又一遍遍地把她（他）和心目中完美的设想相比，再一次次地失望。他们不知道，懂得去珍惜身旁的和已经拥有的，其实就是最大的幸福，最真的爱情。

如果有一份执着而持久的感情和一份金玉其外但又瞬间即逝的感情，你宁愿选择哪一种？

世界上有许多出色的男人和美丽的女人，然而真正属于你的感情只有一份。千万不要因为别人的眼光而改变自己的挚爱。千万不要活在别人的眼光里而失去了自己，也永远不要太贪心。

哲学家说过：爱情就是当你知道他不是你崇拜的人，而且明白他还存在着种种缺点时，却依然选择了他，不曾因为他的缺点和弱点而抛弃他的全部。是的，没有一个爱人是完美的，也没有一份感情是毫无瑕疵的；这才是真真切切的爱人和爱情。什么时候我们才能平心静气地想一想这些话，想一想我们当年苦苦追求完美的可笑和天真呢？如果有这样一个人，他在你心目中是绝对完美的，不曾有一丝的缺点，而你敬畏但又渴望亲近他。这种感觉不是叫“爱情”，而是叫“崇拜”。

“你不是最好的，但我只爱你……”懂得珍惜身旁的一切，这是人生中最大的幸福。

2. **写出你学完本课的感悟。**

第十一课
人生彩图早规划——谈生涯规划

【心灵引导】

知识目标

了解职业生涯规划的概念，大学生在大学期间需要发展的能力目标，掌握选择的艺术。

技能目标

能够对自己的大学生涯进行规划，会有目标地安排自己的时间。

幸福心语

现实是此岸，理想是彼岸，中间隔着湍急的河流，行动则是架在河上的桥梁。

——克雷洛夫

要有生活目标，一辈子的目标，一段时期的目标，一个阶段的目标，一年的目标，一个月的目标，一个星期的目标，一天的目标，一个小时的目标，一分钟的目标。

——托尔斯泰

决定你是什么的，不是你拥有的能力，而是你的选择。

——杨澜

幸福知识讲堂

知　识　篇

【小案例】

遭遇职业瓶颈

刘飞的大学专业是计算机。考大学时，父母为她选择了这个专业，因为当今计算机专业十分热门，就业前景一片光明。可是在大学里，刘飞觉得自己逻辑思维不强，不是搞软件的料，学习劲头不足，成绩也很一般。大学毕业后，刘飞进入了一家软件公司，做了两年程序员，但她觉得自己在这个行业没有发展，自己年龄又不小了，自身业务水平却一直停滞不前，所以便有了换工作的想法。听同学说做销售不错，刘飞觉得自己口才好，爱交朋友，沟通能力强，应该去做销售。于是，刘飞放弃了程序员的工作，改做销售。可是，开创市场并不是容易的事情，刘飞的那个同学比她早做两年，客户范围广，业绩自然好过她。刘飞心里便产生了不平衡感。再加上年龄一天天变大，婚姻问题、家庭问题都摆在眼前，刘飞做销售已觉力不从心，自己感觉没什么前途。五年时间飞快过去了，一些同学已经做到主管的位置，一些同学成了软件行业的主力军，刘飞感到茫然不知所措……

刘飞在工作几年后事业出现瓶颈，这在很大程度上是由于她在大学期间并没有对自己将来的职业进行合理的规划。实际上大学生职业生涯设计的目的绝不只是协助个人按照自己资历条件找一份工作，更重要的是帮助个人真正了解自己，为自己订下事业大计，筹划未来，拟订一生的方向，进一步详细估量内、外环境的优势和限制，在“衡外情，量己力”的情形下设计出各自合理且可行的职业生涯发展方向，所以同学们应该充分地认识到职业规划的重要性，为自己规划出一幅美好的蓝图。

一、职业生涯规划概述

（一）职业生涯规划的含义

职业生涯是指一个人一生工作经历中所包括的一系列活动和行为。是指个人在生涯发展历程中，对个人各种特质或职业与教育环境资料进行生涯探索，掌握环境资源，以逐渐发展个人的生涯认同，并建立生涯目标；在面对各种生涯选择事件时，针对各种生涯资料和机会进行生涯评估，以形成生涯选择或生涯决定；进而以择其所爱、爱其选择的心情，投注其生涯选择，承负生涯角色，以获得生涯适应与自我实现。

生涯规划包括两个层次的问题：一个是生涯角色间和生涯形态的规划；另一个是生涯角色内和生涯目标的问题。第一个层次的生涯形态问题，是在时间和空间的条件下，如何来组合各种角色；第二个层次的生涯目标问题，是在各个角色中，要追求哪些职务或实现哪些目标。生涯规划的这两个问题并不是独立的，而是相互联系的，通过对这两个层次问题的思考和规划，能够寻求满足我们的生涯需求、实现我们的人生价值的途径。

（二）职业生涯的阶段

舒伯认为人的职业生涯发展分为五个阶段。

成长阶段（14～15岁）。儿童开始辨认他们周围的事物，并逐渐开始意识到自己的兴趣所在以及和职业相关的一些最基本技能。他们这个阶段发展的任务是：发展自我形象和对工作世界的正确态度，并了解工作的意义。

探索阶段（15～24岁）。通过学校生活和社会实践对自我能力角色、职业进行探索。探索阶段又可以分为三个时期：（1）尝试期（15～17岁），考虑需要、兴趣、能力和机会，可能会做暂时决定，并在幻想、讨论、学业和工作中尝试；（2）过渡期（18～21岁），开始就业或进行专业训练，力图实现自我观念，将一般性职业选择变为特定的选择；（3）初步试验承诺期（22～24岁），进行职业生涯初步确定并验证其成为长期职业的可能性，发现不合适就可能做出反复调整。

建立阶段（25～44岁）。根据职业实践，进行自我与职业的统合，促进职业稳定与职业行为趋于成熟，这是职业生涯中最关键和最见成效的阶段。这一阶段可以分为两个时期：承诺稳定期（25～30岁），个体开始寻找安定的工作，如果工作不满意则力求调整，开始有稳定的工作；建立期（31～44岁），个体致力于工作上的稳固，大部分人处在富于创造性的时期，开始进入职业的高峰期。

维持阶段（45～65岁）。一般不会有大的职业变动，这一阶段的主要任务是维持现有的成就和地位，一部分人也可能取得新的工作成就。

衰退阶段（65岁以上）。根据个体生理与心理机能的日渐衰退，逐渐离开工作岗位，开始发展新的角色，寻求新的生活方式替代和满足个人发展的需要。

（三）职业生涯规划的意义

大学生首先要认识到生涯规划的重要意义，职业生涯活动将伴随我们的大半生，拥有成功的职业生涯才能实现完美人生。因此，职业生涯规划具有特别重要的意义。

（1）职业生涯规划可以发掘自我潜能，增强个人实力。一份行之有效的职业生涯规划将会：引导你正确认识自身的个性特质、现有与潜在的资源优势，帮助你重新对自己的价值进行定位并使其持续增值；引导你对自己的综合优势与劣势进行对比分析；使你树立明确的职业发展目标与职业理想；引导你评估个人目标与现实之间的差距；引导你前瞻与实际相结合的职业定位，搜索或发现新的或有潜力的职业机会；使你学会如何运用科学的方法采取可行的步骤与措施，不断增强你的职业竞争力，实现自己的职业目标与理想。

（2）职业生涯规划可以增强发展的目的性与计划性，提升成功的机会。生涯发展要有计划、有目的，不可盲目地“撞大运”，很多时候我们的职业生涯受挫就是由于生涯规划没有做好。好的计划是成功的开始，古语讲，凡事“预则立，不预则废”就是这个道理。

（3）职业生涯规划可以提升应对竞争的能力。当今社会处在变革的时代，到处充满着激烈的竞争。物竞天择，适者生存。职业活动的竞争非常突出，要想在这场激烈的竞争中脱颖而出并保持立于不败之地，必须设计好自己的职业生涯规划。这样才能做到心中有数，不打无准备之仗。而不少应届大学毕业生不是首先坐下来做好自己的职业生涯规划，而是拿着简历与求职书到处乱跑，总想会撞到好运气找到好工作。结果是浪费了大量的时间、精力与资金，到头来感叹招聘单位是有眼无珠，不能“慧眼识英雄”，叹息自己英雄无用武之地。这部分大学毕业生没有充分认识到职业生涯规划的意义与重要性，认为找到理想工作最主要的是学识、业绩、耐心、关系、口才等条件，认为职业生涯规划纯属纸上谈兵，简直是耽误时间，有那时间还不如多跑两家招聘单位。这是一种错误的理念，实际上未雨绸缪，先做好职业生涯规划，磨刀不误砍柴工，有了清晰的认识与明确的目标之后再把求职活动付诸实践，这样的效果要好得多，也更经济、更科学。

【心理词典】

舒 适 区

心理学里有一个舒适区的概念。每个人都会在某些情况下感到很舒服，如在家里，或者和熟悉的朋友交流。相反，也有让我们感到不舒服的事情，如上台演讲。人的天性都是追求舒适，逃避紧张和压力。但人如果总是待在舒适区里，就不会有任何变化，改变来自于舒适区的延展。

二、大学生职业生涯规划的特点

（一）大学生职业生涯规划的独特性

大学生职业生涯规划与一般职业生涯规划的区别主要体现在：

1. 设定目标不同

一般的职业生涯规划的总体目标是为了获取一定的职业地位或取得一定的职业成绩。如规划自己35岁前要进入某企业的高级管理层，或为自己定下两年内销售业务量成为公司之冠的业绩目标。一般职业生涯规划的阶段目标划分也并不明晰，视个人的总体目标和现实差距而定。

大学生的职业生涯规划，其最根本也最现实的目标是初次就业成功，能拥有一个与自己的兴趣、爱好、能力等相匹配的职业岗位。例如，规划自己毕业后进入某大公司的人力资源部门。大学生职业生涯规划的阶段目标可以十分明朗。例如，一年级应该达到什么要求，二年级应该完成什么计划，毕业要实现什么目标等。

2. 规划年限不同

职业生涯规划按时间类型可以分为短期规划、中期规划、长期规划和人生规划四种。一般的职业者可以按照自身的条件和客观环境的特点，制定期限可长可短的职业生涯规划。

大学生活是一个完整和固定的阶段，其时间维度上有一个标准的划分方式，即大学的学制为大学生活的起止时限。高职大学生学制一般为三年，因此，大学生在入学后，便可以为自己制定一个年限为三年的职业生涯规划。

3. 实施策略不同

一般的职业生涯规划，其实施策略主要是根据职业发展目标，制订一定职业范围内的学习培训、专业技能提高、职场人际关系沟通、企业文化融合等行动计划。

大学生处于职业的准备阶段，其职业生涯规划的实施策略主要是了解和探索职业，完成与未来可能从事职业相关的学习、培训任务，提高职业生活的基本能力和素质，行动计划必须与大学生本身的学习任务和校园活动密切联系。

（二）大学生职业生涯规划中存在的问题

1. 大学生职业生涯规划的心理误区

（1）大学生的职业规划意识淡薄。当前，对于我国大学生来说，职业生涯规划还是一个比较模糊的概念。大学生普遍缺乏职业生涯规划意识，没有针对个人的具体情况制定科学合理的职业规划，在就业过程中也缺乏对个人职业生涯的设计。

（2）大学生自我认识不清。大学生职业生涯规划的第一个关键环节就是对自己有个正确的评估，它是大学生职业生涯规划设计是否成功的核心因素。大学生对自己的认识是否深刻直接影响到职业生涯目标的可行度和持久性。很多大学生对自我认识较为片面，仅仅是停留在主观的个体认识上。大学生要想做好职业生涯规划，必须做到真正地了解自己，清楚自己的职业倾向，懂得自己的优势与不足。在这一环节中大学生要能够准确的分析与客观的评价自己的兴趣、特长、性格、智商、情商等个人的基本素质。大学生要对自己有一个客观、全面、深入的了解和认识。

（3）对环境认识不清。目前多数学生在就业时，往往过多地考虑个人的自身感觉，而很少考虑社会的实际需求，对职业环境认识不清，不能够做到择世所需。大学生在校园里“两耳不闻窗外事，一心只读圣贤书”，很少针对当代的职业环境进行分析，加上大学生缺乏社会实践，导致了大学生与外界的职业环境隔离开来，对职业环境不熟悉，对自己将要从事的职业更是无从所知。

（4）缺乏连续性、自觉性与动态评估。职业生涯规划不是一蹴而就的，需要一个长期的连续过程，并且在执行过程中要对职业目标和实施策略进行动态的评估以检验其正确性、合理性和可行性。对于职业目标和策略措施，大学生往往侧重于制定和执行，忽略了过程中动态的测评、反馈和评估，出现问题时不能及时检测、发现、修正和完善，导致最终无法实现预期目标。

【心理词典】

职业成熟度

职业成熟度是指个体在完成与其年龄相应的职业生涯发展任务上的心理准备程度。职业成熟度愈高，代表对职业的规划与执行能力愈强，能够做出最适当的职业选择，进而获得最成功的职业发展。反之，职业成熟度愈低，则表示对职业的规划与执行能力愈欠缺，愈有可能做出不正确的职业选择，进而迟滞个人职业生涯的发展。职业成熟度是就业成功的关键因素之一。

2. 原因分析

（1）学生自身的原因。首先，大学生对自身缺乏必要的了解，在就业过程中往往表现出过于自负和过于自卑，不能给自己一个很好的定位。大学生对于自身的定位不够准确，不能对自己有个合理的评估。大多数学生不能清晰地说出自己的兴趣、爱好、能力特长。同时大学生对职业环境的认知也很模糊，对当今社会的职业发展趋势、职业类型、职业素质的要求缺乏主动的认识。

其次，大学生缺乏明确的目标和没有树立正确的职业价值观。大学生在临近就业时，显示出的慌乱、不知所措与自身没有明确的职业目标关系很大，在招聘会上大学生海投简历的现象比比皆是。

当代大学生的价值观取向也存在严重的偏颇，享乐主义、拜金主义的价值理念影响着很多同学，这些同学在选择职业时往往把个人享受排在第一位，而且大学生的职业价值标准也发生了变化，很多同学不在以国家、集体利益为首位，而是将个人价值的实现作为职业价值的评价标准。大学生没有形成正确的价值观是大学生在选择职业过程中的最大难题，加之大学生对就业环境的不熟悉，对时事政策的不了解也是大学生难以作出就业抉择的主要原因。

（2）社会环境及家庭的原因。学校是社会的缩影，社会的现象总能从学校里反映出来。社会上流行的拜金主义影响到大学生的思想观念，学生的价值取向正悄悄地发生变化，部分大学生的价值取向带有浓厚的功利色彩。同时社会存在着走后门托关系找工作的不正之风，使大学生的价值取向发生了扭曲。很多同学认为能否找到一份好的工作是由家庭背景和社会关系决定的，与个人是否优秀、是否努力无关，因此忽视了个人素质的提高与职业生涯规划设计。

（三）大学生常见的择业心理问题

就业是关系到毕业生个人前途和全社会稳定发展的大事，是大学生人生的一次重大抉择，也是对其综合素质尤其是心理素质的一次检验。目前，就业形势日趋严峻，就业竞争日益激烈，因此大学生的就业心理也日益复杂，而大学毕业生在就业的过程中处于劣势，其就业心理也必将面临着更多的问题。

1. 就业焦虑心理

就业焦虑是指毕业生在落实工作单位之前表现出来的焦虑不安。个体对多种生活环境的担忧或对现实危险性的错误认识直接导致了焦虑。美国心理学家贝克的研究表明：焦虑水平与对伤害的不现实期望和幻想有关，所期望和幻想的伤害越严重，焦虑水平就越高。大学毕业生若个人自我定位不当，期望值过高，面对就业时就会遭受挫折感，精神就会处于一种焦虑状态；有的毕业生认为社会是复杂多变的，进入社会后无论从事何种职业都必须面对复杂的人际关系，而这些人际关系是他们在大学生活中少有接触的，他们认为大学校园是一块净土，踏出这块净土，失去了它的荫护，他们没有勇气去面对所谓深不可测、复杂多变的社会。大学毕业生的这种过度或持久的焦虑体验，形成了就业焦虑心理，严重影响了其正常的生活和就业。

2. 自卑、保守型心理

自卑是一个人对自己的不满、鄙视等否定的情感，是对个体的得失、荣辱过于强烈的一种心理体验。具体表现为不喜欢自己、讨厌自己的缺点，常常抱怨和责备自己，希望自己变成另外一种人。当这种自卑心理严重时就可能发展为自暴自弃，甚至失去生活乐趣。大学生刚进大学时大都比较自信，然而在日后的比较中发现自己无论在能力、成绩以及特长、素质等方面一般时，强烈的自卑感就会严重地困扰着他们。在就业时他们受当前就业环境中不良因素的影响，面对用人单位提出的各种苛刻条件和问题，不是以积极的态度去争取，而是悲观地认为自不如人，以消极的态度面对，在求职择业过程中缺少必要的主动性，往往与许多适当的机会失之交臂。久而久之就形成自卑保守型心理，不敢正面对待就业问题，在激烈的竞争面前不战而败。

3. 抑郁、压抑型心理

抑郁是指在长期持续的精神刺激因素作用下产生的一种以情绪低沉、忧郁、沮丧、自责、压抑为主要表现的精神状态。由于就业困难及理想与现实的差距较大等因素的长期困扰而产生抑郁、压抑心理，同时由于抑郁的心理又阻碍了其正常的就业，由此产生的挫败感又将加深抑郁，如此恶性循环长期持续就会产生反应性抑郁症。这类大学毕业生频频向其向往的单位投递求职材料，但往往很少接到回音，在漫长的等待中，在希望与失落之间，他们的情绪很低落，心情紧张而压抑，有的甚至对求职失去了信心。此类心理问题更增加了他们就业的难度。

4. 浮躁、盲目型心理

在求职择业过程中，这类大学毕业生面对社会上各种各样的人才招聘会和求职择业过程中千头万绪的事情，心情浮躁不安，是暂时找个单位上班，以后再调整，还是找不到合适的单位就不就业，是选择专业对口的单位，还是挑选单位的地理位置等问题使他们难以应付，这类毕业生没有主见、盲目从众、心态浮躁，最终不会顺利就业。

三、大学生职业生涯规划的步骤

职业生涯规划的过程很漫长，而且是一个动态的过程，但就一个完整的职业生涯规划过程而言，可以经过以下具体步骤来完成。

（一）评估

大学生职业生涯规划的第一个关键环节是进行正确的评估。包括自我评估和生涯机会评估，也就是“知己”、“知彼”的过程。人事科学研究者罗双平精辟地总结出职业生涯规划的三大要素，即：职业生涯规划 = 知己 + 知彼 + 抉择。古人就有“知己知彼，百战不殆”之精辟论断，这在职业生涯规划中是非常重要的。因为一个有效的职业生涯设计必须是在充分而且正确认识自身条件与相关环境的基础上进行的。即要弄清我想干什么？我能干什么？我应该干什么？在众多的职业面前我会选择什么和我能选择什么？环境给我提供了哪些可以利用的条件？这一系列问题就是弄清自己和环境可能提供的机会的关键之所在。

1. 自我评估

这是大学生对自身内部和职业生涯相关联的各种因素的分析和评价。主要有个人的兴趣、个性、能力、特长、学识等。正确的自我评估是大学生探索其职业倾向的基础。它关系到大学生是否能培养健康的自我意识，树立稳定的自信心。自我评估的过程要求在大学生入学的初期阶段就开始着手进行。这一阶段，大多数大学生处于重新构建自我意识的困惑期，特别是对自我的评价出现重大波动，自我评价的标准陷入混乱。重新进行正确的自我评价，要求大学生摆脱过去的评估定势，从职业生涯规划的角度出发，挖掘自身与某一职业类型或某些职业领域具有内在联系的资源与优势，沿着生涯规划的思路不断探索自我、塑造自我。

2. 生涯机会评估

这是大学生对自身以外的环境以及各种类型职业性质的分析和评价。大学生应当在关注社会政治、经济等大环境变化发展趋势的基础上，充分了解自身所处的校园生活小环境的基本情况，分析自己与环境的关系，自己在环境中的地位以及环境给自己带来的优势和劣势；分析环境条件的特点、发展变化情况，把握环境因素的优势与限制；了解本专业，本行业的地位、形势以及发展趋势。只有这样，才能在职业生涯规划中做到避害趋利，提高生涯规划的实际意义。

（二）确定目标

职业生涯规划的目标包括长期、中期、短期目标。长期目标一般是指今后职业发展的最高点或职业理想，时间为5～10年；中期目标时间为3～5年，主要是指为了实现个人的职业理想，在大学期间应当达到的目标；短期目标的时间可分为一年、一月、一周、一日等；其次，确立具体化的目标，主要是合理制定大学四年不同阶段的具体的生涯规划目标。长期目标可以使人看到未来发展的美好前景，中期目标可以规划经过努力所要达到的阶段性目标，而短期目标则可以把长期目标、中期目标分解到较短的时间内，短期目标的实现可以强化实现目标过程中的积极行为，建立实现中、长期目标的信心。因此，在确立长期目标时要立足现实、慎重选择、全面考虑，使之既有现实性又有前瞻性。一旦制定不要随意更改；中期目标的确立应切合实际，有一定的操作性，切忌大而空；短期目标要细化至具体的工作、时间、完成时限，要便于操作与检查，及时获得反馈信息。

许多职业咨询机构和心理学专家在进行职业咨询和职业规划时常常采用的一种方法就是有关五个“what”的归零思考模式，即① What are you? ② What you want? ③ What can you do? ④ What can support you? ⑤ What you can be in the end? 对于第一个问题“我是谁?”是指对自己进行一次深刻地反思，把优点和缺点都一一列出来。第二个问题“我想干什么?”是指对自己职业发展的一个心理趋向的检查。第三个问题“我能干什么?”是指对自己能力与潜力的全面总结。第四个问题“环境支持或允许我干什么?”是指对主客观因素的深入调查，做出可行性分析。该模式认为，明晰了这四个问题之后，就能找到对实现有关职业目标的有利和不利条件，列出不利条件最少、自己想做而且又能够达成的职业目标，即第五个问题“自己最终的职业目标是什么?”这一模式对大学生职业生涯规划的目标确定能起到指导作用。确定目标的过程中，可以根据自己的个性特征、兴趣爱好、习惯等，在充分自我评估与生涯机会评估的基础上来考虑，体现目标的个性化特点。女生还应该特别考虑性别因素，即女性的优势与劣势。

【哲理故事】

胖子与瘦子

有一位瘦子和一位大胖子在一段废弃的铁轨上比赛走枕木，看谁能走得更远。

瘦子心想：我的耐力比胖子好得多，这场比赛我一定会赢。开始也确实如此，瘦子走得很快，渐渐将胖子拉下了一大截。但走着走着，瘦子渐渐走不动了，眼睁睁地看着胖子稳健地向前，逐渐从后面追了上来，并超过了他，瘦子想继续加力，但终因精疲力竭而跌倒了。

最后，在极大好奇心的驱使下，瘦子想知道其中的秘诀。胖子说："你走枕木时只看着自己的脚，所以走不多远就跌倒了。而我太胖了，以至于看不到自己的脚，只能选择铁轨上稍远处的一个目标，朝着目标走。当接近目标时，我又会选择另一个目标，然后就走向新目标。"

胖子与瘦子

随后胖子颇有点哲学意味地指出："如果你向下看自己的脚，你所能见到的只是铁锈和发出异味的植物而已；而当你看到铁轨上某一段距离的目标时，你就能在心中看到目标的完成，就会有更大的动力。"

（三）职业定位

职业定位就是要为职业目标与自己的潜能以及主客观条件谋求最佳匹配。良好的职业定位是以自己的最佳才能、最优性格、最大兴趣、最有利的环境等信息为依据的。职业定位过程中要考虑性格与职业的匹配、兴趣与职业的匹配、特长与职业的匹配、专业与职业的匹配等。职业定位应注意：依据客观现实，考虑个人与社会、单位的关系；比较鉴别，比较职业的条件、要求、性质与自身条件的匹配情况，选择条件更适合自己的特长、更感兴趣、经过努力能很快胜任、有发展前途的职业；扬长避短，看主要方面，不要追求十全十美的职业；审时度势，及时调整。

美国著名的职业心理学家施恩教授提出了职业锚的概念。他认为，在职业生涯规划这个连续不断的过程中，每个人都会根据自己的天资、能力、动机、需要、态度和价值观等慢慢地形成较为明晰的与职业有关的自我概念。随着一个人对自己越来越了解，这个人就会越来越明显地形成一个占主要地位的职业锚。可见，职业锚就是一个人在进行职业选择的时候，不会放弃的职业中那种至关重要的态度价值观。它含有职业稳定、方向、定位的意思。目前大学生在职业选择时考虑的因素常常具有多样性和不稳定性，有时候受外部因素影响较大，如待遇、地域、职业声望、传统观念等。这正反映了大学生在职业锚的探索与定位环节上的薄弱。不论是选择职业还是更换职业，大学生在职业规划上的信念和原则应当是始终如一的。只有这样，个人的职业生涯规划过程才是连贯的、有效的。

（四）制订实现职业生涯目标的行动方案

行动方案的制订是职业生涯规划付诸行动的重要环节，没有行动，职业目标只能是一种梦想。要制订周详的行动方案，更要注意去落实这一行动方案。如为实现职业理想，在学习方面，你计划学习哪些知识？掌握哪些技能？在潜能开发方面，你可能的潜能有哪些？采取什么有效措施开发你的潜能？在社会实践方面，参加哪些社团活动可以提高你的实践能力？参加哪些实践活动可以提高专业能力？在素质拓展方面，怎样使自己尽可能的全面发展？都要有具体的计划与明确的措施，包括时间分配和具体落实等。行动方案的制订贵在实事求是，重在可操作性。

（五）反馈与修正

职业生涯规划是否合理、有效，必须通过实施才能检验，通过实施效果的反馈信息，来诊断整个规划的科学性、实效性及针对性，及时找出生涯规划各个环节存在的问题，采取相应对策，对规划进行调整与完善。在规划修正的过程中，要特别注意突出规划中的有效部分的完善和相对稳定性。同时，要有良好的变通能力，根据环境与情景的变化及时修改和调整职业生涯规划，做到相对稳定与变通相结合。

这五个步骤是相对独立，但又相辅相成的，往往要经过多次的反复才能形成一个较为合理的职业生涯规划。当然，职业生涯规划是一个动态的过程，任何规划都是在实施过程中不断完善的，这一过程伴随着人的一生。

幸福能力培养

技　能　篇

【百度知道】

Q：我已经有了自己的生涯规划，如何进一步实现自我管理呢?

A：为了能够让学生真正学会、实现自我管理，做好以下几个方面是非常重要的。

第一，大学生首先要正确认识自己。要认识到已制定生涯规划在自己人生中的重要意义，在制定生涯规划时，大学生已对自己进行了全面的认识，但这还不够，要对规划在操作过程中可能会遇到的困难有充足的心理准备。计划的制订者要及时进行反思，在理解自己的基础上，找出其中原因，甚至要对计划做一些调整，以小步子逐步向前推进，以积小步子为大步子，因为有时急于求成反而会适得其反。

第二，要逐渐学会建立一种自我激励机制。个体在前进的过程中是需要激励的，特别是来自自身的激励。它是个体发展的动力。自我激励机制的建立需要大学生确立远大的目标，需要找到自己学习的榜样，同时也需要自己具有坚强的意志和毅力，不断地勉励自己，使自己保持持续地发展态势。

第三，大学生可以通过组成学习小组，来促进自我管理。自我管理不一定非得孤军作战，如果能和志同道合、有着共同生涯目标的同学组成学习小组，或学习共同体，也是一种很好的自我管理模式，大家相互勉励、相互交流，共同发展。

第四，大学生可以通过自己撰写生涯日记的方式来反思自己的行动。撰写生涯日记是以一种反思的形式来促进大学生的自我管理。它不仅可以帮助大学生及时总结、反思自己的行为，而且可以将大学生整个大学期间的学习、生活过程如实地记录下来，大学生可以从中看出自己的奋斗历程，从中看到自己的进步和不足，从而从幼稚走向成熟。

【幸福处方】

职业选择的策略

1. 从客观现实出发

职业选择必须从客观现实出发。首先要将个人的职业意愿、自身素质与能力结合起来，加以充分的考虑，估计一下自己能否胜任某项职业的要求，认真评价个人职业意愿的可能性，即进行准确的自我评价和定位。其次对职业岗位空缺与需求作出客观分析。

2. 比较鉴别

在职业和就业者之间进行比较，将职业对人的要求具体化，如教师职业要求有较强的语言表达能力，艺术工作者要求有丰富的创作力等。其次在选出的多种职业目标中进行比较。自己的条件可能适合好几种职业，应当选出那些更符合条件的，更符合自己特长和专业发展的，经过努力能很快胜任的职业。再次将职业提出的各种条件进行比较。因为从事某种职业所需要的各种条件是有主次的，每个人进行职业定向时也是考虑多方面的，所以当个人的素质符合某种职业的主要条件时，职业选择就比较容易成功。

3. 扬长避短

在选择职业时，要清楚地知道自己的长处是什么，短处是什么。一般来讲，当职业与个人的理想、爱好、个性特点、专业特长最接近时，个人的主观能动性容易激发出来。因此，在选择职业时如果充分考虑到最大限度地发挥自己的专长，有利于个人全面发展等因素，走上工作岗位后，才有可能热爱自己的工作，才能把工作当做一件愉快的事情去做，才能卓有成效地开创未来。

4. 适时调整

是否依据以上三个策略作出的选择就不需要变化了呢？有的人可能当时的选择是对的，后来情况发生了变化，还有的人在选择时考虑不够全面，在实践中行不通，这就要依据新的情况，适时调整，慎重地进行新的选择，以实现自己的职业生涯设计方案。适时调整的引申含义是：对自己心目中的理想单位和职业，如果不能一步到位，可以采取打好基础、抓住机会、分步跃进、逐渐逼近的策略，为了理想而甘愿追求终身的例子举不胜举，作为大学毕业生，应该树立有所作为的思想，如果客观现实不具备，就应该适时调整，创造时机使条件成熟。

大学毕业生的职业选择只是职业发展计划中的第一步，走好第一步固然重要，但未来的路还很长，也许还会面临更多的选择。正如管理大师彼得·德鲁克所说：对你而言，你所做的工作选择是正确的概率大约为百万分之一。如果你认为你的第一个选择是正确的话，那么就表明你是十分懒惰的。因此，一个人必须通过大量地、不断地搜寻和转变，才可能发现一条从心理上和经济上都令其满意的职业发展道路。

【感动人物】

俞敏洪的成功故事

在中国的年轻人当中，只要是曾经有过留学梦想的，就没人会不知道新东方英语。知道新东方英语的人，就一定知道俞敏洪，新东方英语的创始人。

俞敏洪可以被定义为一个教人如何考试的人。同样，他自己也经历过很多考试，三次高考才考入大学，工作之后被单位处分，新东方创业之初，经历了百般磨难。

前两次参加高考时，俞敏洪的英语成绩分别只有33分和55分，如此低的英语成绩让他的大学梦两次破碎。就在他几乎准备放弃时，县政府办了一个高考补习班，请来一位曾经培养出北大学生的老师来给学生补习英语。俞敏洪进了这个补习班之后一改往日的自卑，被选为班长，并且努力而勤奋地学习。后来，俞敏洪的高考总分和英语分数都超过了北大录取分数线。

从北大毕业后，俞敏洪留校当了老师，而且一干就是7年。在北大任教的那段时间，他身边的朋友和同学大多留学到美国或加拿大。俞敏洪也曾作过出国的努力，1992年，俞敏洪拿到了美国几个大学的录取单，但是基本上都没有奖学金，美国最低学费也得两万美元。两万美元当时相当于人民币12万元，这与他在北大任教每个月只有100多元工资来说，实在是有点遥远。

为了筹集出国的费用，俞敏洪在校外兼职开办了英语培训班，结果因此受到了学校的处分。为此，俞敏洪离开了让他引以为豪的北大。1993年，俞敏洪与妻子在北京中关村一间简陋的小屋里，创办了新东方学校。当时的学校，只有一个托福考试培训班。

为了招生，开始的时候俞敏洪自己拎着浆糊桶在零下十几度的冬夜里去张贴小广告，由于天气太冷，把浆糊刷在柱子上，广告还没贴上去，浆糊就冻成冰了。后来就“每天上午贴广告，下午招生，晚上上课”，俞敏洪如此回忆。

为了迅速打开局面，俞敏洪打出免费的招牌：40多节课的培训班，前8节免费，学生听着好交费继续学习，听着不好可以退学。免费的号召力是巨大的，北京图书馆1000人的大礼堂，一下子来了3000人，俞敏洪只好把课堂挪到礼堂外的操场上。“我站在一个垃圾桶上，开始了我一生都无法忘记的一次免费英语大讲座。”没做一分钱的媒体广告，通过学子的口口相传，新东方在京城声名鹊起。

1994年年底，俞敏洪得到了一个去国外读书的机会，那个时候新东方已经有了将近两万名学生，思前想后，俞敏洪终于下定决心不出国，“我这个时候已经爱上学校了。”

1995年的时候新东方年收入已经达到几百万，俞敏洪感觉不能再靠个人的力量发展，他想起了留学海外的大学同学、大学同事。在俞敏洪的鼓动下，昔日好友陆续从海外回来加盟了新东方。经过在海外多年的打拼，这些“海归”身上都积聚起了巨大的能量。这批从世界各地汇聚到新东方的个性桀骜不驯的人，把世界先进的理念、先进的文化、先进的教学方法带进了新东方。

俞敏洪总结自己的原则：“做人像水，做事像山，这是我做人的原则。我做事情的时候有几点原则：一是在任何时候一个人知道如何停止；第二就是转弯做事情，任何事情都不是一条直线能够做成的，两点之间距离永远不是最短的距离；第三个就是在任何时候一定要维护力量平衡，这样一来容易形成比较稳定的局面。”

【自助加油站】

大学生就业前该如何调整心态

即将走出象牙塔的大学生，在就业前必须调整心态，树立积极正确的观念，才能尽快适应社会，有所作为。

1. 客观全面评价自己

大学毕业生大都自视较高，在走出校门之前，大都有“天高任鸟飞、海阔凭鱼跃”，创造一番业绩的宏大抱负，但他们对社会生活的估计往往失之于简单或片面，他们的理想目标不是建基于客观条件之上。一旦遭遇挫折，很容易产生不安或不满情绪，失去竞争的勇气。其实，社会是一个万花筒，其中既有好的、有利于人发展的一面，也有不好的、不利于人发展的一面，作为大学生，只有正视现实，接纳现实，正确地了解、认识自己，恰当地评价自己，将主观愿望与客观实际结合起来，才能站稳脚跟，找到真正改造世界创造业绩的切入点。

2. 主动调整生活节奏

大学生结束了宿舍—教室—图书馆三点一线的学校生活，来到了一个生活节奏全然不同的新环境，只有主动调整自己的生活节奏，才能尽快适应新环境。首先，作息时间的变化要适应。其次，由于南北方的生活习性、饮食结构、风土人情等的差别，还要学会调整原来的生活习惯，培养新的生活习惯，顺利度过异地生活关。再次，要学会安排自己的业余生活。在学校里课余有作业，晚间有自习，周末有丰富的文化活动。参加工作以后，业余时间的学习和文化生活，主要靠自己来支配、安排，不善于支配自己的业余生活，同样很难适应新环境。

3. 了解环境进入角色

社会好比是一个大舞台，每个人都有自己的角色位置。毕业生进入新单位后，首先应该认清自己在工作环境中所承担的工作角色以及这个角色性质、职责范围，弄清楚工作关系中上级赋予自己的职权和自己承担的义务。只有这样，才能尽心尽力地去扮演好自己的角色。如果角色意识淡漠，一意孤行，我行我素，该请示的擅作主张，该自己处理的事务不敢做主或推给上司、同事，势必会与新环境格格不入。

4. 完善自己的知识结构

任何一个毕业生都不可能在学校就学到工作岗位上所需要的全部知识，这是因为学校培养的是专门人才，而实际工作中碰到的问题往往是综合性的，涉及跨学科、多领域的知识。社会需要的是“通才”、“复合型人才”，要使自己胜任工作、适应新环境，必须不断根据工作需要学习新知识，完善自己的知识结构。

幸福体验之旅

体 验 篇

【心理测试】

你适合什么职业?

从心理学讲，选择一个适合自己的职业，要涉及到性格、气质、兴趣、能力、教育状况等许多方面。以下两组20个题，只要在题后回答“是”或“否”就可以看出你适合做什么。

第一组

1. 就我的性格来说，我喜欢同年轻人而不是同年龄大的人在一起。
2. 我心目中的丈夫或妻子应具有与众不同的见解和活跃的思想。
3. 对于别人求助我的事情，总乐意帮助解决。
4. 我做事情考虑较多的是速度和数量而不在精雕细琢上下功夫。

5. 我喜欢新鲜这个概念，例如新环境、新旅游点、新朋友等。

6. 我讨厌寂寞，希望与大家在一起。

7. 我读书的时候就喜欢语文课。

8. 我喜欢改变某些生活惯例，以使自己有一些充裕的时间。

9. 我不喜欢那些零散、琐碎的事情。

10. 我进入招聘职员经理室，经理抬头瞅了我一眼，说声" 请坐"，然后就埋头阅读他的文件不再理我，可我一看旁边并没有座位，这时我没站在那里等，而是悄悄搬来个椅子坐下等经理说话。

第二组

11. 我读书的时候很喜欢数学课。

12. 我看了一场电影、戏剧后，喜欢独自思考其内容，而不喜欢与人一起谈论。

13. 我书写整齐清楚，很少写错别字。

14. 不喜欢读长篇小说，喜欢读议论文、小品文或散文。

15. 业余时间我爱做智力测验、智力游戏一类题目。

16. 墙上的画挂歪了，我看着不舒服，总要想法将它扶正。

17. 收录机、电视机出了故障，我喜爱自己动手摆弄、修理。

18. 做事情愿做得精益求精。

19. 我对一般服装的评价是看它的设计而不大关心是否流行。

20. 我对经济开支能控制，很少有" 月初松、月底空" 的现象。

评分方法

1. 从第一题起依次答题，然后算出两组各有几个“是”。

2. 比较两组答案：如果第一组中答“是”的比第二组多，则为A；如果第二组中答“是”的比第一组多，则为B；如果两组回答“是”，则相等为C。

结论分析

A. 你最大长处是思想活跃，善与人交往。你喜欢把自己的想法让别人去实现，或者与大家共同去实现，适合你的职业是记者、演员、导游、推销员、采购员、服务员、节目主持人、人事干部、广告宣传人员等。

B. 你具有耐心、谨慎、刻苦钻研的品质，是个稳重的人。适宜于选择编辑、律师、医生、技术人员、工程师、会计师、科学工作等职业。

C. 你具备AB两类型人的长处，不仅能独立思考，也能维持、处理良好的人际关系。供你选择的职业包括教师、教练、护士、秘书、美容师、理发师、公务员、心理咨询员、各类管理人员等。

【励志歌曲】

从头再来

作词：陈涛　作曲：王晓锋

昨天所有的荣誉，已变成遥远的回忆。勤勤苦苦已度过半生，今夜重又走入风雨。我不能随波浮沉，为了我挚爱的亲人。再苦再难也要坚强，只为那些期待眼神。心若在梦就在，天地之间还有真爱，看成败人生豪迈，只不过是从头再来。

【心理电影】

舞动人生

故事梗概：讲述了一个小男孩对芭蕾艺术执着的爱，使他最终战胜贫困和偏见，实现梦想的动人故事。

11 岁的小男孩比利是一位煤矿工人的儿子，从小就和他的父亲、哥哥生活在英国的北部小镇。他每周要去上拳击训练课。一天，在上训练课时，他偶然接触了芭蕾舞，这美奂绝伦的艺术立刻深深地迷住了他。而这个男孩也让严厉的芭蕾指导老师眼前一亮，她发现这是一个很难得的、极具天赋的芭蕾苗子。面对来自家庭的巨大压力，比利陷入了对家庭的责任和实现自己理想的矛盾之中，但他最终还是选择了后者，因为对芭蕾的热爱是他无法抗拒的，芭蕾是他的激情所在，也是他的命运所系。

影片讨论：欣赏完这部电影，你还受到了什么启发呢？大家讨论一下。

【心灵图书】

你的降落伞是什么颜色？

内容简介：这是一本关于你、你的未来和你的梦想的书。在追逐梦想的过程中，降落伞就是你的技能、兴趣和愿望。追求梦想的过程就像侦探寻找线索一样，线索收集得越多，人生目标和梦想就会越清晰。本书引领你发现自己的兴趣与技能，选择喜欢的大学专业，制定理想的职业目标，最重要的是，找到属于你的人生梦想和未来。

书评讨论：读完这部书，你还受到了什么启发呢？大家讨论一下。

【心理训练】

活动一　清晰做决策——“哈姆雷特”表

活动目的

提高学生独立做决策和解决问题的能力。

活动步骤

《哈姆雷特》里面有一句经典的台词是“to be，or not to be？It’s a problem.”（做还是不做，这是个问题。）我们生活中也常常遇到各种各样的选择，需要作出各种决定。做决定的过程往往充满不确定性，有人喜欢信赖他人的建议，有人喜欢独立思考；有人倾向于理智分析，有人容易感悟用事。我们今天尝试用一种新的方法解决决策的困扰。

把学习单发给学生，让学生设想一个最近生活中发生的难以解决的困扰，把它写在表格上方。

首先，让学生进行头脑风暴，把解决这个问题的所有可能选择都找出来。然后，细细考虑每一种可行性（得到预期结果的可能性有多大）、益处（这么做的优势）和代价（可能存在的风险、劣势），把所有理由详细写下来，并分别赋予一定分值。可行性满分为100%，分数越高表示可行性越大；益处和代价分别用 1～10 打分，分数超高表示该理由越重要。最后，根据公式计算出每种选择的总分，就会清楚地看到哪种选择总体来说好处相对多点，可行性更强。

例如，我的问题：我想要一个新款手机（如表11-1所示）

表11-1 “哈姆雷特”表

我可以选择	可行性	益　处	代　价	总　分
找父母要钱买	20%	方便、轻松7 不必对父母隐瞒5	被唠叨、浪费5 扣发零用钱8	-0.2
找朋友借钱买	40%	快速、高效7	还钱很麻烦9 被其他人嘲笑7	-3.6
自己打工赚钱买	50%	自己做主，不必依靠他人9 丰富阅历，锻炼自己6 听起来很威风凛凛3	可能耽误学习9 可能受骗、受欺负3	3
放弃，继续用旧手机	100%	省事、轻松8 节约时间、金钱8	常常坏、不方便5 功能太少、不能摄像3 被别人笑不时尚4 感觉失望2	2

公式：总分 = 可行性 × ($\sum$益处 − $\sum$代价)　　　总和 = $\sum$总分

活动总结

在人生的道路上，我们无论做何种选择，都要自己负责承担风险。不能抱怨自己，更不能怪罪别人。

活动二　写给未来的信

活动目的

有助于学生对未来充满热情、兴趣和幻想。

活动步骤

这是一封寄给未来的自己的信。你们可以在信上写下你对那时的自己的期望。你可以使用这些词汇来表达你的计划，例如：“学会________”、“改变________”、“成为________”、实现________”等。信被密封后将统一保存在一个地方。我们将在20年后把它们重新归还到它们的主人手里。想象一下，自己收到从前的自己的信。那时候，就可以比照一下，自己是否实现了自己承诺的那些行为努力？

信件的具体要求为：(1) 将你期望实现的改变列成一条一条的；(2) 把3年计划改变写得具体一点，不要使用“我要更努力”这样的泛泛之谈，而使用“我要每天背10个单词”代替；(3) 尽量在信中写出这些行为改变的过程和措施，而不只是结果；(4) 可以在信中告诉未来的自己，如果实现了哪些承诺，就可以给自己一些什么奖励。(5) 自己留下一个备份，收藏在自己经常能够看得见的地方，时时提醒自己，期望更容易实现。

活动总结

活动的主题是让同学们对自己的未来有一个清醒而宏观的认识。只有规划了人生的目标，脚踏实地地去走好每一步，才能够到达梦想的未来。

【心灵感悟】

1. 给下面的故事拟题目。

____

一个和尚没有钱为寺庙铸一尊佛像，因为佛像造价甚高，于是他利用朋友送给他的水泥来塑佛像。

做好了之后，由于佛像太大，没有办法从大门搬进去，于是他雇了一辆吊车从屋顶上吊下去。吊车将佛像吊离地面约一米高时，不慎佛像掉下去摔坏了。和尚很伤心，但是由于天色已晚，便进屋休息了。

那一晚，突然下起雨来，雨水渗进佛像破裂的缝里，使得裂缝更加大了。

第二天，雨过天晴，阳光普照，和尚起来做早课，无意中瞥见佛像裂缝里像有闪闪发亮的光。他跑进屋里，拿了根棍子撬开水泥，结果现出了亮闪闪的一尊金佛像！

有个雕刻家正用刻刀一刀一刀地雕刻一块尚未成型的大理石。一名男孩子好奇地在一旁观看。不一会儿，雕像逐渐成形，现出了一个美丽女人的模样。小男孩十分惊讶不解地问雕刻家道："你怎么知道她在里面？"

每个人内心都有那么一尊金色的塑像等待被发掘。不要害怕做别人不可能实现的梦。心有多大，舞台就有多大。干任何事情，信心第一，策略第二，技巧第三。先决定干不干，再决定怎么干。先有方向，再谈方法。

2. 写出你学完本课的感悟。

第十二课

穿越人生激流险滩——谈心理咨询

【心灵引导】

知识目标

掌握心理咨询的基本概念和功能，建立正确的心理咨询观念及自助求助的意识，了解常见的大学生心理困惑及异常心理，理解生命的意义，珍爱生命。

技能目标

能够区分哪些心理问题可以通过自我调节或心理咨询进行解决，哪些心理疾病需要专业医疗机构治疗才能康复。会识别心理危机的信号，掌握初步心理危机的干预方法。

幸福心语

尊重生命、尊重他人也尊重自己的生命，是生命进程中的伴随物，也是心理健康的一个条件。

——弗洛姆

有时我想，要是人们把活着的每一天都看做是生命的最后一天该有多好啊！这就更能显出生命的价值。

——海伦·凯勒

努力为生，还要努力为死。

——周恩来

幸福知识讲堂

知 识 篇

【小案例】

象牙塔里的困惑

我今年20岁，是一名数控专业的学生。我不喜欢这个专业，当初考大学时，父母认为这个专业好找工作，便帮我选择了这个专业。上大学后我心里有很大的抵触情绪，所以很少认真学习，后来迷恋上网络，常通宵上网，不去教室上课，成绩越来越差。于是辅导员和任课教师多次找我谈话，希望我能端正学习态度。道理我都懂，可我就是管不住自己，对自己越来越没有信心，甚至开始讨厌自己。后来心理老师了解到我的情况后，建议我去学校的心理咨询中心接受专业心理辅导，我便半信半疑地去求助心理辅导。第一次咨询后，心理咨询老师给我制订了两个月的心理咨询计划。在咨询过程中，我对自己有了客观的认识，认识到自己沉湎网络的原因和目前存在的最主要问题，并深层次认识自我人格中的一些缺陷。在此基础上，老师和我一起讨论制订了一个可行的学习目标和计划。刚开始的一段时间我信心十足，学习计划基本能完成，但两三周后，我出现反复。咨询老师建议我找一位与我交往密切且学习努力的同学做我的监督者，持续三个月后再完全靠自己单独完成任务。两个月后，我发现自己有了转变，每周能按时完成预计的学习任务，对学习也开始有了兴趣，上网的时间基本能控制在一定的时间内，而且更多时候是积极地利用网络资源。更重要的是我对自己开始有了信心，并有意识地尝试去改变自己，特别是想进一步地完善人格。我告诫自己，在今后的人生旅途中，我不会再像之前一样虚度年华。我深知遇到困难时，不敢正视现实只会让自己自暴自弃；唯有正视和接受现实，树立信心，才能有自己的未来。

该案例中的这位同学由于在参加高考时没有按照自己的意愿选择自己喜爱的专业，而是听从父母的安排进入了一个自己并不喜欢的专业学习，从而产生了厌学的心理，这是个人理想与面临现实不一致而导致的心理冲突。在这种情况下，如果该同学不能及时调整自己的心态，一味的沉迷于网络之中而荒废了学业，这必将对今后的人生之路造成非常消极的影响。但是令人欣慰的是，这位同学意识到了自己心理上的种种变化，积极地通过心理咨询的方式争取健康心态的回归。

现实中，很多大学生都或多或少地存在一些心理健康方面的问题，心理咨询能帮助大学生解决在完善自身和适应环境过程中遇到的心理问题。同学们，你是否也曾经遇到过一些心理问题呢？你又是如何解决这些问题的呢？

一、心理咨询概述

（一）心理咨询的含义

心理咨询是指在心理方面给咨询对象以帮助、教导的过程。关于心理咨询的含义至今理论界尚无统一的界定。美国心理学家卡尔纳对咨询的定义是："咨询是一种专门向他人提供帮助与寻求这种帮助的人们之间的关系。在这种关系中，助人者的手段及其所创造的气氛使人们逐步学会以更加积极的方法对待自己和他人。"

心理咨询强调发展的观点，它帮助来访者消除阻碍发展的各类因素，以达到最佳的发展水平。在这一点上，它与心理治疗是相互补充的，但咨询更倾向于预防各类不适应以及人际冲突或情绪困扰。咨询工作的主要方式是谈话，咨询师的基本技能之一是倾听。虽然在咨询过程中，咨询师可以有选择地采用一些其他方法，如游戏、心理测验、小组讨论等，但这些都是辅助性方法，其最基本、最主要的方法还是咨询师与来访者两人之间的交谈。

（二）大学生心理咨询的意义

教育不仅仅是为了传授知识、技能，更是为了塑造具备良好心理素质的健全人格。大学生心理咨询不仅为保护大学生的身心健康所必需，而且是塑造他们健全人格、开发潜能的强有力手段，它有助于大学生人格的成熟，使他们能勇于承担自我责任，充分发挥自己的创造力，防治心理疾患，以乐观、昂扬的精神面貌去接受人生的种种挑战。具体来讲，大学生心理咨询有以下作用。

心理咨询能帮助大学生解决完善自身和适应环境中遇到的心理问题。由于当今大学生面临学习任务重、生活节奏快、人际关系复杂、社会竞争激烈等方面的压力，以及新时期新的价值观念未确定所带来的思想困惑，因此他们在主动适应环境或完善自身时容易出现某些不适应或迷茫现象，而这种现象主要表现在学习、环境适应、发展、恋爱、人际交往、择业等方面。如果不能及时地自我调整且又得不到外界有效的帮助，就会加重这些不适应，乃至引起心理障碍。开展心理咨询工作，可为大学生提供一个倾诉内心淤积的烦恼、苦闷、忧虑、痛苦的场所，可借助于心理咨询老师的帮助，使大学生能较快地走出困境，朝着正确目标健康地发展。

心理咨询可帮助大学生对自身有个正确的认识，引导他们发现真实的自我。不少咨询心理问题的大学生最初往往认为他们的问题是由于自身之外的因素造成的，通过咨询，他们可逐渐客观地认识外部世界，认识到只要改变自己的内部冲突，不仅问题可以得到解决，同时也会使自己变得更加坚强，因而能采取积极有效的方式解决其面对的现实问题。还有的大学生对自己感到迷惑不解，不知自己到底是一个什么样的人。通过咨询，他们可以真正地认识自己的需要、价值观、态度、动机、长处和短处等，同时也可以根据自己的心理状况设计自己的行为，从而获得进步。

心理咨询能及时地发现有心理疾病的大学生。有少数大学生在过重的心理负担下会出现某些心理疾病甚至自杀倾向。心理咨询能够及时地发现这些大学生，并有效地对他们进行心理治疗或送医院治疗，避免病情的恶化或自杀事件的发生。

心理咨询能及时了解大学生的思想动态和心理变化，纠正求询者的某些错误观念，为有针对性地开展思想政治教育提供某些信息。

二、大学生心理困惑及异常心理

大学生人群中常见的心理困惑及异常心理主要有如下几个方面。

（一）学习心理障碍

越来越多的研究表明，在影响大学生正常学习的各种因素中，学习心理的健康状况占重要位置。异常的学习心理动机对大学生学习生活产生不利的影响。主要表现为：① 学习目的不明确；② 学习动力不足；③ 学习方法不适应；④ 学习态度不端正等。这些异常的学习心理动机使大学生在学习过程中产生了迷茫感和失落感，严重影响了大学生的健康心理。

（二）自我认知障碍

大学生在自我意识完善的过程中，不能客观地认识和评价自我，出现自我认知偏差，产生自我认知障碍。通常有以下几种认知障碍。

（1）自傲心理：自傲是过高估计情感，炫耀自己，贬低别人。

（2）自卑心理：自卑是由过多的自我否定而产生的自惭形秽的心理体验。有自卑心理的人往往缺乏对自己优点的足够认识，过分看重自身短处，缺乏自信，常常表现出胆怯、畏惧、怀疑、担心被人嫌弃和拒绝，行为采取逃避方式。

（3）虚荣心理：追求虚假荣誉的一种心理状态。虚荣心理强的人很在乎别人对自己的评价，对外界夸奖赞赏沾沾自喜，嫉妒心强，过于追求外表浮华而不切实际的东西。

（三）人际交往障碍

人际交往对大学生学习成才、适应社会和发展人格具有重要作用。良好的人际关系能力和人际心理的培养对大学生成才有积极有效的影响。异常的人际交往心理往往严重影响大学生良好人际环境的形成。具体表现为：以自我为中心，过于强调自我；心理不相容：指在人际交往中他人不能与自己观点一致，自己不能引起他人的认同而苦恼焦虑；羞怯心理：主要表现有自卑性羞怯、敏感性羞怯、挫折性羞怯和习惯性羞怯等；角色困惑：角色是指某个人在特定的社会和团体中占有适当的位置，被社会和团体规定了的行为模式。有些大学生缺乏角色意识，不能根据不同的角色定位去与人交往，不分特定的对象和场合，不掌握相应的交往技巧，导致交往失败。

（四）情绪障碍

情绪是指个体受到某种刺激产生的一种身心激动状态。表现为：① 抑郁状态：导致大学生产生郁闷心理往往来自外部环境压力、社会竞争压力、感情失意、性格孤僻、人际交往障碍等，抑郁主要表现为情绪低落，表情苦闷，思维迟钝，行动缓慢，整日沉默无语。引起抑郁状态产生的原因通常是具体的，但抑郁状态产生之后具有很强的弥散性，使人感到生活和生命本身都没有意义，具有强烈的无助感，对于情感脆弱的人，容易产生自杀或犯罪念头，对大学生的心理健康极其有害。② 焦虑状态：过分担心考试不及格、人际关系不和、失恋、就业困难等都可能导致大学生产生焦虑状态。一般而言，轻度的焦虑状态不仅对人无害，而且可以激发斗志，催人向上，而强烈的焦虑状态如不加以调整，不仅影响大学生正常的学习生活，还对身心健康产生有害影响。③ 暴躁易怒：表现为性情暴躁，对人容易发怒、过分焦躁，不易控制情绪，对外界反应过敏，容纳性低，对于解决外界矛盾缺乏理性思考，易感情用事，甚至对外界环境和周围的人出现过激行为。④ 敏感多疑：表现为对外界周围环境的刺激过于敏感，经常怀疑外界环境对自身产生不利影响。处于这种心理状态的人，往往精神过于紧张，神情古怪、偏激固执，喜欢猜疑、怀疑，将自己束缚在烦恼和痛苦之中。⑤ 神经衰弱：是神经官能症的一种临床类型，其特征是精神易兴奋和脑力易疲劳。目前，社会生活节奏加快、大学生就业择业压力增大等社会因素，对大学生心理素质发展水平提出更高的要求，情感脆弱、心理素质欠佳的大学生无法应付这种压力，神经活动产生持续过度紧张，容易产生神经衰弱。表现为头晕、脑涨、耳鸣、失眠、记忆力减退、注意力难集中、学习效率明显下降等。

（五）人格障碍

人格障碍是指人格特征显著偏离正常，呈现较稳定形态的异常行为模式，影响个人对外界环境与条件的反应，人格障碍是一种介于精神病和正常之间的心理异常行为，不同于精神病和神经症。大学生常见的有：偏执型人格障碍、强迫型人格障碍、情感型人格障碍等。

【心理词典】

双重人格

双重人格，是多重人格的一种，是严重的心理障碍。具体指一个人具有两个以上的、相对独特的并相互分开的亚人格，是为多重人格，是一种癔症性的分离性心理障碍。多重人格的基本特征是，虽然同一个体具有两种或更多完全不同的人格，但在某一时间，只有其中之一明显。每种人格都是完整的，有自己的记忆、行为、偏好，可以与单一的病前人格完全对立。

三、大学生异常心理应对方法

（一）培养良好的人格品质

为达到这一目标，大学生首先应该正确认识自我，培养悦纳自我的态度，扬长避短，不断完善自己。其次应该提高对挫折的承受能力，对挫折应有正确的认识，在挫折面前不惊慌失措，采取理智的应付方法，化消极因素为积极因素。挫折承受能力的高低与个人的思想境界、对挫折的主观判断、挫折体验等有关。要提高挫折承受能力，大学生应努力提高自身的思想境界，树立科学的人生观，积极参加各类实践活动，丰富自己的人生经验。

（二）建立科学的生活方式

生活方式对心理健康的影响已为科学研究所证明。健康的生活方式指生活有规律、劳逸结合、科学用脑、坚持体育锻炼、少饮酒、不吸烟、讲究卫生等。大学生的学习负担较重，心理压力较大，为了长期保持学习的效率，必须科学地安排好每天的学习、锻炼、休息，使生活有规律。学会科学用脑就是要勤用脑、合理用脑、适时用脑，避免用脑过度引起神经衰弱，使思维、记忆能力减退。

（三）加强自我心理调节

大学生在学习过程中应学会自我心理调适，控制自己的不良情绪，做到心理健康。首先要保持浓厚的学习兴趣和求知欲望。学习是大学生的主要任务，有了学习兴趣就能够自觉地跃入浩瀚的知识海洋里遨游，吸取新知识，发展多方面的能力，提高自身素质，更好地适应社会发展的需要。其次，大学生应保持积极乐观的情绪、愉快开朗的心境，对未来充满信心和希望，遇到悲伤和忧愁的事情，要学会自我调节，适度地表达和控制情绪。生活中常常会遇到不顺心的事，考试失利、恋爱受挫、人际冲突等均会引发焦虑、愤怒、忧郁等不良情绪，这时他们必须及时疏导自己的不良情绪，疏导的方法有合理宣泄、注意转移、目标升华等。

（四）积极参加业余活动，发展社会交往

丰富多彩的业余活动不仅丰富了大学生的生活，而且为大学生的健康发展提供了课堂以外的机会。大学生可通过参加各种业余活动，来培养自己的多种兴趣和业余爱好，充分发挥自己的潜能，以缓解紧张情绪，维护身心健康。另外，通过社会交往可以不断地丰富和激活大学生的内心世界，使他们能够认识到自己的社会责任，养成遵守社会道德规范的习惯。

（五）重视心理咨询

心理咨询是指心理咨询者与心理咨询师之间，就咨询者提出的心理问题，进行共同分析、研究和讨论，找出问题的所在，经过心理咨询师的启发和指导，最终找出解决问题的方法，以克服其情绪障碍，恢复对社会环境的协调适应能力，维护其身心健康。从心理咨询具有治疗功能的角度来说，心理咨询属于心理治疗，心理治疗的对象主要是有轻度心理障碍的人。通过与求询者的交谈、指导，咨询者针对求询者的各种心理问题，进行仔细分析，帮助求询者找出正确认识自身心理问题的根本方法，引导求询者更为有效地面对现实，并为求询者提供建立新型人际关系的机会；同时，帮助求询者改变过去的心理异常，使他们最终恢复健康的心理。

这些并不能完全解决大学生的异常心理问题。最重要的是大学生自己应该注重自己的心理健康。大学生是从为数众多的中学生中选拔出来的佼佼者，在心理上有很强的优越感和自豪感。但是与此同时，大学生则承受着更大的压力和挑战。大学生往往自视甚高，很容易受挫折，并随之发生一系列心理卫生问题。从外部环境看，当前不断变化的思想观念、社会生活环境等都对大学生产生了深刻的影响，大学生必须快速适应紧张的社会生活节奏；就业竞争的加剧所带来职业选择的提前以及与之相关的高强度的心智付出等也使大学生的心理压力进一步加大。从大学生自身看，大学正是人生成长与发展的重要时期，大学生的生理、心理与社会化的协调发展中存在这样或那样的矛盾冲突，理想自我与现实自我往往会发生矛盾。面对这些问题，如果大学生不能很好地适应环境解决问题，就会产生一系列的心理障碍甚至精神疾病。因此，大学生需要培养良好的人格品质。良好的人格品质，首先应该正确认识自我，培养悦纳自我的态度，扬长避短，不断完善自己。其次应该提高对挫折的承受能力，对挫折有正确的认识，在挫折面前不惊慌失措，采取理智的应付方法，化消极因素为积极因素。挫折承受能力的高低与个人的思想境界、对挫折的主观判断、挫折体验等有关。提高挫折承受能力应努力提高自身的思想境界，树立科学的人生

观，积极参加各类实践活动，丰富人生经验。

四、大学生生命教育

（一）大学生生命教育的基本内容

生命教育的目的就在于通过教育使大学生感悟到生命的有限性、唯一性、不可逆转性，从而思考个体生命的存在价值，并在人生实践中实现其生命价值。具体来说，大学生的生命教育包括以下几方面内容。

珍重生命的教育。生命对于每个人来说都只有一次，相对于天地之悠悠，一个人的生命是短暂的，失去了就无法挽回；生命又是脆弱的，非常容易让鲜活的生命顷刻间画上句号。现实中的人总会碰到各种磨难、痛苦、失意和挫折，或面对来自家庭、学校、社会等各方面的压力。这种时候，一个人如果能够正确对待，把种种不如意看作生命必须经历的一部分，那么，负面的东西就可能转变成积极的因素；但许多大学生缺少的就是耐挫力，所以，他们经常抱怨"累"、"没意思"，存在消极、懈怠心理。生命教育就是要让大学生找到无数的生存理由，而把非理性选择的依据一个个排除，要让大学生认识到生命的珍贵，教育他们要怀有自爱之心，尊重生命，敬畏生命。

生命价值的教育。每个大学生对自己的前途都有着高度的期许，但在大学里，他们面对的是与自己一样优秀甚至更出色的同辈。在这样的群体中，他们很可能只是普通的一员，由此，从巅峰到低谷的心理落差使他们不禁怀疑自己存在的价值。另外，受一些错误思想和不良社会风气的熏染、影响，部分大学生以为生命的价值只有赚了大钱才算得以实现。这是把生命的意义异化为物欲、权欲的满足和虚荣的表现。生命教育就是要矫正这些认识；引导大学生认识到，上大学只不过是进入社会之前的人生准备；大学生既要怀抱远大理想，也要脚踏实地，应该学会尊重他人，善待他人。

生命安全的教育。泰戈尔说："教育的目的应当是向人传递生命的气息。"生命的价值首先是基于生命的存在；在此基础上才能发展和提升生命的价值。作为学生成长的守护者，学校不仅要关心学生知识的获得、精神的成长，还要防止任何可能伤害生命的行为发生，教会学生保护好自己的生命。可实际上，大学生伤害生命和生命被伤害的事件屡有发生。因此，培养大学生的生命安全意识，使他们能够更好地保护自己和他人的生命；教育他们爱惜自己的生命不等于自私；引导他们树立正确的生命安全观已是大学教育的当务之急。

（二）应如何开展生命教育

生命教育在我国刚刚起步，加强大学生生命教育应从以下两个方面努力。

1. 利用心理健康课，增强大学生对生命价值的认识

从大学生自杀的个案可以看出，有的大学生之所以选择轻生来结束自己年轻鲜活的生命，就是对生命失去了信心，找不到生命的意义与价值。从大学生违法犯罪的个案也可以看出，有的大学生之所以违法犯罪，如马加爵凶残地杀害四位同窗好友，除自身人格方面的障碍外，也是看不到他人生命存在的意义与价值。通过大学生心理健康课，大学生应该认识到心理健康的重要性，认识到不良的心理对其所产生的消极影响，从而认识到自身生命的可贵性与独特性。

【哲理故事】

盲　僧

由于家里穷，天生双目失明的他被迫出家了。

经过多年苦学，他已经深通佛经。20 岁时，他被师父老方丈定为了行脚僧，命他从此云游四海，解脱人间苦难。然后，老方丈送了他一个纸包和一根探路杖："这纸包里是我寻求来的一个民间秘方。它能让你的双眼复明。但是，在打开这个纸包之前，你必须先做到一件事——探路敲断 10 根探路杖。"他答应了师父，然后便上路了。

年复一年，他谨遵师命传播着佛经，度化着苦难的亡灵，不知经历了多少风雨，走过了多少里路。他的心中一直存着一个希望：敲断十根探路杖，让自己的眼睛重见光明。可是没想到那看起来不粗的探路杖用起来却异常结实，一直到第六个年头，师父送的那根杖子才终于断了。

就这样，等到这位盲僧真的敲断了 10 根探路杖时，他已经是八十多岁的白发老人了。但是当他欣喜若狂地把纸包递给一个药店的老板时，老板却告诉他：纸上一个字都没有。

盲僧顿时呆住了，但是几秒钟之后，他便双手合十，满脸感激了："师父，谢谢你以这种方式让我一直活在希望里，我觉得不枉此生了。"

每个人生命的终极归宿都是坟墓，尽管如此，我们仍应尽量让活着的日子精彩。一直活在希望中，你就能感觉不虚此行。

2. 提升审美水平，以美育促进大学生的生命价值体验

（1）审美教育能够提高学生的整体素质，发展个性，促进其全面发展。而大学生的整体素质提高了，就能更好地实现生命的自我价值和社会价值，亦即提高生命的质量。审美教育的本质是情感教育，因为审美活动的本质体现为情感活动。

（2）用美的思想陶冶人，帮助学生树立正确的审美观。要成为审美的人，就必须树立正确的审美观。有了正确的审美观，大学生不仅能对社会上占主导地位的价值取向产生认同感，还能提高判断形形色色、良莠不齐的生命价值观的能力。

用美的环境熏陶人，营造优美的校园文化氛围。学校应充分利用一切有利因素与教育资源，营造一种具有时代气息、高品位的校园文化氛围，使学生身临其境、耳濡目染，自然而然"随风潜入夜，润物细无声"。为大学生提供优化的自然环境与人文环境，让他们生活得愉快、舒心，一方面是让学生感受到生命的美好，提高他们生活的质量；另一方面体现了学校"以人为本"的理念，更重要的是能使大学生以更饱满的热情、更充沛的精力去创造生命的价值。

用美的事物激励人，引导学生参与生命美育。人的审美活动与生命活动是有着内在的联系的。首先，审美活动是人的整个生命活动的一个组成部分。因为作为审美主体的人，具有能够感知对象、传递感情，进行想象和理解活动的生理、心理机制。其次，审美活动也是人的生命的需要。一个对生命失去信心的人，不会主动去追求美，更不会主动去创造美。正因为这样的内在联系，所以由审美体验所带来的审美愉悦、审美享受是对生命的愉悦、对生命的享受。

（3）积极参与丰富多彩的社会实践活动。生命教育的一个突出特点是：在现实生活中

主要不是通过语言或理论，而大都是通过行为举动表现出来，给人以心灵的震撼和人格的陶冶，因而生命教育要组织丰富多彩的社会实践活动，让大学生在活动中体验生存感受，培养生命情感。

生存感受是指个体对自身存在及其价值的自我体验和感性认识。拥有丰富而又深刻的生存感受的人能真正体会直面生活的悲欢离合，领悟生活的真谛与意义，体验自己生命的存在意义。而对于一个缺乏感受性的麻木者来说，再美好的生活也是味同嚼蜡。生命情感是指个体对生命意义的自觉、欣悦、沉浸，以及对他人生命乃至整个生命世界的同情、关怀与钟爱。积极的生命情感能引发人振奋、乐观、积极向上、豁达宽容、奉献、富于爱心等美好品质；与之相反，消极的生命情感则会使人变得沉闷、丧失意志、孤僻、极端、自私冷漠。大学生应该注意培养自己的生存感受能力和生命情感。

如今的大学生大多不愿“两耳不闻窗外事，一心只读圣贤书”，因此大学生应该积极投身于社会实践中，在实践中体验、感受、成长。生命教育如果仅仅把自己限制在课堂里，那么这种生命教育本身就是没有生命力的；课堂之外的波澜壮阔的人类实践，随时随地向大学生提供着生命教育的丰富资源。

幸福能力培养

技 能 篇

【百度知道】

Q：我是一名普通大学生，我在什么时候需要心理咨询呢？

A：在机遇和挑战并存的大学生涯，你自己或你的同学都有可能遭遇以下的种种状况，这时候的你很可能需要心理咨询的帮助。

1. 遭遇生活中的重大改变或突发事件；
2. 情绪持续低落，有忧郁倾向；
3. 对事情提不起兴趣和劲头；
4. 感到失落、沮丧、悲痛、凄凉；
5. 强烈地感到不公平、不甘心，非常气愤、愤怒，甚至想要激烈报复；
6. 饮食、睡眠习惯剧烈改变；
7. 遭遇严重的人身侵犯或伤害；
8. 觉得人生没有意义，感到前途渺茫、没有希望；
9. 学习或生活上压力过大或遭受到挫折，难以自我应付；
10. 遇到无法自己处理的生活事件；
11. 对学习缺乏应有的兴趣和热情，无法胜任学业，成绩显著下降；
12. 对自己将来的发展方向缺乏认识和掌握；
13. 难以确定自己大学生活究竟想要什么，追求什么，感到无所适从；

14. 人际关系不和谐，与周围同学相处困难，感到很不适应；

15. 感情上受挫，心中困惑、苦恼；

16. 沉迷于网上聊天、电脑游戏，难以自拔。

【幸福处方】

掌握自我调适技巧

1. 宣泄法

心中有了烦恼和苦闷，不要把它闷在心里，而是向人倾吐出来，忧愁如冰块，搁在冰箱里愈积愈厚，放在阳光下则很快融化。因此，大学生要善于人际交往，要勇敢地走向群体，自我开放，勇于敞开心扉，积极、主动与教师、同学、朋友沟通思想、交流感情，才能换来别人的坦诚相待，直言相告，获得情感支持，从而产生良好的情感效应，减少心理负担，摆脱恶劣心境。

2. 控制法

要善于控制自己的情绪，不做无克制的发作，学会用理智来调节和支配自己的情绪。忍不住要发怒时，要冷静地审时度势，反省三思，权衡利弊，减轻和消除心理紧张，稳定情绪。许多看上去对自己不利的事，换一个角度看，也许有它有利的一面，可谓“塞翁失马，焉知非福”。这样就能摆脱消极情绪的干扰，而使自己变得轻松、愉快起来。

3. 自我安慰法

直面生活中、学习中的种种不如意，要积极自我安慰，用“精神胜利法”，尽可能朝好的方面去想，或找一些有利的理由来缓解内心的压力，可谓“失之东隅，收之桑榆”。要认识到生活的复杂性，挫折和失败在所难免，聪明的办法是承认它、接受它，然后想办法对付它、解决它。要正确地认识自己，要意识到，别人行我也能行，多鼓励自己，不自卑消极。

4. 转移法

及时把自己的情感和精力转移到自己感兴趣的也最能体现自己才能的活动中去，转移到崇高的、对社会有益的工作中去，分散注意力以使情绪得到化解。当不良情绪困扰时，可以看看电视、电影、杂志，听听音乐或下棋、打球、练书法、去户外散步等，使其升华到比较崇高的方面，产生积极的意义。对已经发生的、过去了的事情，不被它所困扰，而要不断让更新鲜、更有意义的事情占据心灵，用新的生活驱散心理的阴云。

5. 锻炼法

积极参加体育锻炼，提高身体素质，这有益于身心健康，有利于磨炼人的毅力，也有助于开阔胸襟，增强自我心理防卫机制，提高应激能力。

【感动人物】

轮椅上的勇士——霍金

史蒂芬·霍金是当代最重要的广义相对论和宇宙论家，被誉为在世的最伟大的科学家，还被称为“宇宙之王”。

1942 年 1 月霍金出生于英国。从小，霍金便热衷于搞清楚一切事情的来龙去脉，因此当他看到一件新奇的东西时总喜欢把它拆开，把每个零件的结构都弄个明白——不过他往往很难再把它装回原样，因为他的手脚远不如头脑那样灵活，甚至写出来的字在班上也是有名的潦草。

霍金在17岁时进入牛津大学学习物理。到牛津的第三年，霍金注意到自己行动变得笨拙了，有一两回没有任何原因地跌倒。直到1962年霍金在剑桥读研究生后，他的母亲才注意到儿子的异常状况。刚过完21岁生日的霍金在医院里住了两个星期，经过各种各样的检查，他被确诊患上了“卢伽雷氏症”，即运动神经细胞萎缩症。大夫对他说，他的身体会越来越不听使唤，只有心脏、肺和大脑还能运转，到最后，心和肺也会失效。这对霍金的打击是可想而知的，他几乎放弃了一切学习和研究，因为他认为自己不可能活到完成硕士论文的那一天。然而，一个女子出现了，她叫简·瓦尔德。

1962年的夏天，简通过朋友，认识了走路笨拙、脚步踉跄的霍金，后来又发生了几次偶遇。于是，在他们之间产生了爱情的火花。爱情的力量是无法抗拒的，与简的订婚使霍金的生活发生了真正的变化。为了结婚，他需要一份工作，为了得到工作，就需要一个博士学位。因此，他开始了一生中的第一次用功。令他十分惊讶的是，他发现自己很喜欢研究。

然而，霍金的病情渐渐加重。1970年，在学术上声誉日隆的霍金已无法自己走动，他开始使用轮椅。直到今天，他再也没离开它。永远坐进轮椅的霍金，极其顽强地工作和生活着。

虽然身体的残疾日益严重，霍金却力图像普通人一样生活，完成自己所能做的任何事情。他甚至是活泼好动的——这听来有点好笑，在他已经完全无法移动之后，他仍然坚持用唯一可以活动的手指驱动着轮椅在前往办公室的路上“横冲直撞”。当然，霍金也尝到过“自由”行动的恶果，这位量子引力的大师级人物，多次在微弱的地球引力左右下，跌下轮椅，幸运的是，每一次他都顽强地重新“站”起来。

1985年，霍金动了一次穿气管手术，从此完全失去了说话的能力。他就是在这样的情况下，极其艰难地写出了著名的《时间简史》，探索着宇宙的起源。

霍金的科普著作《时间简史——从大爆炸到黑洞》在全世界的销量已经高达2500万册，从1988年出版以来一直雄踞畅销书榜，创下了畅销书的一个世界纪录。在这本书里，霍金力图以普通人能理解的方式来讲解黑洞、宇宙的起源和命运、黑洞和时间旅行等。

一次，在霍金学术报告结束之际，一位年轻的女记者面对这位在轮椅上已经生活了几十年的科学巨匠，在深深敬仰之余，不无悲悯地问道：“霍金先生，疾病已经将你永远固定在轮椅上，你不认为命运让你失去太多了吗?”这个问题显然有些唐突和尖锐，报告厅内顿时鸦雀无声，一片静谧。霍金的脸庞却依然充满着恬静的微笑，他用还能活动的手指，艰难地叩击着键盘，随着合成器发出的标准伦敦音，宽大的投影屏上缓慢而醒目地显示出如下的文字：我的手指还能动；我的大脑还能思维；我有终生追求的理想；有我爱和爱我的亲人和朋友……对了，我还有一颗感恩的心……

【自助加油站】

如何让自己乐观地思考

为了让自己积极乐观地思考问题，你需要改变自己的想法并调整自己的情绪。

根据自己的想法做决定并控制自己的态度。这意味着你需要克服周围的消极影响。想想你今天能够做什么，你该如何应对。你的想法决定你这一天的作为会有所不同，而不是每天被别人或者形势所趋。

学会肯定自己。和自己的交流也很重要，学会使用你自己的想法和情感肯定自己。

多与周围可以让你进步的人接触。避开那些耗费你精力和动力的人。

尝试接触新的事物。多接触不同的生活，用积极的态度体验生活。

多阅读。多看看那些和生活作斗争，与恐惧作斗争的人物的经历。通过阅读，你可以获得新的知识，并且可以帮助你扫清阻碍你积极乐观思考的障碍，获得更有创意的想法。

设置目标，不管它当时看起来是多么的不可思议，必须全身心投入你的目标。一旦你达到了一个目标，你就会更有动力。不管多小，只要你达到了设定的目标，你就会获得更多的自信。

改变你的固有想法，试着改变你对事物固有的想象，尝试用新的方式重新审视原有的事物。

幸福体验之旅

体　验　篇

【励志歌曲】

存　在

作词/词曲：汪峰

多少人走着却困在原地；多少人活着却如同死去；多少人爱着却好似分离；多少人笑着却满含泪滴。谁知道我们该去向何处？谁明白生命已变为何物？是否找个借口继续苟活，或是展翅高飞保持愤怒，我该如何存在。多少次荣耀却感觉屈辱；多少次狂喜却倍受痛楚；多少次幸福却心如刀绞；多少次灿烂却失魂落魄。谁知道我们该去向何处？谁明白生命已变为何物？是否找个理由随波逐流，或是勇敢前行挣脱牢笼，我该如何存在。谁知道我们该去向何处？谁明白生命已变为何物？是否找个借口继续苟活，或是展翅高飞保持愤怒。谁知道我们该梦归何处？谁明白尊严已沦为何物？是否找个理由随波逐流，或是勇敢前行挣脱牢笼，我该如何存在。

【心理电影】

入　殓　师

故事梗概：该片以一名入殓师新手的视角，去观察各种各样的死亡，凝视围绕在逝者周围的充满爱意的人们。《入殓师》不像它的名字那样令人生畏，相反，尽管片中不可避免地涉及了死亡、葬礼与遗体，但是影片却用温情的方式来展现入殓师的工作以及他与周围人的情感故事，十分温馨而感人。

影片讨论：欣赏完这部电影，你还受到了什么启发呢？大家讨论一下。

【心灵图书】

此生未完成

内容简介：这是一本用生命写成的书。2009 年 12 月，本书作者被确诊为乳腺癌后，写下一年多的病中日记，在日记中她反思生活细节，并发出“买车买房买不来健康”的感叹，引起了人们的深思。作者于 2011 年 4 月 19 日凌晨去世，在生命的最后日子里，作者完全放下了生死与名利去反思生命。这是一个普通的女儿、妻子、母亲对生命最单纯的感悟。

书评讨论：读完这部书，你还受到了什么启发呢？大家讨论一下。

【心理训练】

活动一　生命线

活动目的

通过对过去的我、现在的我、未来的我做评估和展望，了解自我发展的过程，生命中的重要事件及对你的影响，你对未来的期待等等，思考生命的意义和价值。

活动步骤

1. 画出一根横线，右边有一个箭头，左端标上 0，右端标上你认为自己最长能活的岁数。在中间的某点上标上现在自己的年龄。

2. 然后按照时间顺序，在这根线上标出你过去的日子里最难忘的三件事，以及你今后的日子里最想达到的目标 2～3 个。

3. 10 分钟后大家一起分享交流。小组交流中，每个人都拿出自己的生命线给其他人看，边展示边说明，注意自己与他人内心的反应。

活动总结

好好规划你的未来，让它合理而现实，然后根据限期去实现它。请好好保管你的蓝图，时常看看。生命线不是掌握在别人手里，它只有一个主人，就是你自己。无论你的生命线是长是短，每一笔都由你来涂画。

活动二　墓志铭

活动目的

1. 考察当生命受到威胁，死亡来临的时候，作为年轻人将如何准备，如何应对。

2. 通过这样的游戏，思考怎样度过的人生才能在墓志铭中写下无悔的人生结束语。

3. 通过对死的考量，更好地珍惜活着的时光。

活动步骤

1. 请同学扮演的乘务员出场。她将愉快地向大家介绍同学们正乘坐着什么班机，这趟班机将飞往哪个美丽的度假城市。

2. 突然，扮演机长的同学严肃地通知，他通知大家说飞机发生了严重的机械故障，正在紧急排除。但为了预防最危急的情况，现在由乘务小姐分发纸笔，你有什么最后的遗言要向家人交代，请写在纸上。一切要尽快，乘务小姐会在三分钟后收取大家的纸条，然后统一密闭在特制的匣子里，这样即便飞机坠毁，遗言也可完整地保存下来。按照飞机现在的飞行高度，在完全失去动力的情况下，还可以滑翔极短暂的时间……

3. 扮演乘务员的同学托着盘子走过来，发给每个同学一张纸。

4. 三分钟内，全场安静。所有人都不得讨论，只能自己思考要写的墓志铭。三分钟后，扮演乘务员的同学将纸条一一收回。

活动总结

死亡将导致我们的毁灭，但对死亡的察觉，又能拯救我们。追寻生命意义的价值感和目的，是人类最显著的特性。能够存在于孤独并且必须面对死亡的世界上，才是我们最真实的挑战。

【心灵感悟】

1. **给下面的故事拟题目。**

____

人生是一部书，生命在这里畅想，似清澈的山泉奔流而下，欢唱着漫过山崖，漫过沟谷，漫过草儿，漫过花儿……注入江河，汇入大海，奏出生命的交响。酸甜苦辣，是生命的富有；赤橙黄绿，是生活的斑斓。不要为鲜花凋败而伤感，因为你还有绿叶，还有生命值得骄傲。

生命有好多种。人的生命，不应该像瓷器和花朵那样脆弱娇嫩，禁不起一点磕碰和吹打，应该像天空高悬的星星，即使一时被云遮盖也要在她的位置上发光。有些生命虽然短暂，却依然打动我们。瀑布的生命，在于征服悬崖绝壁的阻挡，在于她落而不衰；当蓓蕾绽开青春的笑脸，甘露的生命却已枯竭，但在绿叶的心里，它得到了永生；昙花，从不奢望生命的永恒存在，却在集生命之美于短暂的一现中显示了生命的奇光异彩。

有花无果的生命是寂寞的生命，寂寞的生命有凄清，也有幽雅，雪花的生命虽然短暂，但它的一生则是清白的；无花有果的生命，是充实的生命，在生命的春天播下创造的种子，必将迎来金色生命的秋天；有花有果的生命，是绚丽的生命，生命的小溪渗入世界的每一粒土，快活地穿过千万棵小草，滋润着数不清的枝叶与花朵。

两手空空只能算是人间的一位过客，挥霍掉的是生命的穗，大脑空空只能算是一棵稗草，违背了上苍赋予你的使命，生命该是一场精彩的戏，溃烂的是双膝，站住的是不屈的魂灵。对于某些苦难不必去大喊大叫，生命的角色本身就是无法自由选择，我能做的就是跑好龙套。生命该是一场精彩的戏，生活会因我而充满掌声。

2. **写出你学完本课的感悟。**

参考文献

1. 房素兰．让快乐伴你成长——大学生心理健康教育读本［M］．沈阳：辽宁大学出版社，2008.
2. 白羽．改变心力——团体心理训练与潜能激发［M］．杭州：浙江文艺出版社，2006.
3. 岳晓东．通向心灵旺盛的十堂课［M］．北京：世界图书出版社，2010.
4. 方平．自助与成长——大学生心理健康教育［M］．北京：教育科学出版社，2010.
5. 胡月．大学生心理发展辅导与实践［M］．大连：大连理工大学出版社，2010.
6. 魏青．大学生心理健康教育［M］．成都：西南交通大学出版社，2010.
7. 谢建．大学生心理健康教程［M］．海口：南方出版社，2007.
8. 李远峰．小故事大道理［M］．沈阳：万卷出版公司，2008.
9. 肖永春．幸福心理学［M］．上海：复旦大学出版社，2008.
10. 塞利格曼．真实的幸福［M］．沈阳：万卷出版公司，2010.
11. 张德芬．遇见未知的自己［M］．北京：华夏出版社，2008.
12. 李开复．做最好的自己［M］．北京：人民出版社，2005.
13. 金兰都．因为痛，所以叫青春［M］．南宁：广西科学技术出版社，2012.
14. ［美］派克．少有人走的路：心智成熟的旅程［M］．长春：吉林文史出版社，2006.
15. ［美］皮尔．积极心态的力量［M］．北京：东方出版社，2009.
16. ［以］泰勒·本·沙哈尔．幸福的方法［M］．北京：当代中国出版社，2009.
17. ［德］洛塔尔·赛韦特．把时间留给最重要的事［M］．北京：中信出版社，2010.
18. ［美］戴尔·卡耐基．人性的弱点［M］．北京：中国发展出版社，2008.
19. ［美］洛姆．爱的艺术［M］．上海：上海译文出版社，2008.
20. ［美］鲍利斯．你的降落伞是什么颜色［M］．北京：中信出版社，2010.
21. 于娟．此生未完成［M］．长沙：湖南科技出版社，2011.